电站锅炉劣质煤掺混及优化燃烧技术

国网湖南省电力公司电力科学研究院　组编
朱光明　主编

中国电力出版社
CHINA ELECTRIC POWER PRESS

内 容 提 要

本书主要讲述常用动力煤及煤质特性、煤粉燃烧理论、混煤燃烧机理及数理模型、劣质煤及其常规优化燃烧技术、混煤掺烧方式及其选择、混煤的掺混比及其优化模型、混煤掺烧与减缓高硫煤结焦、劣质煤低氮燃烧调整技术。

本书主要适用于锅炉配煤掺烧人员、锅炉运行及调试人员、专业管理人员等。

图书在版编目（CIP）数据

电站锅炉劣质煤掺混及优化燃烧技术/朱光明主编；国网湖南省电力公司电力科学研究院组编. —北京：中国电力出版社，2015.12

ISBN 978-7-5123-8632-7

Ⅰ.①电… Ⅱ.①朱…②国… Ⅲ.①火电厂-锅炉-配煤（炼焦）-掺烧-研究 Ⅳ.①TM621.2

中国版本图书馆 CIP 数据核字（2015）第 290131 号

中国电力出版社出版、发行
（北京市东城区北京站西街 19 号 100005 http://www.cepp.sgcc.com.cn）
三河市百盛印装有限公司印刷
各地新华书店经售
*
2015 年 12 月第一版 2015 年 12 月北京第一次印刷
787 毫米×1092 毫米 16 开本 12.25 印张 279 千字
印数 0001—2000 册 定价 **55.00** 元

《电站锅炉劣质煤掺混及优化燃烧技术》
编　委　会

主　编　朱光明

副主编　段学农　焦庆丰

参　编　吕当振　雷　霖　陈　珣　杨剑锋　王敦敦

杨　益　何洪浩　黄　伟　陈一平　徐湘沪

序

能源是人类社会赖以生存和发展的重要物质基础。纵观人类社会发展的历史，人类文明的前进过程，始终伴随着能源利用方式的改进和更替。能源利用技术的进步，极大地推进了世界经济和人类社会的发展。

当前社会，能源利用途径主要有两个：一个是常规化石能源，主要包括煤、石油、天然气等；另一个是清洁能源，主要包括风能、太阳能、核能等。其中，煤炭是世界上储存量最大的化石能源资源，开发时间最长，利用技术最成熟。

我国能源资源结构中，煤炭资源相对是最丰富的。我国也是世界上最早发现和利用煤的国家。辽宁新乐6200年前古文化遗址和陕西周墓中，都发现过煤制工艺品。2005年，我国煤炭产量首次突破20亿t。十年来，总体上，我国的煤炭生产保持了较快的增速。2015年我国的煤炭产量达到约37亿t。进入工业时代之前，我国利用煤的方式主要是直接燃烧。步入工业化，特别是改革开放以后，我国的煤炭利用方式有了巨大的变化，火力发电用煤量占全国煤炭产量比例逐年增高。2007年，火力发电消耗原煤占我国总煤炭产量比例首次超过50%。至2013年，该比例增大至54.6%，全国合计火力发电用煤19.7亿t。相对应，我国长期以来的电力生产结构也是以煤电为主。

由于我国煤炭资源在地理分布上总格局是“西多东少、北富南贫”，而能源消费的主要地区是在我国的东部和南部。因此，煤炭资源生产和消费的错位分布，导致了我国很多火电厂难以燃用设计煤种。

随着国家和社会对节能环保要求的不断提高，火力发电行业的节能减排工作越来越受到相关部门、企业、研究机构和民众的关注。以“深度节能、近零排放”为核心的高效清洁火力发电技术得到蓬勃发展。而在高效清洁火力发电技术中，劣质煤优化燃烧和混煤掺烧技术，是一个重要的研究方向。

应当指出，混煤掺烧技术发起于上世纪70年代的美国。几十年来，国内外对于混煤掺烧技术的研究方兴未艾，研究重点略有不同。国外，侧重于研究混煤的氮氧化物、硫氧化物等污染物的排放规律。我国，侧重于研究以劣质煤为基本成分的混煤燃烧特性，关注其燃烧稳定性、经济性。随着技术的不断发展和环保标准的日益严格，我国也越来越多地在混煤的氮氧化物和硫氧化物生成、焦渣生成的机理和控制等方面开展深入研究。

本书编者长期从事劣质煤，尤其是劣质无烟煤的掺混和优化燃烧技术探索。针对各种炉型、各种煤种开展了大量的实验室研究、数值模拟计算以及现场优化对比测试研究，在混煤掺烧方式的选择以及掺混比的优化等技术上，取得了一些突破性的成果。

本书从煤粉燃烧基本理论入手，系统介绍了混煤掺烧机理、劣质煤优化燃烧技术、混煤掺烧方式和选择、掺混比优化、结焦机理与控制、劣质煤低氮燃烧调整技术等，对于国内燃煤火力发电厂在进行劣质煤掺混及优化燃烧时有较大参考价值。

2015年11月

前　言

改革开放以来，我国的电力工业发展迅猛，火力发电的装机容量越来越大，单机容量已由20世纪70年代的100～200MW为主力机组发展到现在的600MW为主力机组，1000MW甚至更高容量的机组已大量投产；机组参数越来越高，已由超高压、亚临界快速发展到超临界、超超临界机组。

我国的电力生产主要由火力发电、水力发电、核电、风电、地热潮汐发电、太阳能发电等组成，其中火力发电装机总量和发电总量长期占我国总装机总量和总发电总量的大部分份额。虽然随着我国电力发展政策的改变，火力发电机组装机容量占比有逐年下降趋势，但是火电机组发电量长期占我国总发电量的80%左右，且在可预见的近期，这种比例不会有根本性变化。

我国煤炭资源在地理分布上的总格局是“西多东少、北富南贫”。山西、内蒙古、陕西、新疆、贵州、宁夏6省（自治区）煤炭资源总量为4.19万亿t，占全国煤炭资源总量的82.8%。而煤炭资源的消耗主要在京、津、冀、辽、鲁、苏、沪、浙等地区。这种错位性布局导致我国煤炭运输形成“北煤南运、西煤东运”的格局。我国东、中、西部经济发展的不平衡在短时期内将难以消除，而东部缺煤地区由于开采程度高、资源逐渐枯竭，煤炭供应主要依赖西部地区的现象将更加突出。

众所周知，燃煤电站锅炉是根据特定煤种进行设计的。设计煤种不同，锅炉的炉型、结构、燃烧器及制粉系统的选择以及投产后的锅炉运行方式也不同。设计锅炉时依据的煤种称为设计煤种，是最佳的“适炉”煤种。但实际上，随着火电机组的大型化，大型电站锅炉单位时间内煤炭消耗量越来越大，往往不可能燃用单一煤种，而是燃用两种或多种燃煤。由于国内电煤供应形势的长期紧张，越来越多的电站在生产运行时很难购买到足够的设计煤种；在实际运行中，电网调峰峰谷差日益加大，也迫使电站根据电网需求，按照计划负荷调整燃煤配比；为改善高硫煤、低熔点煤带来的排放和结焦问题，电站也有意识掺入低硫煤和高熔点煤；为降低发电成本，火电站有燃用廉价低质煤的经济驱动。如何确保燃用非适炉煤种时锅炉的经济性、安全性、稳定性以及环保性，在现有燃煤条件下，混煤掺烧是有效提高锅炉燃用非设计煤种的运行效率和运行稳定性，减少污染物排放的重要手段。

混煤掺烧，严格意义上讲，就是特指将两种或两种以上的煤通过不同的掺混手段同时送入电站锅炉内燃烧，以期获得锅炉燃烧稳定和经济的一种应用技术。据统计，早在20世纪80年代初期，我国电站锅炉各类牌号煤的掺烧量已高达44%；到20世纪80年代末，有近50%的电站燃用非设计煤种或混煤；进入21世纪后，随着电力装机容量迅速发展以及电煤紧张的局面日趋严峻，掺烧现象更为普遍。因掺烧不善带来了较多的运行经济性以及安全性问题。

劣质煤通常是指对锅炉运行不利的多灰分（大于40%）、低热值（小于15730kJ/kg）的烟煤，低挥发分（小于10%）的无烟煤，水分高热值低的褐煤以及高硫（大于2%）煤等。燃用劣质煤是火电站对社会的一项贡献。劣质煤由于其固有的燃烧特性较差，在实际燃用过程中，必须应用特殊的燃烧技术，才能确保燃烧时的稳定、经济、环保。

本书所提出的劣质煤燃烧理论、技术和应用研究，是作者多年来在劣质煤优化燃烧，特别是混煤掺烧技术方面进行的实践探索，同时参考大量国内外相关专家学者和组织机构的研究成果完成的。本书共分为八章：

第一章介绍了常用动力煤及煤质特性，引出混煤与单煤相比特殊的特性参数。

第二章介绍煤粉燃烧理论。从化学热力学和化学动力学基本理论开始，重点介绍了影响煤粉着火、燃烧与燃尽等过程的理论研究成果。

第三章介绍混煤掺烧机理及数理模型。对混煤特殊的挥发分析出、着火、燃尽过程进行了深入说明。根据混煤的燃烧特点，提出了一种混煤掺烧的数学模型。

第四章主要阐述劣质煤及其常规优化燃烧技术。主要从卫燃带技术、配风优化技术、制粉系统优化技术、一次风优化技术等方面，讲述了如何高效、清洁燃用劣质煤的技术探索。

第五章讲述混煤掺烧方式及其选择。从不同混煤掺烧方式的技术特点分析着手，介绍了实验室内不同混煤掺烧方式对比的研究成果，以及混煤掺烧方式的现场优化试验实例。最后提出了混煤掺烧方式选择的基本原则。

第六章讲述混煤的掺混比及其优化模型。掺混比是混煤掺烧技术的研究重点之一。在本章，根据掺混比的实验室研究结果，提出了一个混煤掺混比的优化数理模型，并介绍了该模型的优化实例。最后提供了一个掺混比优化及发电成本分析实例。

第七章讲述混煤掺烧与减缓高硫煤结焦。首先介绍了高硫煤的基本概念和危害以及高硫煤结焦、腐蚀的内在机理。通过实例介绍了混煤掺烧在减缓锅炉结焦以及高硫煤混煤掺烧优化方面的探索。

第八章对劣质煤低氮燃烧调整技术进行了介绍。根据低氮燃烧基本理论和技术，结合不同炉型实际配风情况，介绍了W型火焰锅炉低氮燃烧调整技术，并结合科研成果，提出了燃煤电站全过程联合脱硝经济评价理念和方法，并深入剖析了锅炉燃烧经济性与氮氧化物减排的内在联系。

劣质煤在我国火力发电领域应用范围广、燃用数量大，其优化燃烧技术对我国火力发电行业的节能减排意义重大。希望本书能够为火电技术研究人员、运行人员等在高效、清洁燃用劣质煤方面提供一定的帮助。

限于作者水平，书中疏漏及不妥之处在所难免，敬请广大读者批评并提出宝贵意见。

编　者

2015年10月

目　录

第一章

常用动力煤及煤质特性

第一节　我国动力煤分布及分类

一、我国煤炭资源概况

我国能源资源具有富煤、贫油、少气的基本特点，因此煤炭资源是我国重要的基础能源。与石油、天然气、核能等一次能源资源相比，将我国已探明的能源资源储量折算成标准煤后，煤炭资源占85%以上。表1-1为我国2006～2011年间的能源消费数据。尽管随着能源结构的逐步调整，我国煤炭消费比重不断下降，但以煤炭为主的能源格局在未来短期内仍无法改变，而采用各种清洁和高效的方式优化煤炭的利用，是解决我国经济发展、能源利用与环境保护的主要途径。

表1-1　　我国能源消费数据　　%

年份	煤炭	石油	天燃气	水核风电
2006	71.1	19.3	2.9	6.7
2007	71.1	18.8	3.3	6.8
2008	70.3	18.3	3.7	7.7
2009	70.4	17.9	3.9	7.8
2010	68.0	19.0	4.4	8.6
2011	68.0	18.6	5.0	8.0

我国煤炭资源具有总体资源丰富，但人均储量低的特点。并且我国煤炭资源勘探程度较低，实际上能开采并加以利用的储量，即经济可采储量较少，且我国人口众多，人均占有量较低，为234.4t/人，而世界人均煤炭资源占有量为312.7t/人，我国仅为世界平均水平的60%。

煤炭是植物遗体经过漫长的生物化学作用和物理化学作用而转变成的沉积有机矿产。由于煤炭形成过程中的有机化学反应非常缓慢，通常认为时间是成煤的第一关键因素。在漫长的地质年代中，我国共有4个主要的成煤期，分别为华北一带的早二叠纪，南方地区的晚二叠纪，华北北部、东北北部和西北地区的早中侏罗纪，以及东北地区、内蒙古东部的晚侏罗纪。这4个成煤期所赋存的煤炭资源量分别占中国煤炭资源总量的26%、5%、60%和7%，因此决定了我国西多东少、北富南贫的煤炭总体分布格局。

此外，我国的煤炭资源与地区经济发达程度呈逆向分布特点。在我国经济相对落后的山西、内蒙古、陕西、新疆、贵州和宁夏等省份，其煤炭资源约占全国煤炭资源总量的

83%，达4.2万亿t，且煤炭种类齐全，煤质较好。而经济较发达的东南沿海省份，其煤炭资源仅为全国煤炭资源总量的5.3%，不到0.3万亿t，相对匮乏。由于我国煤炭资源远离煤炭消费地区，运输压力大，极大地制约了我国煤炭工业的发展。

我国不仅煤炭资源丰富，而且煤种齐全，从褐煤、烟煤到无烟煤，都有一定储量。其中烟煤较多，占全国煤炭资源总量的80%以上，无烟煤约占9%，褐煤占8%。在无烟煤中，以动力煤储量最多，约占烟煤总储量的1/2以上。我国烟煤具有低灰分、低硫分的特点，原煤灰分大都低于15%，硫分低于1%，部分煤田的原煤灰分甚至仅为3%～5%，是天然存在的精煤。另外，我国烟煤的煤岩组分中丝质组含量高，通常在40%以上，为优质的动力煤。

二、动力煤分类及特性

煤炭属于有机矿产，不同时间和地域形成的煤炭在质量上存在很大的差异，使得其具体的利用方式也不尽相同。根据不同的利用方式，可将煤炭分为原料煤和动力煤。原料煤主要用于生产各种二次产品或二次燃料，对煤炭品质要求较高。动力煤主要用于发电、机车动力和锅炉燃烧等目的，对煤炭的品质要求较宽松。在已探明的煤炭储量中，原料煤占27%，动力煤占73%。可见，我国动力煤储量非常丰富。

动力煤作为燃料煤，在我国的经济发展、基础建设、民生日用等方面发挥着重要的作用。在我国的煤种中，用作动力煤的煤种主要包括不黏煤、长焰煤、褐煤、无烟煤、贫煤、弱黏煤及部分未分类的煤种。其中不黏煤储量最多，占动力煤已查明资源储量总量的21.83%，其次是长焰煤、褐煤和无烟煤，分别占20.07%、17.69%和15.24%，储量最少的为弱黏煤，占2.18%。在全国动力煤生产中，以无烟煤产量最多，占动力煤产量的36%；其次是长焰煤，约为16%；弱黏煤产量占15%；贫煤、褐煤产量最少，只占8%左右。除上述煤种外，我国炼焦烟煤中，分不出牌号的全部用作动力煤，气煤约70%用作动力煤，其他炼焦烟煤中灰分或硫分高于30%的煤种，也主要用作动力煤。

1. 不黏煤

不黏煤是一种在成煤初期已经受到深度氧化作用的从低变质程度到中等变质程度的烟煤。水分大于一般烟煤，含氧常在10%以上，丝炭含量高。加热时，基本上不产生胶质体。主要用于发电、机车、烧锅炉和民用。

2. 长焰煤

长焰煤是变质程度最低的一种烟煤，黏结性极弱。其中最年轻的还含有一定数量的腐殖酸。储存时易风化碎裂。煤化度较高的年老煤，加热时能产生一定量的胶质体。挥发分和焦油产率高。主要用于发电、机车和一般锅炉燃料，也可加氢液化制选石油、低温干馏和民用。

3. 褐煤

褐煤是煤级最低的煤，其特点为含水分大、密度较小、无黏结性，并含有不同数量的腐殖酸，煤中氧含量高，常达15%～30%。化学反应性强，热稳定性差，块煤加热时破碎严重。存放在空气中易风化变质、破碎成小块甚至粉末状。发热量低，煤灰熔点也低，主要用于坑口发电、动力煤、加氧液化制造石油、提取褐煤蜡，制取有机化肥和活性碳。

4. 无烟煤

无烟煤是高变质煤，固定碳含量高、挥发分低、密度大、硬度强、燃点高、燃烧时间长、火力旺，燃烧时不冒烟。01号无烟煤为年老无烟煤，02号无烟煤为典型无烟煤，03号无烟煤为年轻无烟煤。无烟煤主要用于化工造气，高炉喷吹和动力用煤。

5. 贫煤

贫煤是煤化度最高的一种烟煤，不黏结或微具黏结性。在层状炼焦炉中不结焦。燃烧时火焰短，发热量较高、耐烧，主要用作动力煤，也可造气，用作合成氨原料和气体燃料。

6. 弱黏煤

弱黏煤是炼焦煤与非炼焦煤之间的过渡煤种，是一种黏结性较弱的从低变质到中等变质程度的烟煤。弱黏煤加热时，产生较少的胶质体。虽可炼焦，但所炼焦炭多数质次粉多。弱黏煤主要为动力煤，也可在炼焦中适当配入代替气、焦和瘦煤。

在动力煤煤种中，灰分最低的是弱黏煤，平均值为13.10%；灰分最高的是贫煤，平均值为31.55%。在动力煤资源中，硫分最低的是褐煤，平均硫分只有0.51%；硫分最高的是贫煤，平均硫分达2.20%。动力煤的空气干燥基高位发热量（$Q_{gr,ad}$）平均值为25.52MJ/kg，褐煤最低，平均值不到20MJ/kg。我国动力煤煤质分析详细数据见表1-2。

表1-2　　我国动力煤煤质分析详细数据

煤种	水分（%）	灰分（%）	挥发分（%）	硫分（%）	发热量（MJ/kg）
不黏煤	9.80	14.26	32.58	0.67	26.79
长焰煤	13.10	23.99	42.46	1.18	22.32
褐煤	26.50	26.32	48.08	0.51	16.89
无烟煤	5.70	20.76	8.68	1.07	26.46
贫煤	5.70	31.55	16.34	2.20	24.37
弱黏煤	7.70	13.10	31.32	0.74	29.59

三、我国动力煤分布

与煤炭资源分布类似，我国动力煤主要分布在华北和西北地区，分别占全国动力煤储量的46.5%和37.56%，而工业发达的华东地区的动力煤储量仅为1.73%，东北和中南地区的动力煤储量也仅为5.13%。从各地区的动力煤占当地煤炭储量的比例分析，西北地区的动力煤占当地煤炭储量的90%以上；西南地区次之，接近80%；华东地区最少，约为24%，具体数据见表1-3。各省、市、自治区中，内蒙古自治区的动力煤储量最丰富，约占全国动力煤储量的32.52%；其次是陕西、新疆、山西、贵州，分别占全国动力煤储量的18.42%、17.23%、12.61%和5.23%。我国各地区动力煤比例见表1-3。

表1-3　　我国各地区动力煤比例

地区	华北	东北	华东	中南	西南	西北
占本地区煤炭储量比例（%）	69.06	60.55	23.92	67.99	79.85	92.7
占全国动力煤储量（%）	46.5	2.51	1.73	2.62	9.07	37.56
占全国煤炭储量（%）	34.06	1.87	1.29	1.95	6.75	27.94

总体而言，我国各地区的动力煤分布极不均匀。其中无烟煤主要集中分布在山西和贵州，其储量分别占全国无烟煤总体储量的40%和30%，河南、四川、云南、河北、北京、福建和广东等省份有一定的储量，而其他各省份的无烟煤储量则相对较少。贫煤是动力煤资源中储量相对较少的一个煤种，主要分布在山西省，山西省贫煤储量约占全国贫煤总储量的60%。弱黏煤占动力煤比例最少，主要分布在陕西和山西，弱黏煤储量分别占该煤种全国储量的50%和40%，其中山西大同矿区是我国优质弱黏煤的主要产地。不黏煤主要分布于内蒙古自治区及陕西省，两者不黏煤储量占该煤种全国储量的50%以上，另外，宁夏、甘肃、新疆等省份也有较大储量的不黏煤。长焰煤主要分布在新疆维吾尔自治区，其长焰煤储量占该煤种全国储量的50%，此外，内蒙古、山西、东北三省、甘肃等地也占有较大的长焰煤储量比例。褐煤是最年轻的一个煤种，主要分布于内蒙古东北部，该区域褐煤储量约占全国褐煤储量的70%，其他省份，如云南省、东北三省及山东、广西、广东等也都有一定的储量。

四、我国主要动力煤煤质及应用现状

由于成煤条件不一样，我国各地区的动力煤煤质也不相同。我国各地区动力煤煤质分析见表1-4。

表1-4　　我国各地区动力煤煤质分析

区域	水分（%）	灰分（%）	挥发分（%）	硫分（%）	发热量（MJ/kg）
华北区	9.20	20.85	23.46	0.93	24.2
东北区	10.30	27.15	39.06	0.56	21.7
华东区	7.90	26.64	34.74	1.22	23.4
中南区	7.00	26.15	25.06	1.48	23.5
西南区	6.40	27.56	23.41	2.56	23.2
西北区	6.10	16.84	26.74	1.34	23.9
全国	8.40	23.85	28.71	1.09	23.2

由表1-4可见，我国西北地区动力煤以烟煤为主，水分、灰分较低；华北地区动力煤灰分和硫分较低，发热量最高；东北地区的动力煤水分高，发热量低，主要是由于其低阶气煤、长焰煤及褐煤所占比例较高的原因；西南地区动力煤煤质则具有高灰分、高硫分和高挥发分的特点。

我国动力煤主要用作电站发电，以满足各行业电力需求，其次用于各种工业锅炉燃烧，以满足工业和民用需求，另一部分用于建材、冶金及化工等领域。由于煤炭市场化，电站实际燃用的煤种常常来自各个不同的矿区，煤种混杂，即使是同一矿区，其开采出来的煤质也不尽相同，从而导致电站实际用煤偏离设计煤种，影响锅炉效率。另外，由于矿区直接开采出来的原煤灰分偏高，在我国“北煤南运、西煤东送”的背景下，将开采出来的原煤直接运送也会造成运力的过度消耗。因此，为提高电站的锅炉效率和节约原煤的运输成本，通常对动力煤采取矿区煤炭洗选和厂区配煤的方式，以高效利用。

煤炭洗选是提高煤质最直接的有效方法，但我国目前动力煤的入洗率还比较低，仅有不到30%，大部分直接送用户燃用。因此，我国煤炭的洗选工作有着很大的提升空间。通过洗选后，可以大幅度降低燃煤灰渣、硫和汞等污染物的排放，从而减少锅炉磨损，提高

燃烧效率。大同矿区、神东矿区和潞安矿区煤质洗选对比见表 1-5。由三个矿区煤炭洗选前后比较可知，通过洗选后的煤质得到了很大的提高。随着我国煤炭开采深度的增加，煤炭的灰分随之增加，含矸率增加，煤质呈下降趋势，煤炭的洗选更具必要性。

表 1-5　　大同矿区、神东矿区和潞安矿区煤质洗选对比

矿区	煤种	煤质情况	主要洗选工艺	洗选效果
大同矿区	弱黏煤、气煤	（1）弱黏煤灰分为 5%～17%，气煤灰分平均超过 20%； （2）发热量为 18.59～34.28MJ/kg	块煤重介浅槽、末煤重介旋游器	（1）精煤灰分降低 44.02%； （2）汞含量降低 24.30%； （3）发热量提高 26.96%
神东矿区	不黏煤、弱黏煤	（1）水分为 5%～15%； （2）灰分为 7%～10%； （2）发热量为 18.58～32.20MJ/kg	块煤重介浅槽、末煤重介旋游器	（1）精煤灰分降低 44.86%，发热量提高 47.81%； （2）混煤灰分降低 32.98%，发热量提高 22.13%
潞安矿区	贫瘦煤、贫煤	（1）灰分为 29%； （2）发热量为 21.62MJ/kg	块煤跳汰分选，13mm 以下煤不入洗	（1）精煤灰分降低 48.78%； （2）汞含量降低 8.93%； （3）发热量提高 23.62%

动力配煤是国家 1985 年以来就推荐使用的节能稳产技术之一，它对提高锅炉热效率、节约煤炭资源、扩大煤源等有着重要的经济和社会效益。动力配煤是指把不同性质、不同种类的动力煤按照一定的比例分配而掺合到一起，然后进行加工合成的符合用户要求的混合煤。传统的配煤方式一般包括仓混式、库混式、带混式和炉内直接混合等形式。其中仓混式系统混煤量较小；带混式系统复杂，投资大，不适合电站的实际情况；炉内直接混合是将不同煤种按一定比例从锅炉的不同位置送入炉膛燃烧，稳定性和调节效果较好。随着配煤技术的发展，现代配煤方式发展到了依靠配煤理论，运用计算机指导电站的动力配煤，从而有效控制入炉煤品质，保证锅炉的稳定运行，减轻锅炉结渣、积灰、腐蚀和磨损。

我国各个地区煤种多样，煤质差异大，原则上动力配煤应尽量符合锅炉的设计煤种，而实际配煤中难以达到，但在各煤质指标上，仍有目标值可供参考遵循。表 1-6 为电站用动力煤的各煤质分析范围，可供配煤时参考。

表 1-6　　电站用动力煤的各煤质分析范围

项目	挥发分（%）	灰分（%）	水分（%）	硫分（%）	发热量（kJ/kg）
数值	10～30	10～30	5～8	<2.5	符合设计值

为了进一步规范我国动力配煤市场，保证产品质量，提高管理水平，推动动力配煤产业的健康发展，国家于 2011 年出台了 GB 25960—2010《动力配煤规范》，对动力配煤原料的品质、科学的配煤方案、质量控制措施、动力配煤产品的品质以及质量检验和验收提出了强制要求。

第二节　常规煤质特性及测试技术

一、概述

（一）煤的形成

亿万年前，古代植物由于地壳的作用被埋在地下，植物在隔绝空气的情况下由于细菌的作用发生腐烂分解，其内部组织遭到破坏，一部分物质转化为气体溢出，残余物质开始变成泥炭，泥炭在地下受地层压力和地温的影响，慢慢地被压紧和硬化，继续排出挥发性气体和水分，使含碳成分比例不断增高，最终变为现在开采出来的煤。

（二）煤的分类

根据成煤的原始植物及其煤化程度的不同，煤的化学组成与其特性各有差异，依其煤化程度可分为无烟煤、烟煤、褐煤三大类。

（1）无烟煤。碳化程度最高，挥发分低、着火点高、质地坚硬、无黏结性，燃烧时多不冒烟。

（2）烟煤。碳化程度低于无烟煤，挥发分范围很大，燃烧时多冒烟。

（3）褐煤。没有或很少经过变质作用形成的煤，光泽暗淡，呈褐色，含数量不同的腐殖酸，特点为高水分、挥发分，低发热量。

（三）煤的成分

1. 元素分析

煤是一种混合物，主要由C、H、O、N、S五种元素组成，对煤中这五种元素含量的分析称为煤的元素分析，是煤燃烧性能的一种分析方法。

2. 工业分析

从煤的组成成分来分，煤由水分、灰分、挥发分和固定碳组成。

（1）水分。属于不可燃成分，用符号M表示。

（2）灰分。代表无机矿物质含量，属于一种不可燃成分，用符号A表示。

（3）挥发分。代表易挥发的有机物含量，主要是碳氢化合物等，属于可燃成分，用符号V表示。

（4）固定碳。代表不挥发的有机物含量，属于可燃成分，用符号FC表示。

对煤中水分、灰分、挥发分含量的分析称为煤的工业分析。工业分析是对煤质进行测试的一种最常规的、最重要的分析方法。

（四）反映煤质的主要特性

1. 发热量（Q）

单位质量的煤完全燃烧时所放出的热量称为煤的发热量或热值，单位为焦耳/克（J/g）或兆焦/千克（MJ/kg）。发热量的惯用单位为卡/克或千卡/千克（cal/g或kcal/kg），1cal=4.1816J。作为动力用煤，目的就是要利用煤的发热量。煤的发热量高低与它含有的成分（灰分、水分、挥发分）有关系，因此，它是表征煤质好坏的综合性指标，我国的煤炭价格，主要以发热量议价，以收到基低位发热量为计价标准。用于测量煤的发热量的仪器为

量热仪。

2. 挥发分（V）

煤的挥发分是指煤中的有机组成成分，在燃烧过程中，碳氢化合物分解氧化成 CO 和 H_2，H_2 和 CO 很快燃烧，且释放大量的热能，很快点燃了固定碳，因此煤中的挥发分越高，煤越容易着火，固定碳也越容易烧尽。一般情况下，在发热量相同的煤中，如果挥发分较高，那么锅炉热效率也较高。因此，煤的挥发分含量是评价动力用煤的重要条件。检测挥发分的仪器有马弗炉、自动工业分析仪、挥发分测试仪等。

3. 水分（M）

水分是动力用煤的一个重要特性指标，是评定煤经济价值的基本指标，煤中全水分由外在水分和内在水分组成。

（1）外在水分。是指开采、运输、存储以及洗煤时，煤表面所附着的水分。将煤置于空气中干燥时，煤的外在水分会蒸发掉。

（2）内在水分。是指煤所固有的游离水。在室温条件下，这部分水不易失去。

煤中的水分过高，发热量必然降低，且蒸发还要吸热，降低炉温，使煤不易着火，煤中水分过低，易造成煤粉飞扬，适当的水分则有助于燃烧。检测水分的仪器设备有恒温干燥箱、工业分析仪和微波水分仪等。

4. 灰分（A）

煤中所有可燃成分完全燃烧以及煤中矿物质在一定温度下产生一系列分解、化合等复杂反应后的残渣即灰分。灰分是煤的主要杂质，灰分在煤燃烧时因分解吸热而大大降低炉温，使煤着火困难，灰分含量高，其发热量一定低，灰分每增加 1%，发热量降低约 0.4MJ/kg，因此可根据灰分估算出发热量，但估算值误差较大。

5. 硫（S）

煤中硫可分为可燃硫和不可燃硫，是一个重要的环保指标。可燃硫燃烧后，虽然放出一部分热量，但会生成 SO_2 和少量的 SO_3，SO_2 会从烟囱排放到大气中，污染大气。SO_3 和水汽结合形成硫酸蒸汽，并在低温受热面上凝结而腐蚀设备，因此现在越来越多的生产单位要求煤的含硫量在 1%以内。检测硫含量的仪器为测硫仪。

6. 灰熔融性

煤的灰熔融性是评价煤灰是否容易结渣的一个指标，煤灰在一定温度下开始变形，开始变形的温度称为变形温度（DT），进而软化和流动，称为软化温度（ST）和流动温度（FT）。煤灰软化温度实际上是开始熔融的温度，故习惯称其为灰熔点（ST）。当炉温达到或超过灰熔点温度时，煤灰就会结成渣块，影响通风和排渣，使炉膛含碳量升高，有时会黏在炉墙管壁或炉排上，恶化传热，造成局部高温，严重影响锅炉的正常运行。灰熔融性对锅炉的安全经济运行关系极大。

7. 氢（H）

我国的煤炭分类标准中把 H_{daf} 作为划分无烟煤小类的指标之一。煤的氢含量也是发热量由高位换算到低位时必须用到的一个参数。1%的氢含量大约影响热值 200J/g。

除以上所述的七大特性指标外，还有结焦性、可磨性指数、粒度等特性指标。

二、煤的基准

对煤的各种煤质特性的分析，其结果均用某种成分在煤中所占的质量百分含量表示，但同一种煤样，在不同的状态下，各成分的质量百分含量均不同，因此某种成分的质量百分含量，必须标明某种状态，否则结果就不具有可比性，不能正确反映煤的成分含量，这种状态称为煤的基准。

1. 基准的含义与分类

煤所处的状态或者按需要而规定的成分组合称为煤的基准，煤的基准一般分为四类：收到基准、空气干燥基准、干燥基准、干燥无灰基准。

（1）收到基准。是指用户收到的原煤所处的状态。含全水分（内在水分和外在水分）、灰分、挥发分，简称收到基，用符号 ar 表示。以收到基表示的煤质特性指标，直接反映原煤各种成分的含量与性能。

（2）空气干燥基准。是指试验室内测定煤质特性指标时试样所处的状态，一般不含外在水分，简称空干基，用符号 ad 表示，试验室直接测出的煤质特性指标值，均为空干基数据。

（3）干燥基准。是指除去全部水分的干煤所处的状态，不含水分，简称干燥基，用符号 d 表示，用标准煤样校验或检验仪器时，均要将空干基含量换算成干燥基含量，再与标准煤样数据进行比较，从而判断测试结果的准确性。

（4）干燥无灰基准。是指不计算不可燃成分（水分和灰分）的煤所处的状态，用符号 daf 表示，主要用于理论计算和确定煤的特性，在现实中不存在这种基准的煤样。

从上面的定义中不难理解，同一煤样同一煤质特性指标中，收到基表示的值最小，空干基次之，干燥基较大，干燥无灰基最大。

2. 四种基准与工业分析成分或元素分析成分之间的关系（见表 1-7）

表 1-7　四种基准与工业分析成分或元素分析成分之间的关系

<table>
<tr><td>FC</td><td colspan="5">V</td><td colspan="2">A</td><td colspan="2">M</td></tr>
<tr><td>C</td><td>H</td><td>O</td><td>N</td><td>So</td><td>Sp</td><td>Ss</td><td>A</td><td>M_{inh}</td><td>M_f</td></tr>
<tr><td>daf</td><td colspan="5"></td><td colspan="2" rowspan="2"></td><td rowspan="3"></td><td rowspan="4"></td></tr>
<tr><td>d</td><td colspan="5"></td></tr>
<tr><td>ad</td><td colspan="7"></td></tr>
<tr><td>ar</td><td colspan="8"></td></tr>
</table>

注　FC—固定碳，V—挥发分，A—灰分，M—水分，C—碳，H—氢，O—氧，N—氮，So—有机硫，Sp—硫化铁，Ss—硫酸盐硫，M_{inh}—内在水分，M_f—外在水分。

3. 基准间换算与应用

不论使用何种基准，煤中以质量百分含量表示的各种成分和都应是 100。

收到基准为

$$M_t + A_{ar} + V_{ar} + FC_{ar} = 100$$

空气干燥基准为

$$M_{ad} + A_{ad} + V_{ad} + FC_{ad} = 100$$

干燥基准为

$$A_d + V_d + FC_d = 100$$

干燥无灰基准为

$$V_{daf}+FC_{daf}=100$$

4. 各基准之间的换算关系（见表1-8）

表1-8　　各基准之间的换算关系

已知基＼要求基	空气干燥基 ad	收到基 ar	干基 d	干燥无灰基 daf
空气干燥基 ad	1	$\frac{100-M_{ar}}{100-M_{ad}}$	$\frac{100}{100-M_{ad}}$	$\frac{100}{100-(M_{ad}-A_{ad})}$
收到基 ar	$\frac{100-M_{ad}}{100-M_{ar}}$	1	$\frac{100}{100-M_{ar}}$	$\frac{100}{100-M_{ar}-A_{ar}}$
干基 d	$\frac{100-M_{ad}}{100}$	$\frac{100-M_{ar}}{100}$	1	$\frac{100}{100-A_{d}}$
干燥无灰基 daf	$\frac{100-(M_{ad}-A_{ad})}{100}$	$\frac{100-M_{ar}-A_{ar}}{100}$	$\frac{100-A_{d}}{100}$	1

从表1-8中系数关系可以看出，煤质特性指标按收到基→空气干燥基→干燥基→干燥无灰基的顺序，其数值依次增大，所乘系数的分母上所减去的数值，就是基准相差的成分，反之亦然。在试验室所测煤中全水分以收到基来表示，而其他特性指标均以空气干燥基表示。

三、煤质测试技术

煤质测试技术是指为了解煤的质量和燃烧特性，用物理和化学的方法对煤样进行的化验和测试工作。煤质测试按国家技术标准或专项试验工艺进行，它是为有关设备和工艺过程的设计和运行提供依据的基础性工作。根据测定项目的不同，煤质测试可以分为常规分析和特种分析（或称非常规分析）两大类。

（一）常规分析

常规分析通常是指按照国家技术标准测定煤炭的基本物理、化学特性的分析项目，主要包括工业分析、元素分析、灰成分分析、煤及煤粉的性质等。

1. 工业分析

工业分析包括对水分、挥发分、灰分和固定碳的测定，有时还包括硫分和发热量等项数据的测定。

（1）水分。水分在煤中以两种状态存在，即以物理状态附着的游离水和结合的结晶水。工业分析中只测定游离水，常分为全水分（又称为收到基水分）和空气干燥基水分（又称为固有水分）。称取一定量的煤样于一定温度的干燥箱中干燥一定时间，其失重占煤样重量的百分数即为全水分；煤样在实验室条件下（常温、相对湿度为60%）进行空气干燥数小时后再将试样于一定温度（同全水分测定）干燥到恒重，其失重占试样重量的百分数即为空气干燥基水分，又称空干基水分。

（2）挥发分。是指在一定条件下煤热解产物的量。试样在专用坩锅中，在（900±10）℃的温度下隔绝空气加热7min，其失重百分数与该试样水分之差即为挥发分。

（3）灰分。是指可燃质完全燃烧以及矿物质在一定温度下发生一系列分解、化合等复杂反应后剩余的残渣。将试样在（815±10）℃的高温炉内灰化到恒重，其残留物质的百分数即为灰分。

（4）固定碳。煤样除去水分、灰分和挥发分后即为固定碳。其数值为100％减去水分、灰分和挥发分后的值。

（5）硫分。煤中的硫分分为可燃硫和固定硫两类，可燃硫包括有机硫和大部分无机硫（矿物硫），固定硫则指矿物质硫酸根中的硫分，属不可燃硫，存在于燃烧后灰渣中。全硫测定有艾什卡质量法、高温燃烧中和法和电量法等多种方法，艾什卡质量法为仲裁法。固定硫的测定是以 HCl 溶液从灰中浸取，再用 $BaCl_2$ 沉淀 SO_4^{2-}，然后据 $BaSO_4$ 质量计算硫量。

（6）发热量。是指单位质量的煤在完全燃烧后所释放的热量，若包含烟气中水蒸气凝结时放出的热量则称为高位发热量，反之则称为低位发热量。发热量是煤最重要的指标之一，用热量计来测定。

2. 元素分析

元素分析是指测定煤中有机质的碳、氢、氧、氮和可燃硫等主要元素组分，以质量百分数表示，收到基中连同水分和灰分总和为100％。

（1）碳。碳含量最高，在干燥无灰基中可占90％以上。

（2）氢。氢是第二重要的组成元素。碳和氢是同时测定的。煤样在氧气流中燃烧，生成的 CO_2 和 H_2O 分别用吸收剂吸收，由吸收剂增重来计算碳和氢的含量。

（3）氮。在试样中加入混合催化剂和硫酸，并加热分解，将煤中氮转化为氨，以测定氨量计算氮的含量。

（4）氧。直接测定操作复杂，且精度不高，一般由差减法计算，即100％与碳、氢、氮、可燃硫、水分和灰分值之差。

（5）可燃硫。由全硫和固定硫之差来计算，在计算氧量时，可近似用全硫来代替可燃硫。

3. 灰成分分析

灰分是由金属氧化物和非金属氧化物及其盐类组成的复杂物质，以 SiO_2 和 Al_2O_3 为主，还有 Fe_2O_3、CaO、MgO、TiO_2、SO_3、Na_2O 和 K_2O 等，以及一些 Mn、V 和 Mo 等元素的氧化物。

（1）灰成分测定。按工业分析条件灼烧煤样制得灰样，用 NaOH 溶融，沸水浸取，加 HCl 溶解，蒸发至近干，再制备试液。不同成分用不同方法测定，例如，SiO_2 用动物胶凝聚质量法，Fe_2O_3、Al_2O_3、CaO 和 MgO 用 EDTA 容量法，Na_2O 和 K_2O 用火焰光度法，P_2O_5 用比色法等，还可以用原子吸收光谱法来测定除磷以外的其他灰成分。

（2）灰的熔融特性。通常称为灰熔点，煤灰没有固定的熔化温度，仅有一个熔化温度范围。中国和世界上大多数国家以角锥法作为标准测定方法，记录在半还原气氛中的三个特征温度。

1）变形温度 DT。即灰锥尖开始变圆或弯曲时的温度；

2）软化温度 ST。即灰锥体弯曲到锥尖触及托板或锥体变成球形和高度不大于底长的

半球时的温度；

3）流动温度 FT。即灰锥完全熔化或展成高度小于或等于 1.5mm 薄层时的温度，也称为熔化温度。

有的国家用热显微镜观测柱体试样的熔融特征来确定其特征温度。

（3）灰黏度。其表征灰在高温熔融状态下的流动特性，通常根据牛顿摩擦定律用钼丝扭矩式黏度计测定 1750℃以下 1～105Pa·s 范围内的熔体黏度。

4. 煤及煤粉的性质

煤是一种成分、结构非常复杂且极不均一，包括有机和无机化合物的混合物，以及无机物和有机质组成的金属有机络合物，其性质是多方面的，其中与燃烧关系较密切的有可磨系数、磨损指数、煤粉细度、密度、自由膨胀序数五项。

（1）可磨系数。其表征煤被粉碎的难易程度，测定的依据是破碎定律，即在研磨煤粉时所消耗的能量与新产生的表面面积成正比。

（2）磨损指数。其表征煤在破碎过程中对金属研磨部件磨蚀的强烈程度，现多使用 YGP（Yancey Geerand Price）法来测定在规范条件下煤样对纯铁的磨损量。

（3）煤粉细度。煤粉是由各种尺寸不同（一般在 1～500μm）、形状不规则的颗粒所组成，其细度一般用标准筛来测定，以筛孔尺寸为 x（μm）的筛子筛后剩余量占粉样的百分数 R_x（%）来表示。

（4）密度。煤的密度通常以不同的方式表示，有真密度、视密度和堆积密度之分。

1）真密度是在 20℃时，煤的质量与同温度、同体积（不包括煤内外表面孔隙）水的质量之比；

2）视密度为在 20℃时，煤的质量与同温度、同体积（包括煤内外表面孔隙）水的质量之比，又称为假密度；

3）煤粉堆积密度是煤粉在自然堆积状态下的视密度。

（5）自由膨胀序数。其表征煤的黏结特性，把煤按规定方法加热，所得焦块与一组标准焦块侧面图进行比较来确定的序号数。

（二）特种分析

特种分析又称非常规分析，是测定表征煤着火、燃尽、结渣和积灰等特性的专项分析。目前，国际上已有基本定型的试验工艺，但还未形成技术标准。特种分析是通过专门的试验装置、使用先进的仪器或对常规分析数据进行处理来实现的；当前主要有以下几种测定项目，即煤粉着火指数、热（重）分析、比表面积测定、热解化学动力学常数的测定、焦燃烧速率系数的测定、结渣倾向判别、沾污特性的判别。

1. 比表面积测定

在气固两相反应中，单位质量试样的表面积（包括内孔表面）——比表面积可作为直观反应活性的一种简单度量。煤是多孔物质，释放挥发分后的焦更是典型的多孔物质。通常以 N_2 在 77K 时的吸附量，用 BET 方程来给出煤样或焦样的比表面积；也有的以 CO_2 在 298K 时的吸附量，用 DubininPolngi 方程来给出试样的比表面积；也有用压汞法测得孔隙面积来表示比表面积。

2. 热解化学动力学常数的测定

煤在不同的热力工况下热解，释放的挥发分成分和数量也不相同。对应于层式燃烧、流化床燃烧和煤粉悬浮燃烧的热力条件，煤的热解动力学参数可分别用热天平（升温速率＜102K/s）、居里点热裂解色谱法（煤的温升速率约为103K/s）和管式沉降炉热解试验（煤的升温速率＞104K/s）来测定。

（1）从热分析曲线来计算活化能，常用以热重和微商热重分析为基础的差减微商法。

（2）居里点热裂解色谱法是高频磁场使铁磁丝迅速受热，涂在丝上的煤粉试样也迅速升温，丝达到居里点后失磁恒温，载气将煤热解释放出的挥发分迅速冷却，并收集入贮气器，既可以测定热解失重率，也可用色谱仪检测热解气态成分的数量。

（3）管式沉降炉热解试验是连续将煤粉试样供入高温管式电炉中，在沉降过程中随惰性载气将煤粉试样高速升温，快速热解，以水冷取样管将带粉气流迅速冷却，用在线气体分析仪检测挥发分某些成分的数量，并用取出的焦样由灰示踪法确定挥发分产率，进而可算出煤热解频率因子和活化能。

3. 焦燃烧速率系数的测定

焦是指煤释放挥发分后的剩余物，其燃尽时间一般占煤燃尽时间的90%以上，其燃烧速率与煤在炉膛中的燃尽率关系较密切。焦在管式沉降炉的高温燃烧气氛中燃烧，水冷取样管将试样迅速冷却，不同温度、不同燃烧时刻的残存焦样，用灰示踪法即可得出燃尽率，进而可得出视在燃烧速率系数 $K_c=A_c\exp(-E_c/RT)$ 中的频率因子 A_c 和活化能 E_c，从而为计算煤在炉膛中的燃烧过程提供基础数据。

4. 结渣倾向判别

结渣是指熔化了的灰沉积在受热面上，它与煤的灰渣特性、燃烧工况和壁面温度等多种因素有关。通常认为煤的结渣倾向与灰分的熔融性、流变特性（黏温特性）等有关，工业部门常使用的预测指标有软化温度判别指标、常用的结渣指数、煤粉重力筛分试验三种。

（1）软化温度判别指标。以煤灰的软化温度ST作为判别指标，煤的低位发热量 Q 作为辅助指标，即ST＞1350℃且 $Q>12\,560$kJ/kg的煤和ST不限且 $Q\leqslant12\,560$kJ/kg的煤为不结渣煤；ST≤1350℃且 $Q\geqslant12\,560$kJ/kg的煤为易结渣煤。

（2）常用的结渣指数。主要有：

1）成分结渣指数 R_{as} 为

$$R_{as}=(Fe_2O_3+CaO+MgO+Na_2O+K_2O)/(SiO_2+Al_2O_3+TiO_2)S_d$$

式中 S_d——煤的干燥基含硫量，其余为各种灰的成分值。

2）温度结渣指数 R_{fs} 为

$$R_{fs}=(T_h+4T_d)/5$$

式中 T_h 和 T_d——不同试验气氛中的最高半球温度和最低变形温度，℃。

3）黏度结渣指数 R_{vs} 为

$$R_{vs}=(T_{25}-T_{1000})/97.5f_s$$

式中　T_{25}和T_{1000}——灰渣黏度为25Pa·s和1000Pa·s时的温度；

f_s——与灰渣黏度为200Pa·s时的温度T_{200}有关的因数。

通用的国外资料推荐的结渣指数判别数据见表1-9。

表1-9　　结渣指数判别数据

可能的结渣程度判别指数	轻	中等	重	严重
R_{as}	<0.6	0.6～2.0	2.0～2.6	>2.6
R_{fs}（℃）	>1340	1340～1230	1230～1150	<1150
R_{vs}	<0.5	0.5～0.99	1.0～1.99	≥2.0

此外，也有资料把灰成分中的铁钙比（Fe_2O_3/CaO）、硅铝比（SiO_2/Al_2O_3）、硅值［$SiO_2/(SiO_2+Fe_2O_3+CaO+MgO)$］等作为判别煤结渣倾向的指数。

（3）煤粉重力筛分试验。用不同的重液将煤粉样区分为密度从1.1～2.9等不同部分，分析不同密度煤粉的灰成分偏析情况，可以判别煤的结渣倾向：密度大于2.5的重组分中含铁量高的煤易结渣。

5. 沾污特性的判别

沾污是指温度低于灰熔点的沉积物沉积在锅炉受热面上。通常用来判别煤灰沾污倾向的方法有沾污指数RF、重力筛分试验、弱酸溶碱试验、测定煤灰的烧结强度四种。

（1）沾污指数RF为

$$RF=(Fe_2O_3+CaO+MgO+Na_2O+K_2O)Na_2O/(SiO_2+Al_2O_3+TiO_2)$$

式中均为各种灰的成分值；据国外数据，当$RF<0.2$时，沾污轻；$RF=0.2\sim0.5$时，沾污中等；$RF=0.5\sim1.0$时，沾污重；$RF>1.0$时，沾污严重。

（2）重力筛分试验。据国外资料，在密度小于1.5的轻组分中含碱金属量高的煤易沾污。

（3）弱酸溶碱试验。煤灰分中的碱金属，一部分为较稳定的“非活性碱”，另一部分为在燃烧中易挥发的“活性碱”，只有“活性碱”在锅炉受热面上容易发生物理化学反应而造成沾污；“活性碱”可以用醋酸浸出，再用原子吸收分光光度计测定，可以用“活性碱”含量来比较煤灰的沾污特性。

（4）煤灰的烧结强度测定。用煤灰在925℃时的烧结强度来判别煤灰的沾污倾向。烧结强度小于7×104Pa，沾污轻；7×104～35×104Pa，沾污中等；35×104～113×104Pa，沾污重；大于113×104Pa，沾污严重。

四、煤质测试精确度分析

（一）影响煤质测试精确度因素

煤质测试是指为了了解煤的结构、组成以及性质，采用化学的或者是物理的方法对样品煤进行测试以及研究的过程。煤炭的用途十分广泛，归纳起来主要是冶金、化工和动力三个方面，各工业部门对所用的煤都有特定的质量要求和技术标准，因此煤质测试的准确性对于煤炭的高效利用具有十分重要的意义。在煤质测试过程中，抽样、制样方法，测试的标准和方法，测试仪器，人为检测过程等各因素都会对测试精确度产生重要影响。

（二）提高煤质测试精确度的方法

1. 制定正确的抽样方法

抽样必须具有代表性，这是保证检验结果有效性的第一步，因此抽取样品时要注意以下几点：

（1）抽样前，抽样人员应进行业务培训，熟悉抽样标准，明确采样目的（技术评定、过程控制还是质量控制或商业目的），以确定试样类型（一般煤样、水分煤样、粒度分析煤样或其他专用煤样），初步了解被采煤样储存方式及煤质粒度等特性。

（2）依据前面所述信息，采样前，首先要设计专用的采样方案，采样方案是根据试剂情况拟定供采样人员使用的作业指导书的第一步，因此应当简单、易懂、可行、具有可操作性，方案确定的采样方法和批量应科学、合理，采样布点及时段可以涵盖整个被采煤源，子样数量要恰当，最终样品要具有代表性等。

（3）根据不同的采样方案提前准备采样工具、服装、储存容器等，在送达实验室前，样品的储存一定要保持被采前的原始性，用于水分测定的样品尤其要注意储存过程中的密封性，要尽可能快地送达实验室。

2. 及时制备样品

在煤炭检验中，制样是一个不可忽略过程。煤炭采制样所造成的误差可占整个检验误差的40%。对此，GB 474—2008《煤样的制备方法》中作了严格的规定。因此，制样一定要严格按照标准，不得随意更改标准中的程序。每次破碎、缩分前，机器和用具都要打扫干净，制样人员在制备过程中应穿专用鞋，以免污染试样。用不易清扫的密封式破碎机处理每个试样前，可用被采样品预先通过机器予以冲洗，弃去冲洗煤后再处理试样。在缩分和破碎样品过程中严禁随意拣弃煤矸石和大块样品。对于湿度较大的煤样不易直接制样时，可在空气中自然干燥，或于40℃烘干煤样制备后置于干燥密封的容器中。

3. 选取合适的标准和方法

检测必须选取正确的标准和合适的方法，出具的数据才有信服力，出具的检验报告才具有效力。产品属于强制性标准的，应首先选用强制性标准；产品不属于强制性标准调整范围的，应选用企业执行的国家推荐性标准、行业标准或企业标准。煤炭检验中主要执行的标准有国家标准和行业标准两种，一般大多为推荐性标准，建议优先选用国家标准和行业标准，也可自己制定企业标准，但方法的精密度和准确度要有于国家标准、行业标准的对比记录，只有精密度和准确度高于国家标准、行业标准要求才可采用企业标准，选择好了标准，就应依据标准规定的检测方法检测。对于已执行新标准的，不能沿用已作废的旧标准。新标准中的检测方法更科学、更先进，对于企业采用自动化程度较高的仪器测定时，所选仪器的方法原理一定要符合相关标准，仪器的精密度和准确度一定要经过权威机构鉴定或校准后方可使用。

4. 正确使用和维护仪器

计量器具和检测仪器的示值精确是保证检验结果准确的基础。检测仪器从选择、申购、验收、检定、使用、维修都应建立一套科学有效的管理制度，并且使每个环节都切实可行地处于可控制状态下，才能使检测仪器保持良好的运行状态，从而更好地为检测服务。在煤炭检测中，仪器要有专人管理和维护，每年测量设备都必须通过检定，除专业机构进行检定外，检验人员还应定期用标准样品对仪器进行校准，只有对比结果在要求的误差范围内才可进行样品的检验工作，对于水分、灰分、挥发分等重量分析中，干燥前要尽量使用同一台天平，天平和砝码要配套使用，新的灰皿、坩埚等在第一次使用前，在洗净后于测量温度下烘烤 1h 以上。

5. 严格按照标准和规程检测

增加平行测定的次数可以使偶然误差接近消除，因此，为保证试验结果的准确性，试验过程中要严格按照标准进行平行测试，以剔除偶然误差。煤炭检测中，要尽量使空白降至最低，且要经常通过标样检查校准仪器。例如，在硫的测定中，只有将仪器调整至符合要求，即标样的检测值和其明示值在误差允许范围内才可正式测量样品，当测量样品较多或测量时间较长时，中间应穿插做标样，以检仪器的稳定性；测量水分、灰分时，测量前灰皿、称量瓶要进行恒重，稍冷后置于干燥器中冷却，且测量前后冷却时间和环境要大致相同；测量挥发分时既做到要注意快拿快放、又要保证试样与空气始终处于隔绝状态，进行重量分析时试样的称量范围应在标准允许的范围内，以使试样在干燥过程中均匀受热。无论检测哪种指标，都应严格按照标准和规程执行保证检测结果的客观性和公正性。

第三节　混煤的特殊煤质特性参数

混煤虽然是一个简单的机械混合过程，但是由于各组分煤种的物理构成及物化特性不同，混合后不同煤质的颗粒在燃烧过程中相互影响其煤质特性比单一煤种复杂，难以简单地由掺混比例预知其特性，所以其燃烧特性并不是组合煤种的简单叠加。

国内外一般采用算术平均方法计算混煤的煤质分析数据，这一方法对于只涉及计算混煤的组分是现实可行的，如元素分析、水分及发热量等。对于涉及炉内化学反应的，如燃烧特性、挥发分析出、结渣特性（灰分熔点）则无法简单通过计算得到，一般采用实验分析或者经验公式计算方法得到。

一、混煤的可磨性

煤的可磨性指的是煤在被研磨时破碎的难易程度，一般采用可磨性指数来表示。可磨性指数是将相同质量的煤样在消耗相同能量（同样的研磨时间或磨煤机转数）的情况下进行研磨，由所得到的煤粉细度与标准煤的煤粉细度的对数比得到。可磨性指数常用的有哈得罗夫可磨性指数 HGI（简称哈式可磨性指数）和 K_{VTI}（苏联热工研究院制定）两种，两者之间可采用式（1-1）进行近似换算，即

$$K_{VTI} = 0.0149HGI + 0.32 \tag{1-1}$$

我国煤的 HGI 一般为 25～129，HGI 小于 60 的属于难磨煤，HGI 大于 80 的则属于易磨煤，HGI 处于两者之间则属于中等可磨煤。对于混煤的可磨性一般应实测，表 1-10 所示为单煤和混煤的可磨性指数试验结果，其中煤种 A 为白沙矿务局煤，煤种 B 为矿山公司煤，煤种 C 为晋城无烟煤。从表 1-10 中的试验结果可以看出，实测可磨性要比单一煤种可磨性加权平均值小，这说明实际混煤的可磨性趋向于难磨煤种。根据可磨性系数实测值与平均值的比值可以看出，煤种之间的可磨性指数差别越大，其混煤的实测可磨性偏

离平均计算值越大。

表 1-10　　单煤和混煤的可磨性指数试验结果

项目	煤种 A	煤种 B	混煤（1∶1）平均	混煤（1∶1）实测	实测/平均
混煤 1					
HGI	109	71	90	76	0.84
可磨性	易磨	中等	易磨	中等	—
混煤 2					
HGI	109	43	76	59	0.78
可磨性	易磨	难磨	中等	难磨	—

不同掺混比例的单一煤种的混煤可磨性试验结果见表 1-11，其中煤种 1 为潞安煤，HGI 为 71；煤种 2 为晋城无烟煤，HGI 为 43。从表 1-11 中可以看出，随着可磨性较差的无烟煤掺混比例的提高，混煤的可磨性逐渐下降。

表 1-11　　不同掺混比例的单一煤种的混煤可磨性试验结果

煤种 1∶煤种 2	4∶1	3∶1	2∶1	1∶1
HGI	70	65	63	60

二、混煤的着火特性

煤粉的着火特性表示煤粉在炉膛中在规定的燃烧条件下被点燃的难易程度。由于混煤一般为煤种之间的物理掺混，所以认为混煤的着火特性是各单一煤种的加权平均，但实际情况并非如此。由于混合煤种中的易燃煤会在较低温度下着火，并对难燃煤种起到点火作用，所以混煤的着火特性应偏向于易燃煤种方向。

原煤的燃烧特性一般用热重方法进行，主要的实验特征参数包括着火特征温度 t_i、燃烧最大失重率 $(dG/d\tau)_{max}$（G 表示燃煤质量，τ 表示时间）及其所对应的温度 T_{max}，可燃性指数 $C_b=(dG/d\tau)_{max}/T_i^2$，可燃性指数主要反应煤样前期的反应能力，该值越大可燃性越好。表 1-12 所示为不同比例混煤的燃烧特性参数，其中煤种 1 为潞安煤，煤种 2 为晋城无烟煤。从表 1-12 中可以看出，随着无烟煤掺混比例的提高，其着火温度、可燃性指数明显提高，但是潞安煤的存在，能够使得混煤着火特性显著改善。

表 1-12　　不同比例混煤的燃烧特性参数

无烟煤比例（%）	$(dG/d\tau)_{max}$（1/min）	T_{max}（℃）	T_i（℃）	$C_b\times10^{-7}$
0	0.119	505	382	8.15
20	0.113	511	395	7.24
25	0.105	517	407	6.33
30	0.095	525	421	5.35
50	0.089	529	430	4.81
100	0.078	559	492	3.01

三、混煤的燃尽特性

国内学者在沉降炉和一维燃烧炉上，针对不同的煤种进行了大量的掺烧燃尽实验。认

为混煤煤焦的热分析燃尽率曲线处于两个单煤煤焦燃尽率曲线之间，但不是加权平均关系，而是比较靠近难燃尽的单煤，因此认为，难燃尽煤中掺入易燃尽的煤改善其燃尽特性的效果不会太显著。当两种挥发分差异较大的煤种混合后，在燃烧过程中会出现所谓“抢风”现象，即高挥发分煤种迅速燃烧，消耗大量的氧分，致使低挥发分煤种缺氧，着火过程延迟，延长了低挥发分煤的燃烧时间，不利于混煤的燃尽。

四、混煤的结渣特性

混煤的结渣性能除与燃烧性能有一定关系外，主要取决于各掺混煤种的灰特性。但混煤的结渣特性与各单一煤种的权重灰特性并不成比例关系，如神华煤与大同、兖州煤在某些锅炉上掺烧会出现结渣加剧现象，这是由于神华煤种的 CaO 除了与自身煤灰中的 Fe_2O_3 反应生成共熔体外，还有多余的 CaO 与掺烧煤种中的 Fe_2O_3 形成共熔体，导致结渣加剧。因此对混煤的结渣特性应通过实验最终确定，特别是当单一煤种有结渣趋势时。

第四节　混煤掺烧技术主要研究热点

混煤掺烧的研究在国内外较为活跃，在燃烧机理、混煤方式、掺混比等多方面有比较多的提高锅炉运行稳定性、经济性以及安全性、环保性的理论和实验研究。目前，实验室实验主要集中采用单煤和混煤的热解分析、热重分析，以及电镜扫描、一维炉试烧、卧式炉试烧、沉降炉试烧等方法；理论研究则致力于构建描述多组分混煤燃烧全过程的数学模型、优化不同目的的掺混比例的算法，以及探讨 NO_x、SO_x 以及焦渣生成和发展的内在机理等。

一、混煤挥发分析出特性研究

由于热解是煤燃烧过程中重要的初始过程，对着火有极大的影响，同时对污染物的形成起着重要的作用，所以，煤热解的理论和试验研究受到越来越多的重视。

混煤的热解特性较单一煤种来说更为复杂，国内外普遍采用热天平对混煤的热解特性进行研究。有关研究表明，混煤与单一煤种相比，其挥发分初析温度与混煤中性能较优的煤种相近；混煤的挥发分的半峰宽远远大于两种单煤，表明混煤的挥发分释放在中温区相当平缓，从而也说明两种煤混烧时其挥发分的析出是非同步进行的。

采用工业分析的方法测量得到的混煤的挥发分含量较单煤少，并且挥发分含量相近的煤种混合后，其挥发分含量实测值与计算值偏差不大，而挥发分含量相差较大的无烟煤与烟煤混合后，其挥发分含量实测值与计算值有较大的偏差。国内外许多学者也认为混煤的元素分析成分、水分和发热量甚至挥发分含量均可由组成混煤的各组分单煤算术平均得到。

国外的研究也得到了两种煤燃烧时挥发分的析出在中温区相当平缓，是非同步进行的结果。

二、混煤着火特性研究

采用热天平研究煤的着火特性得到了广泛的应用。通过得到的 TG 曲线和 DTG 曲线来确定着火点，进而对煤的着火特性进行比较是研究者常用的方法。一般常见的在热天平上定义着火点的方法有 TG-DTG 法、温度曲线突变法、DTG 曲线法、TG 曲线分界点法和 TG-DTG 曲线分界点法。

大量实验证明，混煤的着火温度接近易着火组分煤种的着火温度。在难着火煤中掺入少于一定量的易燃煤，其着火性能明显改善；而继续增加掺烧煤的比例，着火温度的变化趋于平缓。

总之，对混煤着火特性的研究中，普遍认为混煤中各组分煤是相互影响的。对煤粉气流的着火与单煤煤粉气流浓度的关系没有人进行过研究。

三、混煤燃尽特性研究

国内学者在沉降炉和一维燃烧炉上，针对不同的煤种进行了大量的掺烧燃尽实验。认为混煤煤焦的热分析燃尽率曲线处于两个单煤煤焦燃尽率曲线之间，但不是加权平均关系，而是比较靠近难燃尽的单煤，因此认为，难燃尽煤中掺入易燃尽的煤改善其燃尽特性的效果不会太显著。

有研究者专门对烟煤与无烟煤的混煤进行研究，认为混煤的燃尽时间取决于其中无烟煤的燃尽时间，并认为无烟煤掺入烟煤后对燃尽特性没有多大改善。

总之，对混煤燃尽特性的研究在国内均没有采用大型半工业化实验台进行研究，所得的结论也是认为混煤的燃尽特性较偏于难燃煤。

四、混煤结渣（焦）特性研究

煤粉炉结渣问题较为普遍，结渣轻则影响传热，降低锅炉的效率；重则导致锅炉降负荷运行，发生非计划停炉或造成重大安全事故，是危及锅炉安全、经济运行的一大难题。

结渣的内因是燃料的灰分特性，外因是炉内的燃烧工况。从内因上讲，我国的燃料政策是电站锅炉尽量燃用劣质燃料，统计表明，我国大机组所用煤质约有半数属易结渣类型；而且电站燃用煤质多变，实际燃用煤质与设计煤种相差较大，炉膛结构特性、燃烧器的结构布置与燃料不匹配，也容易出现结渣问题。从外因上讲，锅炉运行方式不当、速度场和温度场分布不合理、火焰偏斜、冲墙、局部出现还原性气氛也是导致结渣频繁发生的原因。因此对结渣的趋势、部位、程度做出准确预报，及时有效地采取措施，保持受热面的清洁，对实现安全、经济运行，是十分重要的。

结渣是一个复杂的物理化学过程，也是一个非常复杂的气固多相湍流输运问题，结渣的影响因素很多，除了与燃料本身的特性有关外，还与燃烧过程的热力参数、炉膛及燃烧器的结构、锅炉负荷等因素有关。因此对一台锅炉的结渣特性作出准确无误的判断，是十分困难的。对结渣问题，原来一直是经验的估计。近年来，随着对结渣机理及过程认识的深入，国内外已开发了多种结渣诊断和预报技术。

总之，国内外学者均认为，由于单一煤种的结渣性已非常复杂，混煤的结渣性的复杂程度更大。一般均采用研究单煤的手段对混煤进行研究，并且无法通过研究单煤的结渣程度来得到混煤的结渣特性。也就是说，混煤的结渣特性与其组分煤的结渣特性相去甚远。

五、混煤 SO_x 和 NO_x 排放规律研究

美国对 SO_x 排放规律的研究较多，但大都认为混煤的 SO_x 排放量与单煤排放量呈线

性关系。国内还未见对混煤的 SO_x 排放量进行理论和实验研究的报道。大都直接采用国外的现成规律进行应用。

对混煤的氮氧化物排放量的研究认为，混煤氮氧化物排放量的生成规律符合单煤的生成规律，并且排放量与混配比例存在近似线性关系。但在有些工况下却与单煤的排放量无任何关系，因此还需要对混煤的氮氧化物生成规律进行进一步的研究。

第二章

煤粉燃烧理论

煤的燃烧性能包括煤粉着火稳定性、煤粉燃尽性、煤灰结渣性、大气污染物质可能的排放量和水冷壁高温腐蚀等。正确分析燃烧的机理，改进其燃烧特性，特别是对一些特性给出定量预示，对锅炉的安全、经济运行具有重要意义。根据预示结果：

（1）选择最佳的炉膛结构尺寸及燃烧器形式、参数；

（2）进行锅炉调试前的燃烧性能分析，采取相应的措施；

（3）进行锅炉改造前的燃烧性能分析，采取相应的措施；

（4）进行改变煤种前燃烧性能分析，采取相应的措施。

第一节　化学热力学与化学动力学概述

一、质量作用定律——化学反应速度

燃烧是一种发光发热的化学反应。燃烧速度可以用化学反应速度来表示。

在等温条件下，化学反应速度可用质量作用定律表示。即反应速度一般可用单位时间、单位体积内烧掉燃料量或消耗掉的氧量来表示。可用式（2-1）表示炉内的燃烧反应，即

$$\underset{(燃料)}{\mathrm{aA}}+\underset{(氧化剂)}{\mathrm{bB}}=\underset{(燃烧产物)}{\mathrm{gG}+\mathrm{hH}} \tag{2-1}$$

化学反应速度可用正向反应速度表示，也可用逆向反应速度来表示，即

$$\left.\begin{aligned} W_{\mathrm{A}} &= -\frac{\mathrm{d}C_{\mathrm{A}}}{\mathrm{d}t} \\ W_{\mathrm{B}} &= -\frac{\mathrm{d}C_{\mathrm{B}}}{\mathrm{d}t} \\ W_{\mathrm{H}} &= \frac{\mathrm{d}C_{\mathrm{H}}}{\mathrm{d}t} \\ W_{\mathrm{G}} &= \frac{\mathrm{d}C_{\mathrm{G}}}{\mathrm{d}t} \end{aligned}\right\} \tag{2-2}$$

质量作用定律说明了参加反应物质的浓度对化学反应速度的影响。其意义是：对于均相反应，在一定温度下，化学反应速度与参加反应的各反应物的浓度乘积成正比，而各反应物浓度的方次等于化学反应式中相应的反应系数。因此，反应速度又可以表示为

$$W_{\mathrm{A}} = -\frac{\mathrm{d}C_{\mathrm{A}}}{\mathrm{d}t} = k_{\mathrm{A}}C_{\mathrm{A}}^{a}C_{\mathrm{B}}^{b} \tag{2-3}$$

$$W_{\mathrm{B}}=-\frac{\mathrm{d}C_{\mathrm{B}}}{\mathrm{d}t}=k_{\mathrm{B}}C_{\mathrm{A}}^{a}C_{\mathrm{B}}^{b} \tag{2-4}$$

式中 C_{A}、C_{B}——反应物 A、B 的浓度；

a、b——化学反应式中，反应物 A、B 的反应系数；

k_{A}、k_{B}——反应速度常数。

对于多相反应，如煤粉燃烧，燃烧反应是在固体表面上进行的，固体燃料的浓度不变，即 $C_{\mathrm{A}}=1$，反应速度只取决于燃料表面附近氧化剂的浓度。用公式表示为

$$W_{\mathrm{B}}=-\frac{\mathrm{d}C_{\mathrm{B}}}{\mathrm{d}t}=k_{\mathrm{B}}f_{\mathrm{A}}C_{\mathrm{B}}^{b} \tag{2-5}$$

式中 C_{B}——固体燃料表面附近氧的浓度。

式（2-5）说明：在一定温度下，提高固体燃料附近氧的浓度，就能提高化学反应速度。反应速度越高，燃料所需的燃尽时间就越短。上述关系只反映了化学反应速度与参加反应物浓度的关系。事实上，反应速度不仅与反应物浓度有关，更重要的是与参加反应的物质本身有关，具体地说，与煤或其他燃料的性质有关。化学反应速度与燃料性质及温度的关系可用阿累尼乌斯定律表示。

二、阿累尼乌斯定律

在实际燃烧过程中，由于燃料与氧化物（空气）是按一定比例连续供给的，当混合十分均匀时，可以认为燃烧反应是在反应物质浓度不变的条件下进行的。这时，化学反应速度与燃料性质及温度的关系为

$$k=k_{0}\mathrm{e}^{-E/RT} \tag{2-6}$$

式中 k——反应速度常数（浓度不变）；

k_{0}——相当于单位浓度中，反应物质分子间的碰撞频率及有效碰撞次数的系数；

E——反应活化能；

R——通用气体常数；

T——反应温度。

阿累尼乌斯定律说明了燃料本身的“活性”与反应温度对化学反应速度的影响的关系。

燃料的“活性”可以简单地理解为燃料着火与燃尽的难易程度。例如，气体燃料比固体燃料容易着火，也容易燃尽。而不同的固体燃料，“活性”也不同，烟煤比无烟煤容易着火，也容易燃尽。因此，燃料的“活性”也表现为燃料燃烧时的反应能力。燃料的“活性”程度可用“活化能”来表示。

三、影响化学反应速度的因素

质量作用定律和阿累尼乌斯定律指出了影响燃烧反应速度的主要因素是反应物的浓度、活化能和反应温度。

（一）反应物浓度的影响

虽然认为实际燃烧过程中，参加反应物质的浓度是不变的，但实际上，在炉内各处、在燃烧反应的各个阶段中，参加反应的物质的浓度变化很大。

在燃料着火区，可燃物浓度比较高，而氧浓度比较低。这主要是为了维持着火区的高

温状态，使燃料进入炉内后尽快着火。但着火区如果过分缺氧，则着火就会终止，甚至引起爆炸。因此在着火区控制燃料与空气的比例达到一个恰到好处的状态，是实现燃料尽快着火和连续着火的重要条件。

（二）活化能对燃烧速度的影响

1. 活化能概念

燃料的活化能表示燃料的反应能力。

活化能的概念是根据分子运动理论提出的，由于燃料的多数反应都是双分子反应，双分子反应的首要条件是两种分子必须相互接触、相互碰撞。分子间彼此碰撞机会和碰撞次数很多，但并不是每一个分子的每一次碰撞都能起到作用。如果每一个分子的每一次碰撞都能起到作用，那么即使在低温条件下，燃烧反应也将在瞬时完成。然而燃烧反应并非如此，而是以有限的速度进行，只有活化分子的碰撞才有作用。这种活化分子是一些能量较大的分子。这些能量较大的分子碰撞所具有的能量足以破坏原有化学键，并建立新的化学键。但这些具有高水平能量的分子是极少数的。要使具有平均能量的分子的碰撞也起作用，必须使他们转变为活化分子，这一转变所需的最低能量称为活化能，用 E 表示。因此活化分子的能量比平均能量要大，而活化能的作用是使活化分子的数目增加。

2. 燃料的活化能对燃烧速度的影响

在一定温度下，某一种燃料的活化能越小，这种燃料的反应能力就越强，而且反应速度随温度变化的可能性就减小，即使在较低的温度下也容易着火和燃尽。

活化能越大的燃料，其反应能力越差，反应速度随温度的变化也越大，即在较高的温度下才能达到较大的反应速度，这种燃料不仅着火困难，而且需要在较高的温度下经过较长的时间才能燃尽。

燃料的活化能水平是决定燃烧反应速度的内因条件。

一般化学反应的活化能为 42～420kJ/mol，活化能小于 42kJ/mol 的反应，反应速度极快，以至难于测定；活化能大于 420kJ/mol 的反应，反应速度缓慢，可认为不发生反应。

燃煤的活化能及频率因子可在沉降炉中测定，表 2-1 是国内四种典型煤种的活化能测定结果。不同的测试仪器所测量的数据差别较大，因此，只有同一仪器测量的数据才具有可比性。

表 2-1　　　　国内四种典型煤种的活化能测定结果

煤种	V_{daf} (%)	频率因子 [g/(cm^2·s·MPa)]	活化能 (kJ/mol)
无烟煤	5.15	96.83	85.212
贫煤	15.18	12.61	55.098
烟煤 1	33.40	7.89	45.452
烟煤 2	41.02	5.31	38.911

3. 温度对燃烧速度的影响

温度对化学反应的影响十分显著。随着反应温度的升高，分子运动的平均动能增加，

活化分子的数目大大增加，有效碰撞频率和次数增多，因而反应速度加快。对于活化能越大的燃料，提高反应系统的温度，就能显著地提高反应速度。

第二节　煤粉基本理化参数

不同煤种的组成不同，煤的结构也极为复杂，但是，也存在一些规律性的特征，可以将其概括为物理结构和化学结构。

煤粉的物理结构参量主要包括颗粒粒度、颗粒密度、比表面积、孔隙率和孔隙结构等。其中，颗粒粒度是最基本的也是最重要的物理参数，它对煤粉颗粒的密度、比表面积、孔隙率和孔隙结构等有重大影响。因为煤粉的物理特性是决定煤粉颗粒中质量、热量传递速率与反应表面积的重要因素，所以煤粒粒度很大程度上影响煤粉炉内的物理化学过程，如挥发分的释放速率、着火、燃烧及燃尽等特性。

煤粉颗粒的物理结构主要指密度、内表面积和孔结构。煤粉颗粒是多孔固体，根据煤化程度的不同，其密度为 1.100～2.330g/cm^3，孔隙率为 0.2～0.9，比表面积为 1～1000m^2/g。煤的孔隙结构特征主要包括煤颗粒的比表面积、孔隙率和孔径分布。煤粉燃烧过程中，煤的热解、煤焦异相还原 NO 以及煤焦的燃烧都直接或间接发生在煤粒的内表面，反应物和生成物的扩散也都在孔隙内进行。煤粉颗粒的比表面积与颗粒尺寸有关。煤粉颗粒表面积主要是内表面积，其外表面积是可以忽略不计的。煤粉颗粒是多孔介质，其孔径大小不一，从小于 1nm 到大于 1000nm 范围连续分布。

煤粉颗粒的化学结构主要指其分子结构。煤的分子结构是很复杂的，随煤的变质程度的变化而变化，许多学者对此问题做了大量的研究试验，但至今还未彻底弄清。近年来根据煤分子化学结构及煤分子结构的近代概念得知：煤分子是由若干结构相似而又不完全相同的基本结构单元通过桥键连接而成的。完整的分子结构包括两部分：

(1) 性能较稳定、结合牢固、不易发生化学反应的核心部分，即芳香核；

(2) 核周围的各种侧链及官能团，如羟基（—OH）、羧基（—COOH）、羰基（>C=O）等。

煤粉颗粒热解过程中，随着一些化学键和非化学键的断裂，煤分子结构发生一系列变化，发生了以裂解反应和缩合反应为主的化学反应，释放出的气态产物主要包括 CO、CO_2、H_2、H_2O、C_iH_j、NH_i、HCN、SO_2 等。

第三节　煤粉的着火

一、煤粉着火机理

为了得到简明的概念，需假定一个简化的物理模型，分析自燃着火。

设有一个密闭的容器，容积为 V，容器内充满可燃的混合物，容器内各点的温度和浓度均匀，容器壁的温度为 T_0，并不随反应进行而改变。

设反应的热效应为 q，反应速率为 W，反应时温度为 T，则反应发热的速率（单位时间内反应发出的热量）为

$$Q_1 = qWV = qVk_0C^n\exp\left(-\frac{E}{RT}\right) \tag{2-7}$$

式中　q、V、k_0、C^n——均为定值。

此外，在开始燃烧之前，即在着火过程中，假定反应物质的浓度不变，即 C 相当于初始浓度，则式（2-7）可改写为

$$Q_1 = A\exp\left(-\frac{E}{RT}\right) \tag{2-8}$$

式中　A——常数。

另外，由于化学反应的结果，容器内的温度升高到 T，此时将由系统向外散失热量。设容器的表面积为 F，由气体对外界的总放热系数为 α，则散热速率（单位时间内由体系向外散出的热量）为

$$Q_2 = \alpha F(T - T_0) \tag{2-9}$$

假设 α 与温度无关，而 F 为定值，那么式（2-9）可改写为

$$Q_2 = B(T - T_0) \tag{2-10}$$

式中　B——常数。

根据 Q_1 与 Q_2，可以讨论容器内进行化学反应时的混合物可能的状态；为此，可将上式画在 Q-T 坐标上，如图 2-1、图 2-2 所示。Q_1 与 T 为超越函数关系，Q_2 与 T 为直线关系。将 Q_1 称为“发热曲线”，Q_2 称为“散热曲线”。

图 2-1 表示 Q_1 与 Q_2 在低温区有一个交点的状态。在点 1 处 $Q_1 = Q_2$，即在点 1 之前（温度低于点 1 处的温度），$Q_1 > Q_2$，说明反应所发出的热量多于系统向外散失的热量。这时，系统的温度逐渐升高。到达点 1 时，热量达到平衡状态，过程即稳定下来。保持点 1 的温度。即使因某种外力使过程超过点 1，则因 $Q_2 > Q_1$，即散出热量大于发出热量，系统受到冷却将重新回到点 1。点 1 是低温区的稳定点，在这种情况下，着火是不可能发生的。

如果改变散热条件，例如，改变容器表面积，即可得到不同斜率的散热曲线，如图 2-2 所示。Q_2'''是散热很弱的情况，Q_1 总是大于 Q_2。这时反应便自动加速，直到发生自燃着火。Q_2'是散热很强的情况，与图 2-1 所示相同，不会发生自燃着火。在 Q_2'与 Q_2'''之间，存在 Q_2''，与 Q_1 有一个切点 3。系统温度稍高于该点，反应便加速进行而引起自燃着火。因而是一个临界状态。

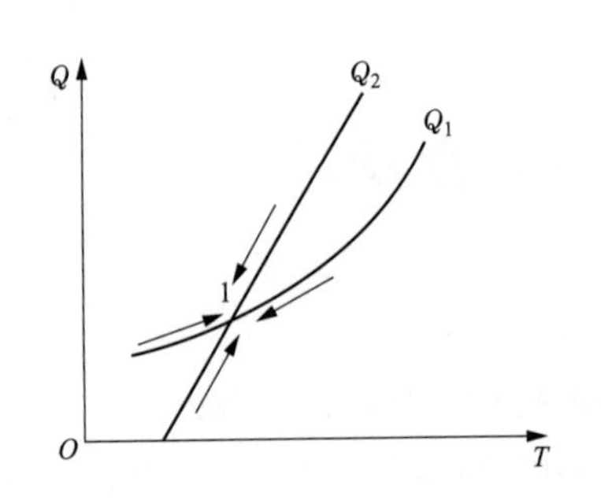

图 2-1　Q_1 与 Q_2 在低温区的交点状态

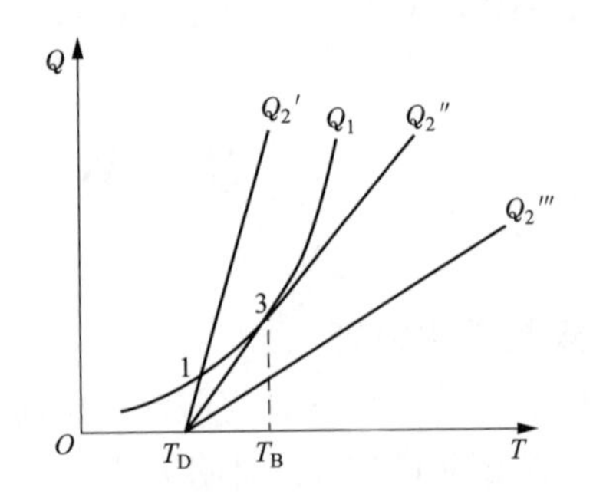

图 2-2　改变散热条件后的散热曲线

如果改变容器的初始壁温 T_0，则可以得到一组平行散热曲线，如图 2-3 所示。此时 Q_2'' 为临界状态，与 Q_1 有一切点 3。Q_2' 与 Q_1' 可有两个交点 1 和 2。点 1 为低温稳定点，点 2 为高温不稳定点，因为当过程稍向右移动时，系统即可以自燃着火；当过程稍向左移动时，系统便会被冷却而降低到低温稳定点 1。

若散热曲线不变而改变发热曲线，例如，改变可燃混合物的成分，便得到几组发热曲线，如图 2-4 所示。图 2-4 中点 1 为低温稳定点，点 2 为高温不稳定点，点 3 为临界点。

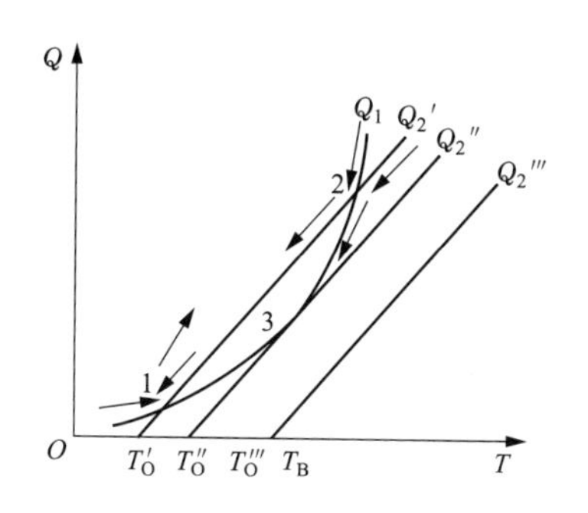

图 2-3 改变容器的初始壁温 T_0 的散热曲线

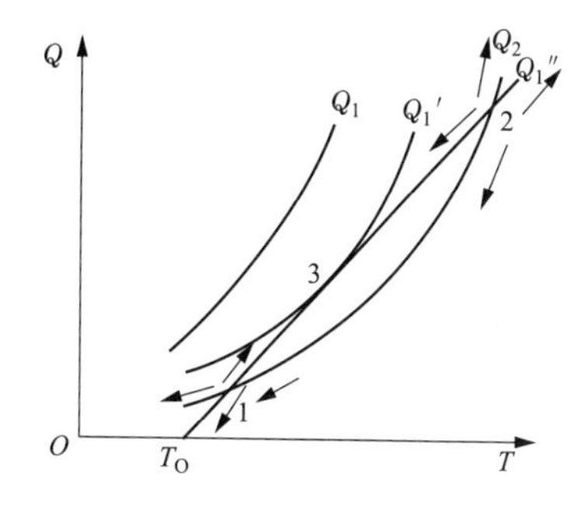

图 2-4 改变发热曲线的交点状态

由此可见，发生自燃着火的条件是 $Q_1 > Q_2$，而临界条件（最低条件）是 Q_1 与 Q_2 有一个切点 3。与切点 3 相应的温度，称为“着火温度”或“着火点”。

着火温度表示可燃混合物系统化学反应可以自动加速而达到自燃着火的最低温度。必须明确，着火温度对某一可燃混合物来说，并不是一个化学常数或物理常数，而是随具体的热力条件不同而不同的。

以上所讨论的是自燃着火情况，适用于制粉系统或锅炉尾部烟道，而在锅炉炉膛燃烧技术中，使可燃物着火燃烧的方式是采用强制点火或简称点火。

用来点火的热源可以是小火焰、高温气体、炽热的物体或电火花等。就本质来说，点火和自燃着火一样，都有燃烧反应的自动加速过程；不同的是，点火时先是一小部分可燃混合物着火，然后靠燃烧（火焰前沿）的传播，使可燃混合物的其余部分达到着火燃烧。

二、煤粉锅炉炉膛中的着火与熄火

炉膛内的着火过程与上述密闭空间中的着火过程有不同的特点。炉膛虽有一定的空间；但是因为连续不断地供应燃料和氧化剂，在空间中反应物质的浓度是不随时间变化的。炉膛内的气体是流动的，各组分在炉膛内部都有一定的停留时间。由于混合过程和化学反应也需要一定时间，因而燃烧在炉膛内可能完全燃烧，也可能不完全燃烧，即具有一定的燃烧完全进度。

实际上炉膛内的工作条件是复杂的。为便于理论研究，下面假定一个简化模型：假定炉膛为绝热的，着火过程和燃烧过程均为绝热过程。此外，假定炉膛内的温度、浓度、压力（常压）等参数的平均值与出口参数是相同的，即设为零维模型。

设连续进入炉膛的可燃混合物的初始温度为 T_0、浓度为 C_0；燃烧产物连续由炉膛流出，其温度为 T，没有燃尽的可燃混合物的浓度为 C；可燃混合物在炉膛内的停留时间为 τ_1，完全燃烧反应所需要的时间为 τ_2。

煤粉燃烧属于非均相燃烧，因此它的着火与燃烧速度还受氧气向煤粉表面扩散速度的

影响，则

$$Q_1=\alpha_B(C_0-C)q=k_0e^{-\frac{K}{RT}}Cq \tag{2-11}$$

$$\alpha_B=2D_B/d$$

式中 Q_1——单位表面上每单位时间内放出的热量；

α_B——空气扩散交换系数，m/s；

D_B——煤表面扩散系数；

d——煤粉颗粒直径；

q——每单位容积反应气体的反应热效应。

每单位时间从煤的单位表面上所导走的热量 Q_2 为

$$Q_2=\alpha(T-T_0) \tag{2-12}$$

式中 α——对流换热系数，$W/(m^2\cdot K)$；

T、T_0——煤表面处及远离煤表面处的气体温度。

令 Q_1 与 Q_2 相等，则

$$\alpha_B(C_o-C)q=k_0e^{-\frac{K}{RT}}Cq=\alpha(T-T_0) \tag{2-13}$$

从前面的分析可知，影响着火稳定性的主要因素有：

1. 燃料特性

无烟煤的活化能高，挥发分低，不易着火；而褐煤则相反，活化能低，挥发分高，容易着火及稳定燃烧（水分过高者除外）。

2. 煤粉浓度

一定的煤粉浓度和足够的氧量有利于稳定着火。

3. 混合物初温

初温高有利于稳定着火。

4. 煤粉细度

煤粉越细越容易着火。燃料特性是不可选择的，只能根据给定的燃料特性采取有效措施来提前点火，稳定燃烧。可采取的主要措施是提高煤粉浓度和燃烧初温及足够的氧量（空气量），即所谓“三高”：高浓度、高温度、适当的氧量。氧量适当是因为氧气也是反应物，过低不利于反应，过多则降低煤粉浓度。再简单一点来说，就是要降低着火需要的热量，提高供给着火区的热量。

将煤粉加热到着火温度所需要的热量称为着火热 Q_{zh}，它主要用于加热煤粉和空气，使煤粉中水分蒸发和过热，即

$$Q_{zh}=B\left(V^0\alpha r_{1k}c_{1k}\frac{100-q_4}{100}+c_{gr}\frac{100-M_t}{100}\right)(T_{zh}-T_0)+$$

$$B\left\{\frac{M_f}{100}[2510+c_q(T_{zh}-100)]-\frac{M_t-M_{mf}}{100-M_{mf}}[2510+c_q(T_0-100)]\right\} \tag{2-14}$$

式中 B——每台煤粉燃烧器所燃用的煤耗量（以原煤计），kg/h；

V^0——理论空气量，m^3/h（标准状态）；

α——由燃烧器送入炉中的“有组织的”空气所对应的过量空气系数；

r_{1k}——一次风所占份额；

c_{1k}——一次风比热（标准状态），kJ/(m^3·℃)；

$\frac{100-q_4}{100}$——由燃料消耗量折算成计算煤耗量的系数；

q_4——锅炉固体未完全燃烧热损失，%；

c_{gr}——煤的干燥质的比热，kJ/(kg·℃)；

M_t——煤的收到基全水分，%；

T_{zh}——着火温度，℃；

T_0——煤粉与一次风气流的初温，℃；

c_q——过热蒸汽的比热，kJ/(kg·℃)；

M_f——每公斤原煤在制粉系统中蒸发的水分；

M_{mf}——煤粉水分，%。

煤粉与一次风气流通过辐射与对流传热获得了足够的着火热后，再过一定孕育时间，它就着火了。通常希望煤粉气流在离燃烧器出口 0.5m 左右处可靠地着火。如果着火太迟，错过了初期混合比较强烈而有利于挥发分迅速燃烧的良机，使整个燃烧过程推迟，一方面煤粉可能在炉膛中来不及烧完而造成很大的固体未完全燃烧热损失；另一方面煤粉着火推迟，会使火炬中心（炉膛最高温度点）上移而使炉膛上部与出口结渣。煤粉气流着火也不宜太早。如果着火太早，可能使燃烧器过热而烧损，也会使燃烧器附近严重结渣。

从式（2-14）可以看出，合理选取一次风率 r_{1k} 是重要的控制一次风浓度，降低着火热的措施。提高一次风初温 T_0 也是一个措施，另外就是降低着火温度 T_{zh}。提高一次风浓度 c_0 将减少散失热量，从而可以降低着火温度。

（1）控制一次风浓度可以有 3 种情况：

1）提高给粉机的给粉量，但此法受一次风管道阻力增加和堵粉的限制；

2）在燃烧器进口处或出口前增加浓度，如弯头浓缩器、百叶窗浓缩器等；

3）改进燃烧器结构，使一次风从喷嘴出来以后自动形成高浓度区，如钝体、船体、大速差射流等。

相对来说，3）使燃烧器系统阻力增加减少。

（2）增加着火区外来热量的主要方法如下：

1）烟气回流及卷吸。也相当于提高气粉混合物初温。采用四角切向燃烧，上游烟气回到下游气流根部，有利于煤粉的点燃，旋流燃烧器及其他特种燃烧器结构都可以形成这种烟气旋流，从而提高着火稳定性。

2）在燃烧器区加装卫燃带，减少散热损失，也等于增加着火区燃烧温度。

3）在着火后及时分批供给二次风量也是组织燃烧必须考虑的问题。着火后的加速燃烧可提高回流携带的热量。

4）选择合适的一次、二次风速也是提高着火稳定性的重要措施。由于无烟煤、贫煤火焰传播速度低，因此一次风速要选择偏低，以加快着火，一、二次风速差值及动压差也影响湍流扩散，从而影响着火。

5）煤粉磨得更细一些，着火点也可提前一些。这是因为细粉的燃烧反应表面增多，从而提高反应速率，同时煤粉变细，则吸收火焰辐射的黑度增大，从而增多辐射的吸热量。

6）选择较高的炉膛截面热负荷及燃烧器区域热负荷，增加主燃烧区域的温度水平，也为稳定着火创造有利的条件。

第四节 煤粉的燃烧与燃尽

一、煤粉燃尽机理

煤的燃尽过程，即固体碳与气体氧化的化学反应过程，属于典型的异相化学反应。气体中的氧气扩散到固体表面与之化合。化合形成的反应产物（CO_2 或其他）再离开固体表面扩散逸入远处。

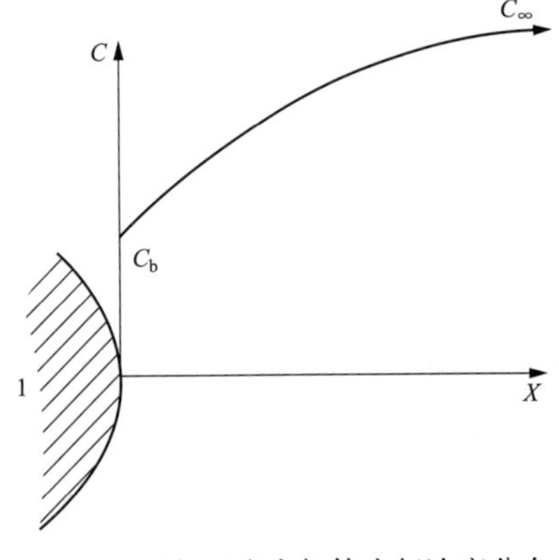

图 2-5 异相反应中气体内氧浓度分布

1—固体；C—氧浓度

如图 2-5 所示，氧气从远处扩散到固体表面的流量为

$$\dot{m} = k_d(C_\infty - C_b) \tag{2-15}$$

式中 k_d——氧气的扩散交换系数；

C_∞——远处的氧气浓度；

C_b——固体表面的氧气浓度。

这些氧扩散到了固体燃料表面就与其发生化学反应。其化学反应速度与表面上的氧浓度 C_b 有关，通常认为它与 C_b 的某一分数幂成比例。为简便起见，认为与 C_b 成比例。化学反应速度可以用消耗掉的氧量来表示，则

$$\dot{m} = K_b^{O_2} = k_s C_b \tag{2-16}$$

$$k_s = k_0 \exp\left(-\frac{E}{RT}\right) \tag{2-17}$$

式中 $K_b^{O_2}$——每秒每平方厘米固体表面上烧掉的氧量；

k_s——化学反应速率，也服从于阿累尼乌斯定律。

已知的是远处的氧浓度。固体表面的氧浓度 C_b 随化学反应速度不同而变化的关系是不必知道的，可以从式（2-16）和式（2-17）中将其消去，消去的步骤为

$$K_b^{O_2} = \frac{C_\infty - C_b}{\frac{1}{k_d}} = \frac{C_b}{\frac{1}{k_s}} = \frac{C_\infty - C_b + C_b}{\frac{1}{k_d} + \frac{1}{k_s}} = \frac{C_\infty}{\frac{1}{k_d} + \frac{1}{k_d}} \tag{2-18}$$

可以认为，氧化反应速率 k_s 服从于阿累尼乌斯定律，当温度上升时，k_s 急剧增大；另外，氧的扩散交换系数 k_d 与温度 T 的关系十分微弱，可以近似认为与温度无关。因此，如果把式（2-18）画在 $K_b^{O_2}-T$ 坐标上，就得到图 2-6。

图 2-6 中曲线 k_sC_∞ 的形状是一直上升的。水平直线 k_dC_∞ 则是扩散环节所限制的反应速度。整个反应速度曲线可分成 3 个区域：

1. 动力区（化学动力控制或简称化学控制）

当温度 T 较低时，k_s 很小（俗称化学反应速率很低，准确地说，反应速率常数很

小），$1/k_s$ 很大，$1/k_s > 1/k_d$。式（2-18）中可忽略 $1/k_d$，则

$$K_b^{O_2} = k_s C_\infty \tag{2-19}$$

此时燃烧速率决定于化学反应，因而称为动力燃烧区或动力区。固体表面上的化学反应很慢（实质上是反应速率常数很小），因为氧从远处扩散到固体表面后消耗不了多少，所以固体表面上的氧浓度 C_b 等于远处的氧浓度 C_∞。

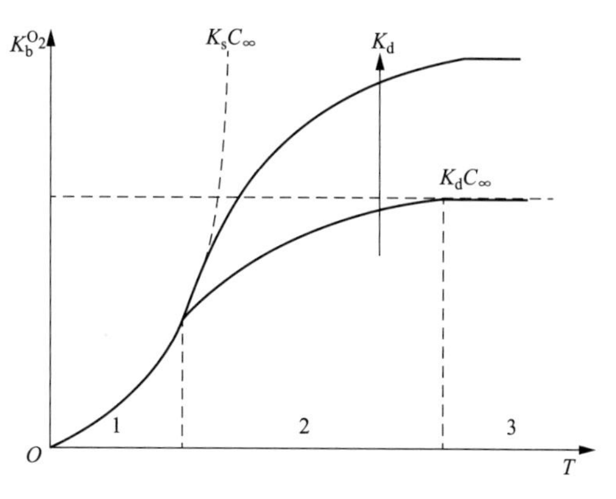

图 2-6　扩散动力燃烧的分区

2. 扩散区（扩散控制）

当温度 T 很高时，k_s 很大（俗称化学反应速率很高，准确地说，应是反应速率常数很大），因为氧从远处扩散来到固体表面后一下子就几乎全部消耗掉，所以固体表面上的氧浓度 C_b 十分低，几乎为零。

3. 过渡区

k_d 与 k_s 大小差不多，不可偏从于哪一个，因而不能作任何忽略而只有用式（2-18）。

当温度比较低时，提高燃烧速率的关键在于提高温度。例如，家用煤炉在生火点炉时，火床刚用引火物点燃也不能大量鼓风。

当温度很高时，提高燃烧速率的关键在于提高固体表面的质量交换系数 k_d。

氧的消耗速率，也可用碳的消耗速率来取代，$K_b^{O_2} = K_b^c/\beta$ 中 β 为由耗氧换算到耗碳的比例，代入式（2-18）后，可得

$$K_b^c = \frac{\beta C_\infty}{\frac{1}{k_d} + \frac{1}{k_s}} \tag{2-20}$$

碳的消耗速率 K_b^c 表示每秒中每单位碳表面上消耗掉碳的质量，单位为 $g/(cm^2 \cdot s)$。现假定碳的燃烧是一层一层由外面向碳球内部进行的，即所谓等密度缩核机理，则 K_b^c 可以表示为

$$K_b^c = \frac{1}{\tau}\int_0^B \left(\frac{1}{s}\right) dB = \frac{3 \times (1 - u^{1/3})}{s_0 \tau} \tag{2-21}$$

$$B = 1 - \frac{A_0 C_f}{A_f C_{gd}} \tag{2-22}$$

式中　B——燃尽率。

A_0——原始灰分；

A_f——飞灰中灰分；

C_f——飞灰可燃物；

C_{gd}——$1 - A_0$；

u——未燃尽率，$u = 1 - B$；

s——煤粉的表面积；

s_0——煤粉的原始表面积；

τ——煤在炉膛中的停留时间。

式（2-20）中的分子 βC_∞ 也可用氧的分压 p_g 来表示，即

$$K_b^c = \frac{p_g}{\frac{1}{k_d}+\frac{1}{k_s}} \tag{2-23}$$

令式（2-21）与式（2-23）相等，则可得

$$u = \left[1-\frac{s_0 \tau p_g}{3\times\left(\frac{1}{k_d}+\frac{1}{k_s}\right)}\right]^3 \tag{2-24}$$

$$k_s = k_0 \exp\left(-\frac{E}{RT}\right) \tag{2-25}$$

$$k_d = \frac{DNu}{d} \tag{2-26}$$

$$p_g = p_0\left(1-\frac{1-u}{\alpha}\right) \tag{2-27}$$

式中 E——煤中碳的活化能；

k_0——煤中碳的频率因子；

R——通用气体常数；

D——扩散系数；

d——碳粒直径；

Nu——努谢尔常数；

α——炉膛过量空气系数；

p_0——燃烧器入口平均氧分压。

$$p_0 = \frac{0.21}{1+0.0124M_t} \tag{2-28}$$

在锅炉设计及运行中，通用的概念是固体未完全燃烧热损失 q_4，将未燃尽率 u 改为 q_4，则

$$q_4 = \frac{337\times u\mathrm{FC_{ar}}}{Q_{\mathrm{net,ar}}} \tag{2-29}$$

式中 $Q_{\mathrm{net,ar}}$——煤的低位收到基发热量，kJ/kg；

$\mathrm{FC_{ar}}$——煤的收到基固定碳，%。

式（2-24）及式（2-29）即可作为在性能预示中采用的燃尽率公式。

二、影响燃尽的因素及提高燃尽率的措施

从式（2-24）～式（2-28）中可以看出，影响未燃尽率 u 的主要因素是煤粉的表面积 s_0 或直径 d、氧气分压 p_g 或炉膛的过量空气系数 α、燃料在炉内的停留时间 τ、煤的特性值（活化能 E 及频率因子 k_0）、煤粉表面温度 T。

1. 煤粉的表面积 s_0 影响

煤粉表面积决定于煤粉的直径 d 或煤粉细度 R_{90}。R_{90} 值越低，煤粉越细，煤粉表面积 s_0 越大，则未燃尽率 u 越低。煤粉中的颗粒直径是不等的，细颗粒燃尽得早，而粗颗粒则燃尽很慢，甚至落入灰斗造成大渣损失，因此，要求煤粉的颗粒越均匀越好。煤粉的均匀

性由 n 值来表示，n 越大均匀性越好。n 值由 R_{90} 及 R_{200} 来决定，即

$$n=\frac{\lg\left(\ln\frac{100}{R_{200}}\right)-\lg\left(\ln\frac{100}{R_{90}}\right)}{\lg\left(\frac{200}{90}\right)} \tag{2-30}$$

一般情况下，配离心分离器的制粉设备，$n\approx1.1$；配双流惯性式分离器的制粉设备，$n\approx1.0$；配单流惯性式分离器的制粉设备，$n\approx0.8$；配旋转式分离器的制粉设备，$n\approx1.2$。

煤粉细度是一项经济性指标，太粗增加 q_4 损失；但太细，则制粉电耗增加，因此应有个最佳值。

对于固态排渣煤粉炉燃用烟煤时，煤粉细度可按式（2-31）选取，即

$$R_{90}=4+0.5nV_{daf} \tag{2-31}$$

固态排渣煤粉炉燃用贫煤时，煤粉细度可按式（2-32）选取，即

$$R_{90}=2+0.5nV_{daf} \tag{2-32}$$

固态排渣煤粉炉燃用无烟煤时，煤粉细度可按式（2-33）选取，即

$$R_{90}=0.5nV_{daf} \tag{2-33}$$

式中　R_{90}——煤粉在 90μm 筛孔筛子余留量占总量的百分数，%；

V_{daf}——煤的干燥无灰基挥发分，%；

n——煤粉的均匀性系数。

2. 氧气分压 p_g 影响

氧气分压 p_g 决定于燃烧器入口平均氧分压 p_0 及炉膛过量空气系数 α，而主要是炉膛过量空气系数 α。提高 α 则 p_g 升高，燃尽率升高；但是过高的 α 会使排烟热损失 q_2 增加，故 α 应当适量。一般燃用烟煤、褐煤时，取炉膛出口 α 为 1.2；而当燃用贫煤、无烟煤时，取值为 1.25。在最近引进技术的 300MW 以上机组燃用烟煤时，也取 $\alpha=1.25$，这样可以减少 q_4 损失，同时由于排烟温度取得较低，所以总体上仍是有利的。

由于炉膛较大，所以供氧方式的优劣，决定氧能否及时有效地与煤粉发生反应。

（1）供氧要及时、适量，过多不利于稳定着火，过少不利于碳的燃尽。

（2）要能与煤粉强烈湍流扰动，炉膛中上部漏风及冷灰斗漏风，由于不能与煤粉有效混合，所以起不到助燃的作用，白白增加 q_2 损失。四角切向布置的炉膛由于煤粉气流在整个炉膛内旋流扰动，所以混合效果好，减弱旋流，势必在一定程度上推迟燃尽。

电站运行中可根据在转向室处安装的氧量计来控制炉膛出口处要求的过量空气系数 α。

3. 停留时间 τ 的影响

燃料在炉内的停留时间与炉膛容积热负荷 q_v 有关。在 α 为一定时，q_v 越高，停留时间越短，炉内未燃尽率则越大，即

$$q_v=\frac{B_jQ_{net,ar}}{V} \tag{2-34}$$

式中　B_j——煤耗量，kg/s；

$Q_{net,ar}$——煤的收到基低位发热量，MJ/kg；

V——炉膛容积，m^3。

在 B_j、$Q_{net,ar}$一定时，V 越小，q_v 越高，则停留时间 τ 越小。

如果把炉膛容积分成几个部分，则可以进一步认为在高温区的停留时间长，对燃烧更为有利。在下排一次风中心以下至灰斗区域，以及屏区的大小对燃尽影响则较小。因此，现在设计上更关心的是上一次风中心至屏下缘这一段容积中的停留时间。要求这一段有足够的停留时间，原因是进入屏区（300MW 以上锅炉的分隔屏区）后，烟气温度较低，氧量较少；继续燃烧的可能性较少。从中间一次风到下一次风出来的煤粉较之上一次风出来的煤粉有更多的停留时间。上一次风至屏下缘的停留时间 τ 按式（2-35）计算，即

$$\tau = \frac{L}{W_y} \tag{2-35}$$

式中 L——上一次风中心至屏下缘的距离，m；

W_y——烟气在炉内的平均上升速度，m/s。

$$W_y = \frac{B_j V_y}{ab} \times \frac{273 + T_p}{273} \times \frac{101\,325}{p_1} \tag{2-36}$$

式中 V_y——烟气体积（标准状态），m^3/kg；

a、b——炉膛截面的长和宽，m；

T_p——炉膛平均温度，℃；

p_1——压力，kPa。

在计算停留时间时，应注意到良好的空气动力场有助于增加火焰行程或停留时间。当烟气在炉膛内充满度不好时，停留时间要相对减少。另外，有三次风从主燃烧器上方送入时，其携带的细粉停留时间也小于主燃烧器出来的煤粉停留时间；因而可能导致飞灰可燃物升高。

一般用户希望设计的炉膛容积大些为好，其目的也是为了有更多的停留时间，以防煤种变化或工况不好时有足够的时间达到较好的燃尽程度。当然，要注意炉膛过大可能导致炉膛出口温度偏低，而使主蒸汽温度或再热蒸汽温度达不到设计值。

4. 煤的特性值的影响

在一般的设计中，人们对煤特性的影响主要是根据干燥无灰基挥发分 V_{daf} 和发热量 $Q_{net,ar}$ 来进行分析判断。V_{daf} 高，则易着火、易燃尽。在挥发分高的同时，$Q_{net,ar}$ 也高，则更好，因为这意味着煤中的灰分、水分相对较少。一般无烟煤、贫煤挥发分低，即使发热量高也不易着火和燃尽。

在理论上计算煤的着火、燃烧和燃尽时，人们利用另一种概念，即煤中挥发分和固定碳的活化能 E 和频率因子 k_0，由化学反应常数 k_s 来表示，即

$$k_s = k_0 \exp\left(-\frac{E}{RT}\right) \tag{2-37}$$

k_s 越高，越易着火和燃尽，从式（2-37）中可以看出，E 越小，k_s 越大；另外，k_0 越大，k_s 越大。

这里研究的主要是固定碳的燃尽。一般来说，V_{daf} 越低，活化能 E 越高，即无烟煤固定碳的活化能高而褐煤的固定碳活化能低。频率因子与活化能 E 的关系是活化能增大时频率因子也加大的函数关系，即无烟煤的 k_0 高，褐煤的 k_0 低。对于 E，k_0 的测量主要用热天平或沉降炉测定。这两个数值也是广泛利用的数值计算中所必需的。

5. 煤粉表面温度 T 的影响

煤粉表面温度对燃烧及燃尽的影响是非常主要的。表面温度与炉膛温度水平有关。除

遇有强结渣煤，一般希望炉膛中心具有较高温度水平，特别是对于贫煤、无烟煤，要求更高的燃烧温度，以提高燃尽度。

炉膛的温度首先决定于理论燃烧温度 ϑ_a（℃）或称为绝热温度。它的高低主要决定于煤的发热量 $Q_{net,ar}$ 和热风温度 t_{rk}，即

$$\vartheta_a=\frac{0.99Q_{net,ar}+0.34V_0t_{rk}+1.49V_0+1786R_{Ry}+260R_{Ly}}{\{0.57V_{RO_2}+0.46[V_{H_2O}^O+0.02(\alpha-1)V_0]+0.35V_{N_2}^O+0.003A_{ar}+(\alpha-1)0.36V_0\}(1+R_{Ry}+R_{Ly})} \tag{2-38}$$

式中　ϑ_a——理论燃烧温度，℃；

V_0——理论空气量（标准状态），m^3/kg；

t_{rk}——热空气温度，℃；

V_{RO_2}——三原子气体体积（标准状态），m^3/kg；

$V_{H_2O}^O$——理论 H_2O 容积（标准状态），m^3/kg；

$V_{N_2}^O$——理论 N_2 容积（标准状态），m^3/kg；

A_{ar}——燃料中收到基灰分，%；

α——炉膛出口过量空气系数；

R_{Ry}——抽热炉烟份额；

R_{Ly}——抽冷炉烟份额。

ϑ_a 是保持绝热状态下的温度，实际炉膛是要向四周散热的；因此不可能有那么高的温度。

炉膛的温度水平除受燃料特性影响外，还与炉膛结构尺寸有关，一般炉膛截面热负荷 q_F 越高，温度越高。同样，燃烧区域壁面热负荷 q_{Hr} 越高，温度越高。

第五节　富　氧　燃　烧

一、富氧燃烧技术概述

工业过程大量的 CO_2 排放是造成全球温室效应的主要原因之一。温室效应是地球大气的一种物理特性，主要是指大气中的辐射活性气体吸收地球表面发出的长波辐射，而对太阳的短波辐射几乎没有任何阻挡的过程。这些辐射活性气体通常被称为 GHGs（Greenhouse gas）。为应对温室效应，目前主流的应对措施是将 CO_2 从工业燃烧过程中分离捕获出来，进行压缩和存储，统称为封存技术（Capture Compress Storage 或 Carbon Capture and Sequence，CCS）。

1. 二氧化碳捕集与封存技术分类

目前，采用捕集、储存和利用煤炭燃烧生成 CO_2 的方法被认为是减缓 CO_2 排放较为可行的措施与技术。根据当前对二氧化碳减排的要求，各国学者发展了多种二氧化碳捕集与封存技术，根据 CO_2 捕集方式的不同，主要分为以下三类：

（1）燃烧前捕集：整体煤气化联合循环发电系统（IGCC）技术等；

（2）燃烧中捕集：富氧燃烧技术、化学链燃烧技术等；

(3) 燃烧后捕集：胺法-MEA吸收技术、冷却氨法吸收技术、低温吸附技术、膜分离技术等。

富氧燃烧技术是将纯氧，与主要成分为 CO_2 的再循环烟气以一定比例混合后送入炉膛与燃料混合燃烧。再循环烟气是为了避免火焰温度过高而引入的冷却介质。由于几乎杜绝了传统燃烧方式中的氮气，燃烧后烟气中的 CO_2 浓度较高。燃烧后烟气一部分以再循环的方式进入炉膛，用于输送燃料和降低燃烧温度，另一部分则经过相对简易的除杂处理后，如冷凝、干燥等，即可直接进入压缩设备。

富氧燃烧技术最早是由美国 Argonne 国家实验室（ANL）的 Wolsky 等在 1986 年提出，与其他二氧化碳捕集与封存技术相比，富氧燃烧技术的投资较小、发电成本较低，适用于现有燃烧设备的改造，具有较好的应用前景，符合当前的工业和技术水平。另外，富氧燃烧技术还拥有火焰温度大幅度提高、烟气量大幅度减低、设备尺寸缩小、燃烧系统的设备投资成本和维护费用降低等多种优点。面对当前严峻的 CO_2 减排形势，研究富氧燃烧技术具有重要的社会意义和经济效益。O_2/CO_2 燃烧技术流程如图 2-7 所示。

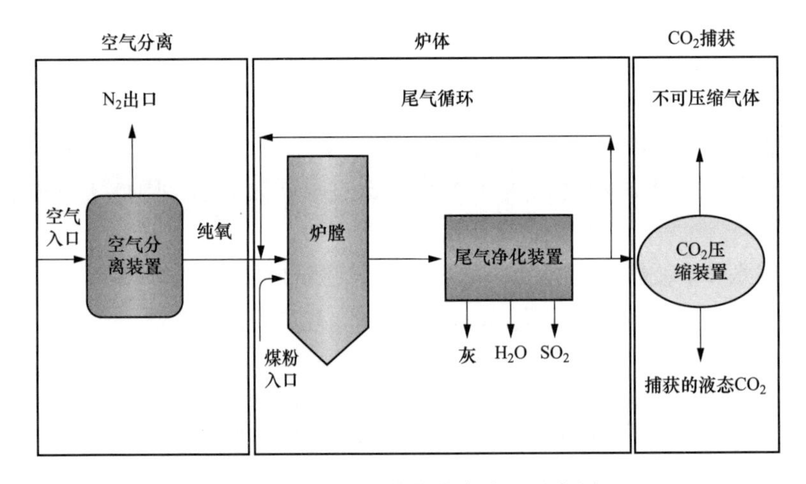

图 2-7　O_2/CO_2 燃烧技术流程示意图

2. O_2/CO_2 燃烧方式的优点

(1) 尾气 CO_2 浓度极高，省去了 CO_2 分离装置，使得燃烧系统更加紧凑和简洁，电站的热效率明显提高。

(2) CO_2 相对 N_2 较高的传热传质特性使锅炉的排烟热损失降低，增加了锅炉热效率。

(3) 压缩回收 CO_2 尾气时，SO_2 能够被同时液化回收。由于没有空气中 N_2 的混入，其 NO_x 生成量大大降低，从而减少了电站的维护费用。

(4) 通过烟气再循环能够灵活地控制锅炉温度并灵活地变化煤种。

3. O_2/CO_2 技术存在的问题

(1) 燃烧需要大量的纯氧，因而会耗费大量的动力，在热经济性方面有待进一步提高。

(2) O_2/CO_2 燃烧方式中，环境气体的各种热物性（比热容、导热性等）与常规空气燃烧有较大的不同，而且再循环烟气中的水蒸气含量也高，会使煤粉气流的燃烧推迟，需要对燃烧器进行改进。

（3）煤粉颗粒在 O_2/CO_2 环境下的热解和燃烧的反应动力学特性与常规空气中的燃烧有显著区别，需要深入研究。

（4）腐蚀气体以及杂质的浓度在烟气再循环中会变得很高。

（5）考虑锅炉燃烧、辐射换热、对流换热等诸多方面的锅炉整体最优化设计亟待进一步的研究。

迄今为止，国内外已经开展了大量针对 O_2/CO_2 燃烧技术的研究，但是仍然还有许多问题亟待解决。作为一种高效低污染的新型燃烧方式，O_2/CO_2 燃烧技术甚至能够直接通过对已建成的常规燃烧方式锅炉进行改造而实现。

目前，富氧燃烧技术日趋成熟，已经在很多国家进入到工程示范的阶段，如 2007 年美国 Babcock &Wilcox 建成了富氧燃烧 30MW 工业示范装置；2008 年德国 Schwartz Pump 建成了燃煤 30MW 工业示范装置，法国 Lacq 建成了燃气富氧燃烧 30MW 工业示范装置，2009 年美国 ALSTOM PPL、德国 Vattenfall 以及英国 Dossan Babcock 分别建成了 15、30、40MW 的富氧燃烧工业示范装置。随着大型富氧示范系统的竣工，减排能力逐渐增强，可实现每年近 20 万 t 的 CO_2 减排。在哥本哈根会议前夕，欧盟、美国等已宣布将在 2015 年前后对多座电站进行富氧燃烧商业示范。仅以已建成的德国 Schwartz Pump 燃煤富氧燃烧示范装置和法国 Lacq 天然气富氧燃烧示范装置为例，其已分别具备了 7 万 t/年和 4 万 t/年 CO_2 捕获能力，远大于目前已经示范的各种燃烧后捕获方式。ALSTOM、Dosan Babcock 等均计划在 2020 年前推进其进行大规模商业应用，商业应用的规模包括 1000MW 级燃煤发电机组，如韩国 Yongdong 100MW、美国 FutureGen 200MW 以及英国 White Rose 426MW。富氧燃烧技术向大型化发展及实现大规模 CO_2 减排的前景是明确的。

2010 年 8 月，美国能源部宣布了 FutureGen 2.0 计划，将投资 10 亿美元建设 200MW 商业规模的富氧燃烧电站，其目标是获得 90%的碳捕获率，并将脱除绝大部分的 SO_x、NO_x、Hg 和颗粒物等污染物。美国能源部国家能源技术实验室（National Energy Technology Laboratory，NETL）认为，富氧燃烧有可能是对现有燃煤发电机组清洁化改造、捕获 CO_2 以实现地理埋存的最低成本途径。

二、富氧对燃烧的影响

与传统的空气燃烧方式相比，O_2/CO_2 燃烧技术不仅在燃烧装置前增加了空气分离装置，而且还在尾部省略了处理烟气的过程，与用普通空气助燃相比，富氧燃烧具有以下几方面的优点。

1. 提高火焰温度

由于 N_2 含量减少，空气量和排放的烟气量都明显减少，因此随着燃烧过程中氧气比例增大，火焰温度明显提高。

锅炉换热过程中的主要换热形式是辐射换热，只有多原子气体和三原子气体有辐射能力，双原子气体几乎不拥有辐射的能力。在常规的燃烧方式中，利用空气助燃，在炉腔尾部排放的烟气中有高浓度的没有辐射能力的氮气，直接对锅炉的辐射换热效率产生影响。富氧燃烧中，通过循环烟气装置，排放的气体中产生了高浓度的 CO_2，由此可以形成高浓度的 CO_2 气流，它们通过烟气再循环方式和富氧气体混合，部分烟气重新回注燃烧炉，因此可以提高火焰温度和烟气黑度，达到强化炉内辐射换热的目的。

2. 加快火焰的传播速度和燃烧速度

火焰传播速度又被称为燃烧速度，在确保喷口完好的前提下，提高火焰的传播速度可增强其稳定性。与传统空气中的燃烧相比，燃料在纯氧中燃烧，其燃烧速度存在很大的差异。例如，甲烷在纯氧中的燃烧速度是它在空气中的8.5倍多，而天然气则更是高达10.7倍左右。因此在富氧气氛中燃烧能够有效缩短火焰长度，提高火焰的燃烧强度，进一步促进燃烧完全。

3. 减少排气量

用普通空气助燃，空气中大约占有79%的氮气不仅不参与助燃，还带走燃烧所产生的大量热量。如果利用富氧助燃，氮气的含量就要减少，排气量降低，对于电站锅炉，主要的热损失为排烟热损失，通过富氧燃烧，能显而易见地提高锅炉的热效率。

4. 降低过量空气系数

因为空气中含有大约4/5的氮，遏止了氧分子通过碳表面吸附层发生的扩散以及燃烧得到的产物通过碳表面的气体边界层排出的能力，由于氮分子不可能和燃料中的可燃物发生反应，并且空气通过燃料层有阻力等多方面因素。所以必须用过剩空气使得燃料燃烧获取充足的氧量，从而使煤粉燃烧充分。选用富氧燃烧后，氮气浓度降低，遏制能力减弱，因此所需的过量空气必减少，降低了过量空气系数。这样，所消耗的燃料就相应的减少，节约能源。

三、富氧燃烧技术的应用

目前，富氧燃烧已经在流化床、锅炉、工业炉、发动机等行业崭露头角，下面具体介绍富氧燃烧的应用实例。

（一）富氧燃烧在循环流化床上的应用

循环流化床燃烧技术是近二十年发展起来、商业化程度最好的清洁煤燃烧技术之一，有着很强的生命力。据统计，至2009年我国已经有15个左右的锅炉厂可以提供480t/h以上容量的循环流化床锅炉。据不完全统计，目前，我国有约1100台循环流化床锅炉处于运行调试、安装、制造当中。因此，循环流化床富氧燃烧技术有相当大的潜在市场。

把富氧燃烧与循环流化床技术相结合的关键问题是在变压吸附制氧与CFB锅炉结合过程中采取什么样的燃烧形式。

锅炉一次风的主要目的是为燃料提供动力，同时提供65%左右的燃烧空气；二次风的主要目的是对后续燃烧提供氧气的同时，调节炉膛温度。因此可以采取以下两种燃烧方式：

1. 采用空气和富氧混合燃烧形式

把富氧直接通入二次风系统，两者混合后进入炉膛，使燃料充分燃烧；炉膛温度通过调节燃料量来控制，使炉膛温度不超标，控制NO_x的生成。

2. 采用富氧喷枪直接注入炉膛

将富氧通过喷枪直接喷入炉膛。该方式需要合理设计注氧点的位置，防止炉膛局部温度偏高。

以上两种燃烧组织形式的目的都是使得燃料在富氧的状态下燃烧，提高热效率。方式1可以较精确地控制二次风入炉含氧量，方式2可以调整富氧分布，使炉膛温度均匀。

（二）富氧燃烧在燃煤锅炉上的应用

在燃煤锅炉上使用的常规富氧燃烧技术有预混富氧、射氧、纯氧燃烧、混氧燃烧。

（1）预混富氧是指在进入燃烧器之前，空气便与氧气均匀混合，含氧量控制在25%～30%，可以有效缩短火焰长度，增强火焰强度；

（2）射氧技术是指在风粉混合物进入炉膛之后的一定距离内，射入富氧气流，形成局部富氧高温区，形成着火燃烧的良性循环；

（3）纯氧燃烧技术是指直接用90%左右氧浓度的氧气进行燃烧，可以有效降低火焰热点和氮化物排放，但操作费用很高；

（4）混氧燃烧是纯氧燃烧的变种，是指分别通过燃烧器送空气与氧气进入炉膛，这种方法的效益比预混合射氧要高，操作费用低于纯氧燃烧。

在大型燃煤锅炉中采用富氧燃烧技术可以有效降低一次风粉混合物的着火温度，当锅炉启动及低负荷稳燃时，可在底层燃烧器采用富氧燃烧技术。有计算分析表明，当氧气浓度在30%～35%时，富氧空气流量占一次风量的15%～20%，即可达到理想的稳燃、助燃效果，从而实现在锅炉启动过程中提前投粉，在停炉和低负荷运行过程中减少燃油投用的目的，节省锅炉燃油消耗量。

第三章

混煤燃烧机理及数理模型

煤粉的燃烧是一个极为复杂的物理化学多相反应过程，既有燃烧化学反应，又存在质量和热量的传递、动量和能量的交换。混煤虽是一个简单的机械混合过程，但由于各组分煤种的物理构成及物化特性的不同，混合后不同煤质的颗粒在燃烧过程中相互影响、相互制约，因此其燃烧特性并不是组分煤种的简单叠加。

大量理论和实验研究证明，两种甚至两种以上煤种混配时，混煤的组分煤在着火过程中保持各自的着火曲线，即混煤的着火特性接近于易着火煤种。而混煤的燃尽特性虽与各组分煤种的掺混比例在一定程度上相关，但却并非算术平均关系，整体上接近难燃尽煤种。混煤的可磨性也趋向于难磨煤种。并且组成煤种在混煤中呈现明显的“难磨煤种煤粉较粗、易磨煤种煤粉较细”的规律。

第一节　混煤的挥发分析出过程

当煤被加热到足够高的温度时就开始发生热分解，产生煤焦油和被称为挥发分的气体。挥发分是可燃性气体、二氧化碳和水蒸气的混合物。可燃性气体中除了一氧化碳和氢气外，主要是碳氢化合物，还有少量的酚和其他成分。

煤的热分解是煤的燃烧过程的一个重要的初始阶段，对着火有极大的影响。影响热分解的主要因素包括活化能 E、温度及升温速率等。热解速度一般用煤粉热解动力学模型描述，即

$$\mathrm{d}a/\mathrm{d}t = k\exp\left(-\frac{E}{RT}\right)f(a)$$

式中　a——已燃烧的可燃质份额。

混煤的热解特性较单一煤种来说更为复杂，国内普遍采用热天平对混煤的热解特性进行研究。大量试验研究表明，两种燃烧特性相差较大的煤种混合时，混煤的热解特性曲线出现两个曲峰，说明各参混煤种保持热解特性的独立性。混煤与单一煤种相比，其挥发分初析温度与混煤中性能较优的那种煤种相近；混煤的挥发分的半峰宽远远大于两种单煤，表明混煤的挥发分释放在中温区相当平缓，从而也说明两种煤混烧时其挥发分的析出是非同步进行的。

部分学者认为，采用综合指数的方法对研究单煤的燃烧特性是合适的，但对于混煤，首先应研究其组分煤的热解特性是否保持，如果混煤的特性与单煤的相关性较差，

采用综合指数的方法对之进行研究是合适的，但如果混煤的组分煤在燃烧过程中保持其各自的特性，采用综合指数的方法来研究混煤，就掩盖了混煤中组分煤保持其热解特性这一规律。

第二节 混煤的着火特性

通过对煤着火机理的研究，煤的均相着火和非均相着火机理已被人们普遍接受。若颗粒表面加热速率高于颗粒整体热解速率，着火发生在颗粒表面，称为非均相着火；若颗粒表面加热速率低于整体热解速率，着火发生在颗粒周围的气体边界层中，称为均相着火。之后人们更进一步认识到，随着加热速率的升高，它们均向由挥发分火焰直接引燃炭核的联合着火方式过渡。最近仍有实验和理论研究认为，在热解阶段，碳已开始燃烧，也就是说，在着火初期挥发分与碳的燃烧是同时进行的。在两种着火方式的理论方面，炭粒非均相着火的热力理论因与许多实验结果相符，得到了较普遍的承认和应用。

采用热天平研究煤的着火特性得到了广泛的应用。通过得到的 TG 曲线和 DTG 曲线来确定着火点，进而对煤的着火特性进行比较也是研究者常用的方法。一般常见的在热天平上定义着火点的方法有 TG-DTG 法、温度曲线突变法、DTG 曲线法、TG 曲线分界点法和 TG-DTG 曲线分界点法。

在对混煤的着火特性研究中，有学者采用热天平对混煤的着火温度进行分析。通过热天平分析的黄陵烟煤和阳泌无烟煤的混煤特性，虽然得到了混煤的着火温度与烟煤的着火温度非常接近的实验结果（混煤与易着火煤的着火温度偏差均在 25℃以内），但仍然认为混煤的着火特性是各组分煤特性相互影响的结果。多数学者采用一维沉降炉对混煤的着火特性进行了研究。在给粉量为 0.5g/min 的一维沉降炉上，对晋城无烟煤、河南贫煤和临汾烟煤的混煤着火温度进行了测定，实验结果显示，在无烟煤中掺入少于 50%的贫煤或烟煤，其着火性能明显改善，而继续增加掺烧煤的比例，着火温度的变化趋于平缓。他们还利用可燃气体混合物可燃极限的概念，建立了混煤着火模型，并与试验结果进行了比较。采用着火特性专项测试装置对 8 个煤种（4 个烟煤、2 个贫煤和 2 个无烟煤）及其混煤的着火指数进行测量，从混煤煤粉气流着火指数曲线看出，两种煤质特性相差较大的煤混合后，煤粉气流着火指数不是两个单煤的加权平均值，而是明显地靠近单煤中较低着火指数的数值，由此认为两种着火特性不同的煤掺混，混煤的着火特性趋于易着火的单煤。混煤的着火指数与混煤的干燥无灰基挥发分之间没有明显的函数关系，但对试验结果进行数据分析，得到了混煤的着火指数与其干燥无灰基挥发分之间的指数关系式。由于混煤的着火特性与单煤的着火特性不同，着火指数与干燥无灰基挥发分数值之间没有明显的函数关系，因此采用回归的方法进行处理略显牵强。采用一维沉降炉也得到了类似的结论。采用工业分析的挥发分来对混煤着火特性进行判别是不合适的，因为试验证明混煤的着火特性比同挥发分单煤的着火特性差，所以提出了等效挥发分的概念，即采用在一维沉降炉上得到的着火指数来对混煤的挥发分量进行修正，以期能与单煤的挥发分进行比较，所得到的等效挥发分比混煤的实际挥发分小。将测得的混煤的着火温度在单煤的挥发分与着火温度曲线上反推出的挥发分称为混煤的当量挥发分。

在上述分析的基础上，更建议在大型电站中建立着火指数测定装置（即一维沉降炉），确定煤的着火温度，判别煤的组成，对来煤进行监测和分析。对石门电站的设计煤种黄陵烟煤和阳沁无烟煤的混煤进行了研究，从着火特性看，烟煤与无烟煤的混煤呈现了烟煤的特点，即混煤的着火温度接近单纯的烟煤着火温度。

混煤在燃烧过程中，原“单一”煤种基本上有一个失重速率高峰，不同煤种混合后，在原来单峰的基础上呈现出两个或多个失重速率高峰。理论研究也认为，混煤的组分煤在着火过程中保持各自的着火特性。

因此，在混煤的着火过程中，当外界温度达到混煤中易着火煤种的着火温度时，该煤种即先期着火燃烧。当两种煤着火特性差异较大时，实验表明混煤的着火温度与混煤中易于着火煤种的着火温度较接近，即所谓混煤的着火特性接近于易着火煤种。

总之，对混煤着火特性的研究中，普遍认为混煤中各组分煤是相互影响的。

第三节　混煤燃尽特性

对于燃煤锅炉尤其大型电站锅炉来说，煤粉的燃尽特性将直接影响锅炉的燃烧效率和运行经济性。而煤粉的燃尽性能直接取决于炭粒的燃尽，炭粒的反应速率则受诸多因素的影响。最近的研究证明，并不是颗粒的粒径越大其所需的燃尽时间越长，存在一个煤燃尽时间最长的粒径。

对晋城无烟煤、潞安贫煤和临汾烟煤及其混煤在沉降炉和一维燃烧炉上的燃尽特性进行了试验，认为无烟煤中掺烧贫煤或烟煤后，在不分级的条件下，性能差异越大的两种煤混合后其燃尽性能越差，即两种煤混烧时的燃尽性能不如单烧无烟煤时的燃尽性能；而采用分级燃烧后，混煤的燃尽性能有所提高，尤其是掺烧高挥发分煤时提高更明显。进一步分析认为这是由于不分级燃烧时高挥发分煤的“抢风”使低挥发分煤缺氧造成燃尽困难，因此建议电站在燃烧混煤时采用分级配风、降低煤粉细度及选择最佳掺烧率等方法来强化混煤的后期燃尽。采用热天平对上述三个煤种及其混煤的燃尽特性进行试验研究，所得的在热天平上的燃尽时间也与在沉降炉的结果类似，即当晋城无烟煤与临汾烟煤以 3∶1 的比例混合在热天平上燃烧时，其燃尽时间为 157min，高于单烧晋城无烟煤的燃尽时间（150min）。其他混煤如晋城无烟煤与临汾烟煤 1∶1 时燃尽时间为 149min；晋城无烟煤与潞安贫煤 3∶1 时燃尽时间为 146min。

但一般认为，在热天平上得到混煤的燃尽时间高于单煤的燃尽时间这一结果有待研究，因为热天平采用的煤量较少，并且是在富氧条件下进行试验的，在 150min 内几乎所有时间内炭周围的氧气量是完全能满足炭燃尽的。采用分级燃烧促进煤的燃尽也是因为改善了不分级燃烧时所需氧不充分的工况，所以对热天平燃尽时间有待于进一步研究。

采用沉降炉装置对黄陵烟煤和阳沁无烟煤及其混煤的燃尽率进行研究，发现随着混煤中无烟煤比例增大，未完全燃烧损失增加幅度不大，当无烟煤比例从 50%增加到 70%后，

未完全燃烧损失增加幅度较大。通过试验同时得到，随着炉内温度的增加，无论单煤还是混煤，其燃尽率都提高了。

采用热天平对干燥无灰基焦样进行研究，发现混煤煤焦的热分析燃尽率曲线处于两个单煤煤焦燃尽率曲线之间，但不是加权平均关系，而是比较靠近难燃尽的单煤，因此认为，难燃尽煤中掺入易燃尽的煤，改善其燃尽特性的效果不会太显著。通过总结混煤的热天平燃烧特性曲线的燃烧指数（包括开始失重时的温度、最大失重速率和出现最大失重速率时的温度）对混煤的燃烧特性进行分析，得知燃烧指数与混合比基本上为线性关系，并由此认为，掺烧后煤颗粒在燃烧过程中仍保持其原有燃烧特性。

试验研究表明，混煤煤焦热分析燃尽率曲线处于两个“单一”煤种煤焦燃尽率曲线之间，与掺混比例有关，但并非加权平均关系，而是比较靠近难燃尽的原煤种。

两种挥发分差异较大的煤种混合后，在燃烧过程中会出现所谓“抢风”现象，即高挥发分煤种迅速燃烧，消耗大量的氧分，致使低挥发分煤种缺氧，着火过程延迟，延长了低挥发分煤的燃烧时间，不利于混煤的燃尽。燃烧特性差异较大煤种的混煤在燃烧时对锅炉运行的配风要求也很苛刻，难以同时满足两种煤的燃烧需要。

鉴于混煤的可磨特性和“抢风”现象，混煤的燃尽特性接近于难燃尽煤种。

第四节　混煤掺烧的数学模型及应用

目前，国内外主要从三个方面就煤种混烧进行研究，分别为实验室研究、中式试验研究和全尺度研究。通过大量的研究，对煤种混烧过程中的着火特性、热解特性、燃烧特性、燃尽特性、污染物生成及积灰结渣特性等有一定程度的掌握，并在此基础上，可建立配煤方案。处理混煤煤质特性的传统方法一般有两种，第一种是加权平均法，第二种是线性经验公式。大量试验证明混煤虽然是一个简单的机械混合过程，但由于不同煤种的成分及燃烧特性不同，掺烧时不同煤质的颗粒在燃烧过程中会相互影响、相互制约，是一个耦合的过程。同时，随着数值模拟技术在混煤燃烧领域内的应用，找出一种相对合理的混烧处理方式对于从理论上定性甚至定量地分析混煤在锅炉内燃烧的特性，进一步研究混煤燃烧时炉内的积灰、结渣等特性是至关重要的。基于此，通过对混煤燃烧耦合过程的分析，建立了双混合分数模型，对两种煤混烧进行了数值模拟。

一、双混合分数模型

1. 煤种混烧耦合分析

锅炉燃用混煤时，混煤颗粒处于相同的空间，所处空间内的环境气氛将由混合煤种燃烧共同决定，因此混烧过程中存在强烈耦合。一方面，不同煤种混合燃烧过程中，在相同的气氛下，由于煤质特性的差异及着火温度的不同，所以挥发分含量高、着火点温度较低的煤种首先着火燃烧，释放出的热量一部分用于加热自身煤粉颗粒，另一部分则直接（通过颗粒间的传导和辐射）或间接（通过中间气氛进行对流换热）加热着火点温度较高的煤种颗粒，使其着火燃烧；另一方面，由于不同煤种在混合燃烧过程中，不断地消耗氧气同时生成气体产物，从而改变周围的燃烧环境，而气体成分浓度的改变对煤种挥发分析出、燃烧，焦炭的燃烬又有直接的影响，因此煤种混烧过程中，存在着燃烧环境的耦合。

2. 双混合分数模型建立

通过以上对煤种混烧过程的耦合分析可知，用传统的混合分数无法描述两种煤混烧时的燃烧过程，本节将在混合分数理论的基础上建立新的模型来进行混煤的燃烧模拟。

图 3-1 为燃用混煤（两种煤）锅炉内气体来源的示意图，在炉内任一单元空间内，气体来源可视为以下几个部分：混煤中各单一煤种分别挥发和燃烧生成的气体（dm_{I}、dm_{II}）、空间内空气 dm_g（来源于一次风和二次风）。因此，建立 f、f_1、f_2 来描述各部分的变化规律，其中 f、f_1、f_2 的定义为

$f_1 = dm_{\mathrm{I}}/(dm_{\mathrm{I}} + dm_{\mathrm{II}} + dm_g)$

$= dm_{\mathrm{I}}/dm =$ 总气体质量（dm）中煤种Ⅰ放出气体的质量分数

$f_2 = dm_{\mathrm{II}}/(dm_{\mathrm{I}} + dm_{\mathrm{II}} + dm_g) = dm_{\mathrm{II}}/dm$

$=$ 总气体质量（dm）中煤种Ⅱ放出气体的质量分数

$f = (dm_{\mathrm{I}} + dm_{\mathrm{II}})/(dm_{\mathrm{I}} + dm_{\mathrm{II}} + dm_g) = (dm_{\mathrm{I}} + dm_{\mathrm{II}})/dm$

$=$ 总气体质量（dm）中混煤放出气体的质量分数

从上面的关系可以得到

$$f = f_1 + f_2$$

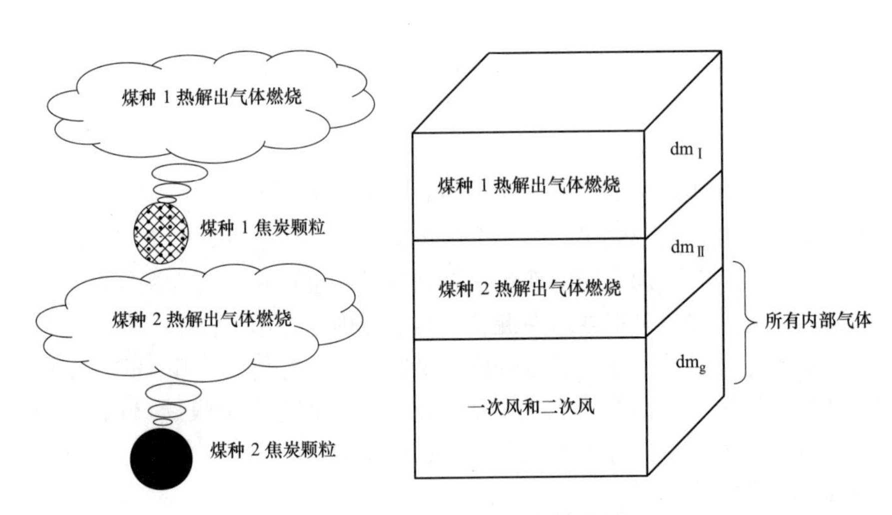

图 3-1　燃用混煤锅炉内气体来源

以上推导了混煤燃烧过程中的两个混合分数，从而建立了描述混煤燃烧过程的双混合分数模型。气体中各组分浓度分布的确定需要在研究混煤燃烧耦合作用的基础上进行确定。

3. 混合分数化学当量值耦合模型的建立

通过对两个单煤种混合分数化学当量值及 f、f_1、f_2 之间耦合关系的研究，确定混煤燃烧过程的混合分数化学当量值耦合模型。

4. 原煤混合分数的化学当量值推导

由元素分析得到混煤各原煤化学组分中的 C、H、O、N、S 元素的摩尔分数分别为 n_i、m_i、p_i、q_i、r_i，则单步化学反应燃烧反应的化学方程式为

$$C_{n_i}H_{m_i}O_{p_i}N_{q_i}S_{r_i} + \left(n_i + \frac{m_i}{4} - \frac{p_i}{2} + r_i\right)(O_2 + 3.76N_2) \rightarrow$$

$$rSO_2 + \frac{m_i}{2}H_2O + n_iCO_2 + 3.76\left(n_i + \frac{m_i}{4} - \frac{p_i}{2} + r_i\right)N_2 + \frac{q_i}{2}N_2 \quad (i=1,2) \tag{3-1}$$

由式（3-1）可得混煤中各原煤单独燃烧反应时的混合分数化学当量值为

$$f_{si} = \frac{12n_i + m_i + 16p_i + 14q_i + 32r_i}{(12n_i + m_i + 16p_i + 14q_i + 32r_i) + (4.76 \times 28.9)\left(n_i + \frac{m_i}{4} - \frac{p_i}{2} + r_i\right)} \quad (i=1,2) \tag{3-2}$$

5. 混煤混合分数的化学当量值推导

根据图 3-1 中混合分数的定义，同一区域内两种煤的质量比为 $f_1 : f_2$。则 1kg 混煤中两种煤的质量分别为 f_1/f、f_2/f。结合两种煤在同一区域内的质量比（单位摩尔量）及两种煤的挥发分化学反应方程式，可以得到混煤混合分数的化学计量值为

$$f_s = \frac{1}{1 + Mol_1 \times Mass_1 + Mol_2 \times Mass_2} \tag{3-3}$$

其中：

$$Mol_1 = (f_1/f)/(12n_1 + m_1 + 16p_1 + 14q_1 + 32r_1)$$

$$Mass_1 = (4.76 \times 28.9) \times \left(n_1 + \frac{m_1}{4} - \frac{p_1}{2} + r_1\right)$$

$$Mol_2 = (f_2/f)/(12n_2 + m_2 + 16p_2 + 14q_2 + 32r_2)$$

$$Mass_2 = (4.76 \times 28.9) \times \left(n_2 + \frac{m_2}{4} - \frac{p_2}{2} + r_2\right)$$

将式（3-2）、式（3-3）进行变换，联立可得

$$f_s = \frac{1}{1 + \frac{f_1}{f} \times \frac{1-f_{s1}}{f_{s1}} + \frac{f_2}{f} \times \frac{1-f_{s2}}{f_{s2}}} \tag{3-4}$$

整理可得

$$f_s = \frac{f \times f_{s1} \times f_{s2}}{f \times f_{s1} \times f_{s2} + f_1 \times f_{s2} \times (1-f_{s1}) + f_2 \times f_{s1} \times (1-f_{s2})} \tag{3-5}$$

式（3-5）即为混煤混合分数化学当量值耦合模型。

6. 气体中各组分质量分布模型的建立

从以上描述可知，双混合分数模型是一个以 f_1、f_2 为变量的函数，利用元素守恒原理进行推导，并利用混煤中各单一煤种的元素分析及煤粉颗粒单元体内产生的气体质量进行产物计算，可以得到如表 3-1 所示的组分浓度分布情况。

表 3-1　　不同成分的组分浓度和双混合分数的关系

组分	$0\leqslant f\leqslant f_s$	$f>f_s$
燃料	0	$(f-f_s)/(1-f_s)$
O_2	$0.233\ (f_s-f)/f_s$	0
N_2	$0.767\ (1-f)+\frac{q}{2}\left(\frac{f}{f_s}\right)$	$0.767\ (1-f)+\frac{q}{2}\left(\frac{f-1}{f_s-1}\right)$
	$0\leqslant f\leqslant 1$	
燃烧产物	$Y_{prod}=(1-(Y_{fuel}+Y_{O_2}+Y_{N_2}))$	
H_2O	$Y_{prod}=\frac{27\times(f_1\times H_1\%+f_2\times H_2\%)}{f_1\times(S_1\%\times6+C_1\%\times11+H_1\%\times27)+f_2\times(S_2\%\times6+C_2\%\times11+H_2\%\times27)}$	
CO_2	$Y_{prod}=\frac{11\times(f_1\times C_1\%+f_2\times C_2\%)}{f_1\times(S_1\%\times6+C_1\%\times11+H_1\%\times27)+f_2\times(S_2\%\times6+C_2\%\times11+H_2\%\times27)}$	
SO_2	$Y_{prod}=\frac{6\times(f_1\times S_1\%+f_2\times S_2\%)}{f_1\times(S_1\%\times6+C_1\%\times11+H_1\%\times27)+f_2\times(S_2\%\times6+C_2\%\times11+H_2\%\times27)}$	

二、炉内燃烧过程的数学模型

炉内的燃烧过程数值计算一般选择 RNG k-ε 双方程模型作为湍流气相流动模型；颗粒运动的计算选择颗粒随机轨道模型，运用拉格朗日方法，已知气体的流场，就可以按时间积分求出各个颗粒的运动轨迹；挥发分析出采用双平行反应模型；炉内各点化学组分的反应过程及浓度分布采用上面推导的双混合分数—PDF 模型；挥发分燃烧采用扩散控制模型；焦炭燃烧采用动力—扩散控制燃烧模型；辐射传热模型采用 DT（Discrete Transfer）法；采用正交的非均匀交错网格，以及网格单元上的控制容积法对微分方程进行离散，下面将分别对采用的模型加以介绍。

1. 气体流动

锅炉炉内的气体流动为三维湍流反应流，其平均流可视为稳态流，因此，可用通常的守恒方程进行描述。对于工业运用比较成熟的湍流可采用标准的 k-ε 湍流模型、修正的 k-ε 湍流模型和 RNG k-ε 湍流模型。其中，RNG k-ε 湍流模型对于带旋流动的湍流模拟比较合适，特别像 W 型火焰和旋流对冲燃烧锅炉，采用 RNG k-ε 湍流模型较为合理。气体流动模型包括三维的连续性方程、动量方程及 k 和 ε 的两个输运方程，可统一表达形式为

$$\frac{\partial}{\partial x_i}(\rho u_i\Phi)=\frac{\partial}{\partial x_i}\left(\Gamma_\Phi\frac{\partial\Phi}{\partial x_i}\right)+S_\Phi+S_{p\Phi} \tag{3-6}$$

式中　ρ——密度，kg/m^3；

i——组分序号；

Φ——所有的气相变量，如速度的三个分量 u、v、w，压力 p，湍流动能 k，以及耗散率 ε、混合分数 f 及脉动均方值 g 和比焓 h 等；

S_Φ——气体的源项或汇项；

$S_{p\Phi}$——由固体颗粒引起的源项。

2. 颗粒运动

颗粒运动的计算运用拉格朗日方法，已为气体的流场，就可以按时间积分求出各个颗粒的运动轨迹。直角坐标下的颗粒运动方程为

$$\begin{cases}\dfrac{\mathrm{d}w_p}{\mathrm{d}t}=\dfrac{w_f+w'_f-w_p}{\tau_p}-g\\ \dfrac{\mathrm{d}v_p}{\mathrm{d}t}=\dfrac{v_f+v'_f-v_p}{\tau_p}\\ \dfrac{\mathrm{d}u_p}{\mathrm{d}t}=\dfrac{u_f+u'_f-u_p}{\tau_p}\end{cases} \tag{3-7}$$

式中　直角坐标下的 u、v、w——x 方向速度、y 方向速度和 z 方向速度；

u'_f、v'_f、w'_f——三个方向的脉动速度值。

3. 挥发分释放、燃烧及焦炭的燃烧

当煤粉进入炉膛加热时，首先释放出煤中所含的 H_2O，随着温度的升高，逐渐释放出诸如 CO、CO_2、H_2 这样的挥发分气体。煤的热解程度是不同的，从百分之几到 70%或 80%不等。热解时间从几毫秒级到几分钟。热解速率和挥发气体的释放量和煤粉颗粒的尺寸、煤种及升温曲线有关。

由于燃烧过程的复杂性，要准确模化是很困难的，任何模型都是一定程度上的近似。下面采用双平行反应模型来模拟煤的热解过程。

该模型认为煤的热解为一对平行的一阶不可逆的化学反应，即

$$(\text{原煤})\xrightarrow{k_1}(1-Y_1)(\text{煤焦})+Y_1(\text{挥发分}) \tag{3-8a}$$

$$(\text{原煤})\xrightarrow{k_2}(1-Y_2)(\text{煤焦})+Y_2(\text{挥发分}) \tag{3-8b}$$

式中，反应速率常数 k_1 和 k_2 由 Arrhenius 公式给定，即

$$k_1=A_1\exp\left(\frac{-E_1}{RT_{\text{av}}}\right) \tag{3-9a}$$

$$k_2=A_2\exp\left(\frac{-E_2}{RT_{\text{av}}}\right) \tag{3-9b}$$

式中　T_{av}——平均温度，k。

因此，这一模型包含有 6 个经验常数 Y_1、Y_2、E_1、E_2、A_1 和 A_2。该模型的一个重要特征就是 $E_1<E_2$，从而使反应式（3-8a）在较低温度下起主导作用，而反应式（3-8b）在较高温下起主导作用。这两个反应相互竞争，反应式（3-8a）慢而反应式（3-8b）快，对单位质量原煤，假设挥发分的产生率 Y_1 为挥发分的工业分析，Y_2 等于 $2Y_1$。

相应于这一模型，挥发分的生成速率为

$$\frac{\mathrm{d}Y_v}{\mathrm{d}t}=\frac{(\mathrm{d}Y_{v_1}+\mathrm{d}Y_{v_2})}{\mathrm{d}t}=k_1Y_1+k_2Y_2 \tag{3-10}$$

式中　Y_v——原煤中挥发分的质量分数。

用双混合分数模型描述气相混合燃烧，炉内各点化学组分的反应过程及浓度分布采用上面推导的双混合分数 PDF 模型。

煤焦的化学反应式为

$$C+\frac{1}{2}O_2\longrightarrow CO \tag{3-11a}$$

$$CO+\frac{1}{2}O_2\longrightarrow CO_2 \tag{3-11b}$$

$$C + O_2 \longrightarrow CO_2 \tag{3-11c}$$

煤焦燃烧速率为

$$\frac{dM_p}{dt} = \pi k_t p d_p^2 p_{ox} \tag{3-12}$$

式中 p——气体压力；

d_p——颗粒直径；

p_{ox}——颗粒周围氧的分压。

因煤焦的燃烧速率同时受到化学动力和氧扩散条件的控制，因此总的反应速率系数 k_t 包含化学反应速率系数 k_{ch} 和扩散系数 k_{ph}，即

$$k_t = \frac{k_{ch}k_{ph}}{k_{ch} + k_{ph}} \tag{3-13}$$

因此，k_t 由 k_{ch} 和 k_{ph} 中的小值决定。化学反应速率系数 k_{ch} 表征颗粒表面的反应速率，表示为 Arrhenius 形式为

$$k_{ch} = A_c \exp(-E_c/RT_p) \tag{3-14}$$

式中 T_p——反应温度，k；

R——通用气体常数，R=8.317kJ/kmol 指前因子 A_c 和活化能 E_c 依煤种不同而变化。

扩散系数 k_{ph} 表示氧扩散到颗粒表面的速率。

假设煤焦燃烧时，颗粒直径不变，而密度减小。由于燃烧是一个剧烈的放热反应，颗粒的加热过程十分复杂。假定挥发分燃烧放热用于加热颗粒周围的气体，煤焦燃烧放热则按分配系数，一部分加热周围气体，另一部分加热颗粒。颗粒吸收的能量有气相导热、辐射传热和颗粒相反应对自身的加热。颗粒的能量平衡方程可写为

$$\frac{d}{dt}(m_p h_p) = h_p \frac{dm_p}{dt} + Q_{pc} + Q_{pr} + Q_{pb} \tag{3-15}$$

式中 m_p——颗粒质量，kg；

h_p——焓值，J。

对电站锅炉来说，由于炉壁温度较低，颗粒的辐射加热主要来自周围的气体，因此总的辐射加热量 Q_{pr} 很小。因而没有考虑 Q_{pr} 这一项。

颗粒与气体间的对流换热为

$$Q_{pc} = Nu\pi k_g (T - T_p) d_p \tag{3-16}$$

式中 Nu——努谢尔数；

k_g——气体导热系数；

d_p——颗粒直径。

假定颗粒与气体的滑移速度很小，则 $Nu=2$。

气体导热系数是气体与颗粒之间温度的函数，则

$$k_g = a + b[0.5(T_g + T_p) - 273.15] \tag{3-17}$$

式中 T_g——气体温度，k。

Q_{pb} 为煤焦燃烧传给颗粒的热量。假定炭燃烧过程是炭与氧发生化学反应生成一氧化碳，一氧化碳通过扩散再进行氧化生成二氧化碳。与气相燃烧相比较，不同的是在焦炭的燃烧过程中，部分的释热量直接传给了颗粒，即有 X_q 的份额直接传送给了颗粒，则

$$Q_{pb} = X_q q_c \frac{dm_p}{dt} \tag{3-18}$$

式中 q_c——焦炭燃烧全部释放热量，J。

式（3-18）代表了颗粒燃烧释放出的热传给颗粒自身的那部分，计算中 X_q 取 0.3～0.5。

4. 辐射传热

使用离散传播法（Discrete Transfer Method）计算辐射传热。这个方法以热通量为基础，兼具有区域法、Monte-Carlo 法的优点，因而有较高的计算效率，并能够得到很好的结果。其主要思想是考虑边界网格面为辐射的吸收源和发射源，将边界网格上向半球空间发射的辐射能离散成有限条能束，这些能束穿过内部网格被介质吸收和散射后，到达另外的边界面，在各边界网格面上进行的辐射能达到平衡。

考虑网格内介质的温度 T 和气体对辐射能束的吸收、发射以及颗粒对辐射能束的吸收、发射和各向同性散射，辐射能束通过一个网格时的强度变化为

$$\frac{\mathrm{d}I}{\mathrm{d}t}=-(K_{\mathrm{a}}+K_{\mathrm{p}}+K_{\mathrm{s}})I+\frac{\sigma}{\pi}(K_{\mathrm{a}}T^4+K_{\mathrm{p}}T_p^4)+\frac{K_{\mathrm{s}}}{4\pi}\int_0^{4\pi}I\mathrm{d}\Omega \tag{3-19}$$

式中　K_{a}——气体的吸收系数；

K_{p}——颗粒的吸收系数；

K_{s}——颗粒的散射系数。

式（3-19）中最后一项代表从其他方向散射入 Ω 方向的能束对辐射强度的贡献。

任何一网格的净的吸收或发射能量 Q_{r} 是所有光束通过这个网格后光强的变化总和。

气体的吸收系数计算式为

$$K_a=0.28\exp(-T/1135) \tag{3-20}$$

颗粒的吸收系数、散射系数各向是同性的，按照实验测得的炭和灰的光学常数，其中颗粒的吸收系数、散射系数分别取为 0.3、0.13。

三、数值方法及计算流程

对上述气相通用方程组，可采用数值方法进行计算，其中计算区域的离散化采用正交非均匀交错网格，实用控制容积法推导差分方程，差分方程的求解采用压力-速度校正的 SIMPLER 方法。颗粒相的计算采用拉氏方法。

程序主要分为两部分：

（1）Eulerian 计算。包括气相的 u、v、w、k、ε、p、h、f、g 及辐射传热的计算。

（2）Lagrangian 计算。包括煤粉颗粒的轨道、温度及燃烧过程的计算。

要使计算能快速和稳定地收敛，就必须合理安排各个子程序的计算顺序及计算次数。三维流动、传热和燃烧模拟程序的计算方程如图 3-2 所示。

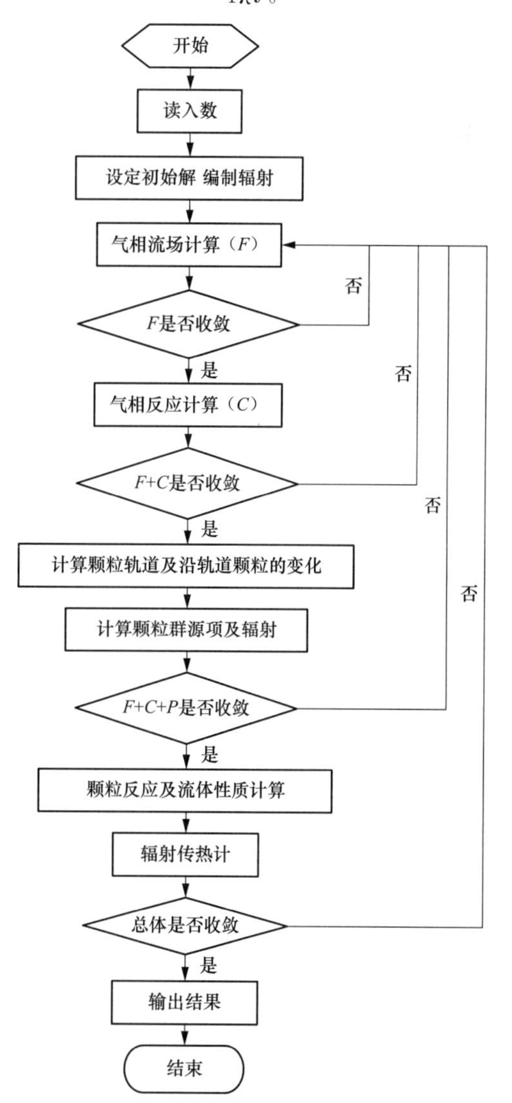

图 3-2　三维流动、传热和燃烧模拟程序的计算流程

第四章

劣质煤及其常规优化燃烧技术

通常把高灰分（大于40%）、低热值（低位发热量低于16.7MJ/kg）的烟煤或高水分（大于30%）、高灰分（大于40%）和低热值的褐煤及挥发分很低（干燥无灰基挥发分小于10%）的无烟煤均叫做劣质煤。实际运行中，习惯上将使用煤与设计煤进行比较，煤质热值偏离较多的称为劣质煤。

从煤质参数或燃烧特性上看，劣质煤主要包括两类：

（1）低热值煤。煤中不可燃物的含量（如水分、灰分等）很高，发热量很低，挥发分高。例如，低质褐煤、油页岩、劣质烟煤、石煤等，它们大多属于地质时代较短的燃料。

（2）着火困难的煤。燃煤的挥发分低，发热量根据煤中灰分的比例可高可低。但整体上其挥发分都过少，导致煤粉着火困难。

总体上讲，劣质煤燃烧的显著特点是着火困难，且着火后难以稳定燃烧和燃尽，一方面易引起锅炉灭火放炮事故，另一方面为了稳定燃烧需要投入大量燃油，严重影响了锅炉运行的安全性和经济性。

第一节　卫燃带技术

煤粉着火本质上是一个化学反应过程，是燃料从低的反应速度向高的反应速度转变的过程，其反应速度服从阿累尼乌斯定律，即

$$K = A\exp(-E/RT) \tag{4-1}$$

式中　K——化学反应速度

E——活化能，J/mol；

R——通用气体常数，J/(mol·K)；A为比例常数；

T——反应温度，K。

由式（4-1）可以看出，着火速度K随温度T升高迅速加快。因此，燃用劣质煤时，如何有效提高燃烧区域的温度，是缩短着火时间的重要因素。卫燃带技术是制造一个人工的“绝热区域”，提高局部炉膛温度的有效手段。

对于燃用劣质煤的锅炉，合适的面积、合理的布置方式、适当厚度的卫燃带能明显提高炉膛温度，有效改善煤粉气流着火和稳燃能力。

以某电站卫燃带的改造过程为例，某电站为W型火焰锅炉，原设计在靠近燃烧器的区域，即炉拱下侧直到冷灰斗斜面的垂直炉壁四周均敷设有卫燃带，总设计卫燃带面积为

$520m^2$，投产初期，卫燃带结焦严重，掉大焦现象时有发生，捞渣机经常因掉大焦出现刮板被砸弯、卡死等现象，曾多次因掉大焦导致捞渣机故障而被迫停炉。当卫燃带大面积掉落后，炉内燃烧稳定性又明显降低，飞灰可燃物明显升高，直接影响了锅炉的安全稳定和经济运行。2005 年，利用大修机会对锅炉卫燃带进行了改造，在设计的基础上，综合考虑结焦和垮焦堵塞捞渣机落渣口等问题，按设计面积的 67.3%左右（$350m^2$）恢复卫燃带面积，不在高温区继续敷设卫燃带，且全部拆除下炉膛冷灰斗四个角上卫燃带。

在完成了 2005 年改造后，锅炉结焦情况有较大程度的减轻，但局部结焦仍然存在。到 2007 年大修前，又掉落部分锅炉卫燃带，经测算，剩余总面积约为 $227m^2$。综合考虑炉型、煤质与卫燃带的关系，根据以往运行和当时煤质情况，进行了新的卫燃带调整方案：卫燃带面积在 2005 年 $350m^2$ 的基础上不作大的调整，但重点防止高温还原性气氛较大的区域结焦，即使局部结焦，也要防止卫燃带上的焦越结越大，然后大块脱落。通过此次停炉后的观测，目前掉落的卫燃带集中在前、后墙三次风口之间和四个大切角上，而两侧墙基本保持完好。因而采取的措施是，在 2005 年敷设卫燃带的基础上进行如下调整：

（1）每个切角的下部整块卫燃带分成两块竖条形，两块竖条形卫燃带之间以及与前、后墙和侧墙的卫燃带之间留两根水冷壁管不敷设卫燃带（需要彻底清除上面的销钉）。两切角共减少面积 $0.25\times3.6\times3\times2=5.4$（$m^2$）。

（2）减少前、后墙四个三次风喷口之间的部分卫燃带，即把其中的两根水冷壁上的销钉清除干净（留两根不敷设），防止卫燃带上的焦块搭在一起。前、后墙共减少面积 $0.28\times2.5\times3\times2=4.2$（$m^2$）。

（3）三次风正上方，前、后墙上下两条卫燃带之间，各加一条宽 1m、高 2.4m 的卫燃带，把上、下两条连接起来。前、后墙共增加卫燃带面积 $1\times2.4\times4\times2=19.2$（$m^2$）。综上所述，本次卫燃带面积较 2005 年方案增加 $9.6m^2$，总面积约 $359.6m^2$。前、后墙，切角和侧墙卫燃带的具体布置如图 4-1 所示。

通过对卫燃带面积和布置方式进行调整，改造后炉膛温度比大修前提高 100～200℃，结合看火孔观察炉内燃烧状况及火焰情况，结果表明锅炉燃烧稳定性大大增强。且由于炉膛温度提高，飞灰和炉渣可燃物也相应下降。

第二节　配风优化技术

对于燃用劣质煤的锅炉而言，解决燃烧稳定性与燃烧经济性问题显得尤为突出，而配风方式的选择对于燃烧低热值、低挥发分的劣质无烟煤而言更为敏感。在煤粉着火初期，二次风过早混入将降低燃烧器周围高温烟气的温度，推迟煤粉着火，造成锅炉燃烧不稳，甚至灭火；但若调整配风不当，使得二次风混合过于滞后，又会导致着火后的煤粉得不到及时的氧气补充，造成飞灰含碳量上升，燃烧经济性变差。本节就劣质煤优化配风进行阐述。

一、四角布置切圆燃烧锅炉配风优化

目前已投产的四角布置切圆燃烧锅炉基本上采用直流燃烧器系统，而其具体布置型式，根据设计煤种的差异，按燃烧器系统中一、二次风风口相对布置不同，又可分为均等配风直流燃烧器系统与分级配风直流燃烧器系统两大类。

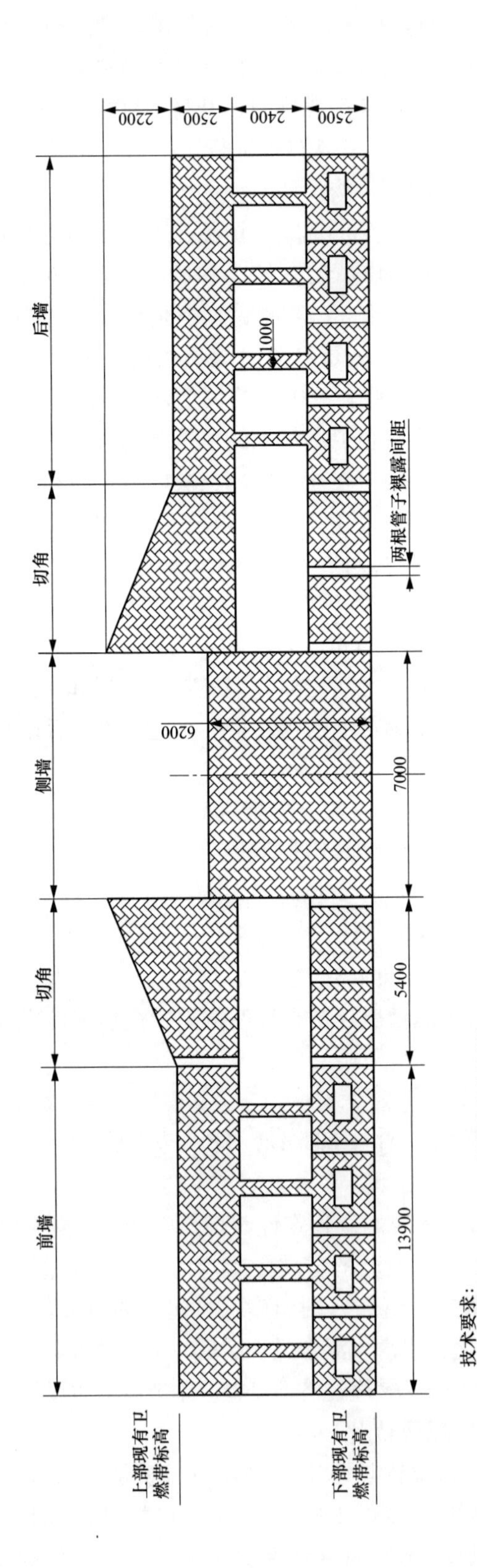

图4-1　某电站锅炉卫燃带改造方式（单位：mm）

均等配风直流燃烧器系统（烟煤-褐煤型直流燃烧器系统）布置特征为一、二次风风口均等相间布置，即在相邻两个一次风口之间均等布置一个或两个二次风口。均等配风方式使得一、二次风风口间距相对较近，一、二次风由喷口射出后能较快得到混合，使一次风煤粉气流着火后能及时获得足够的空气。这种布置形式适用于挥发分含量较高易于着火的烟煤和褐煤。

分级配风直流燃烧器系统（无烟煤型直流燃烧器系统）布置特征为将一次风口相对集中地布置在一起，而二次风口分层布置，使一、二次风口之间保持较大的相对距离，从结构上控制并推迟一、二次风在炉内的混合点。在煤粉燃烧过程中，分级配风使得一次风煤粉气流能够集中着火燃烧，然后在炉膛中部送入一部分二次风，强化已着火的煤粉气流，待煤粉全部着火后，再将二次风分级、分阶段地以高速喷入，借以加强气流扰动，提高扩散速度，促进燃烧和燃尽过程。因此，分级配风从结构上保障了燃烧过程能够维持较高的炉温，适用于贫煤、无烟煤、劣质无烟煤等燃烧发展较慢的煤种。

目前，大机组普遍采用均等配风的直流燃烧器系统，以 SG-1913/25.4 型 600MW 超临界四角切圆锅炉低氮同轴（LNCFS）摆动式直流燃烧器系统为例，介绍该类型燃烧器系统配风与燃烧特性。如图 4-2 所示，炉内采用分级供氧、切圆燃烧方式，采用 24 支低氮同轴（LNCFS）摆动式直流燃烧器，分 6 层布置于炉膛下部四角，在炉膛中呈四角顺时针切圆方式燃烧。单只煤粉喷嘴配有周界风（燃料风），在每相邻 2 层煤粉喷嘴之间布置有 1 层辅助风喷嘴，其中包括上、下 2 只偏置的 CFS 喷嘴，1 只直吹风喷嘴。各角主燃烧器下部设一层火下风（UFA），上部设两层紧凑燃尽风（CCOFA），在主燃烧器上部间隔 5503mm 布置有 5 层可水平摆动的分离燃尽风（SOFA）喷嘴。所有二次风均来自布置于炉膛左、右侧的二次大风箱，通过各层风门实现配风。

为适应低氮燃烧的需要，在最上层燃烧器上方设置两层紧凑型燃尽风 CCOFA，约占总二次风量的 10%，并在紧凑型燃尽风上方设置了五层分离型燃尽风 SOFA，约占总二次风量的 30%，维持主燃烧区域过量空气系数为 0.80～0.85，从而实现分级配风，达到降低炉膛出口氮氧化物的需求。

从图 4-2 可知，二次风主要由燃料风（周界风与中心风）、辅助二次风、燃尽风三部分组成，而辅助二次风是二次风主要的组成部分，约占总风量的 60%～80%，周界风和燃尽风分别占总风

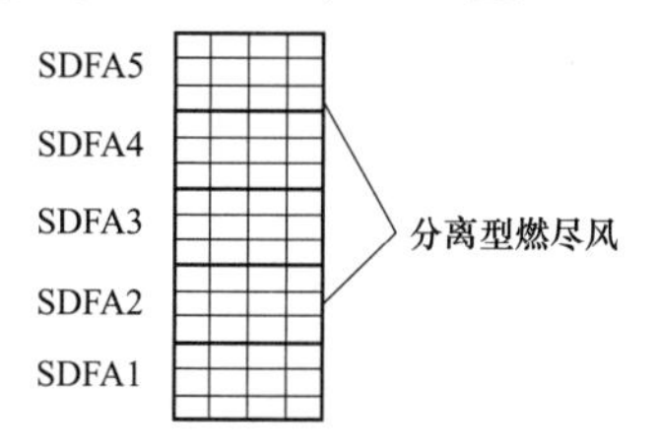

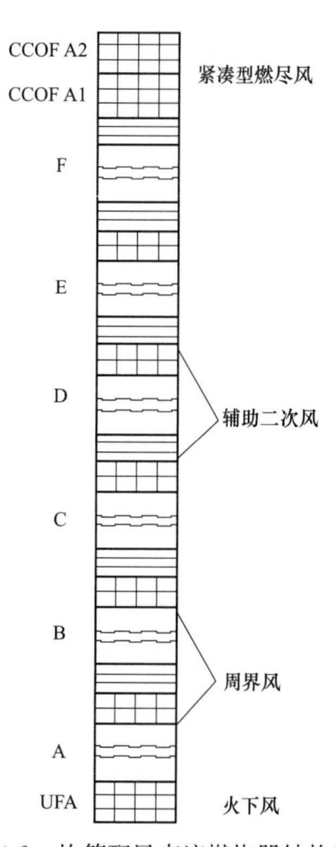

图 4-2　均等配风直流燃烧器结构简图

量的 5%～10%和 15%～30%。在机组运行中，各层二次风风率和配风方式对燃烧有着重要影响，尤其当遇到贫煤、无烟煤、劣质无烟煤等燃烧发展较慢的煤种时，二次风配风方式对燃烧火焰稳定性与燃烧经济性有着至关重要的作用。因此在锅炉运行中，针对不同负荷、不同煤种，实时调整二次风配风，是必不可少的步骤。

(1) 燃料风（周界风与夹心风）的优化调整。直流煤粉燃烧器系统中由一次风煤粉气流外缘四周向炉膛喷射的二次风气流，称为周界风；布置于一次风口中间的一股二次风，称为夹心风。目前，切圆燃烧锅炉燃烧器普遍设置周界风，以提高燃烧器的可靠性与对煤种变化的适用性。首先其可以冷却燃烧器一次风喷口，防止喷口过热变形；其次周界风能在一次风气流周围形成一层空气气幕，增强一次风的刚性，防止气流偏斜，从而防止煤粉气流贴墙以及煤粉从气流中分离；同时在煤粉气流着火后，能及时供给少量二次风，有利于燃烧过程的发展。对于挥发分较高的易着火烟煤等煤种而言，运行中可以适当提高周界风开度，但对于低挥发分的无烟煤等难燃煤种而言，周界风过大，将阻碍高温烟气与一次风煤粉气流的混合，降低煤粉浓度等，不利于低挥发分煤种着火与稳燃，因此需要关小周界风，以减小周界风对一次风气流的干扰，使卷吸高温气流加强，着火提前。

夹心风型直流燃烧器是将一部分二次风通过燃烧器中间送入，可以较有效避免周界风给一次风煤粉气流卷吸高温烟气带来的不利影响，其作用是使着火之后的煤粉气流从中央及时补充一部分氧气，加速燃烧过程的发展。此外，由于夹心风风速高，对一次风具有引射作用，增强一次风的刚性，减轻煤粉气流的散射，使煤粉浓度局部集中，对无烟煤的点火、燃烧过程的稳定与发展都是有利的。

在安装有夹心风型燃烧器系统中，当燃用挥发分较高的烟煤等煤种时，可以适当增加夹心风的开度，使其一、二次风气流混合更加强烈，使煤粉燃烧更加完全。但当燃用低热值、低挥发分无燃煤，甚至劣质无烟煤时，由于其着火距离远、着火困难，需要关小夹心风，尽量降低对一次风煤粉气流的影响，使煤粉着火距离缩短，保证其顺利着火和稳定燃烧。

(2) 辅助二次风的优化调整。在优化配风过程中，辅助二次风占有主导地位，辅助二次风动量/一次风动量比值是影响炉内空气动力场的主要指标，对于四角切圆锅炉而言，其比值过大，上游气流将强烈干扰（冲击）下游一次风煤粉气流，使其过早偏离主气流，显著影响其后期燃烧与燃尽，使飞灰可燃物上升，此外过早偏离的煤粉主气流存在刷墙的风险，造成结焦和水冷壁高温腐蚀等问题。当燃用低挥发分无烟煤等难燃煤种时，过大的二次风动量/一次风动量，使得二次风较早地与一次风气流混合，不利煤粉气流的着火，影响锅炉着火燃烧稳定性，因此在燃用差煤时，应适当降低其动量比，以保证其着火与稳燃。

从实际应用中，辅助二次风配风方式大致可分正宝塔型（二次风风量由下层到上层依次减小）、均等配风（二次风风量由下层到上层均匀分配）、缩腰型（二次风风量由下层到上层两端大中间小）、倒宝塔型（二次风风量由下层到上层依次增大）四种。具体配风方式选择与燃用煤质特性（挥发分含量、低位发热量）、燃烧器类型、锅炉负荷等有关。

一般来讲，采用正宝塔型配风方式，大部分辅助二次风从炉膛中下部送入炉膛，燃烧器出口一次风煤粉气流着火后，在主燃区迅速与二次风气流强烈混合，及时补充燃烧所需

的氧气，有利于煤粉燃尽，因此适用于烟煤等易燃煤种。但正宝塔型配风方式运行时，由于一次风刚性增强，容易产生一次风煤粉气流刷墙、结焦等问题，同时炉内气流偏转过大，炉膛上部的残余旋转易造成炉膛出口烟气温度偏差、屏式过热器超温等问题，此时可考虑采用均等配风方式运行。

为了缓解四角切圆锅炉炉膛出口的烟气旋转残余、造成的烟气温度偏差和超温等问题，缩腰型配风方式在运行中会降低中部燃烧器出力，相应关小二次风门挡板开度，减少中部辅助风量，同时提高上层、下层燃烧器出力，以及对应二次风挡板开度，形成两端大中间小的“缩腰配风”方式，此种配风方式使得炉膛中部主燃烧区域的烟气旋转强度减弱，形成弱烟气旋转区，可以有效卷吸上、下层燃烧器形成的高温烟气，并延长烟气在炉膛内的行程与停留时间，从而降低炉膛出口的旋转残余，均匀炉膛出口温度场和速度场，降低炉膛出口烟气温度偏差，同时也有利于降低飞灰含碳量，提高煤粉燃尽率。此外，两头大、中间小的配风特点，由于上层辅助风量较大，能够有效压住火焰，抑制烟气旋转上升的速度，是控制火焰位置和煤粉燃尽的重要措施，下部较大的辅助风量能够有效拖住火焰，防止煤粉从火焰中离析下冲到冷灰斗而使得炉渣含碳量增加。因此，缩腰型配风方式适用于燃用贫煤、劣质烟煤等。

倒宝塔型配风方式有利于贫煤、无烟煤及低挥发分的无烟煤稳定着火。从炉膛中下部燃烧器喷出的煤粉气流着火后，先与一小部分二次风气流混合燃烧，在旋转上升过程中，沿着火焰行程，逐步与大量辅助二次风混合燃烧，实际上是典型的分级送风。由于炉膛中下部辅助二次风量小，大量煤粉集中送入炉膛，煤粉浓度高，易于低挥发分煤种稳定着火燃烧，随着燃烧发展，旋转上升的煤粉气流在后期又补充大量二次风混合燃烧，因此在入炉煤煤质差、挥发分低时，可采用此种配风方法。

（3）燃尽风的优化调整。锅炉厂设计燃尽风的主要目的有三个，一是提供未燃尽碳燃烧所需的氧气，降低飞灰可燃物含碳量；二是控制炉膛出口 NO_x、SO_2 的生成浓度；三是部分燃尽风设计为可上、下摆动式反切风，用于控制火焰位置及消除炉膛出口烟气旋转残余。如图 4-2 所示，锅炉共设置了两层紧凑型燃尽风和五层分离型燃尽风。从配风方式上看，燃尽风是从设计上实现分级配风，从而实现煤粉的分级燃烧。从全炉膛整体上看，在主燃烧区域，煤粉燃烧所需要的氧气（过量空气系数一般为 0.75～0.85）是不足的，由于缺氧燃烧，火焰中心温度低，并形成较为强烈的还原性气氛，从而有效抑制了 NO_x 等污染物的生成。此时由于缺氧燃烧，未燃尽碳随着气流旋转上升，当未燃尽的煤粉随着烟气进入燃尽区域与燃尽风混合燃烧时，由于水冷壁大量辐射吸热，烟气温度降低，因此虽然此时过量空气系数大于 1，但总体 NO_x 生成浓度降低。

燃尽风风门开度大小，即风量与风速，对燃用不同煤种及负荷有着不同的要求，但都对后期煤粉燃尽有着重要影响。在燃用烟煤等易燃煤种时，可以适当开大燃尽风门，提高燃尽风量和风速，从而有效降低炉膛中心温度，降低 NO_x 等污染物生成浓度；当燃用低挥发分无烟煤时，应根据锅炉燃烧情况，在不影响炉内燃烧稳定性的前提下，调节燃尽风开度，若燃尽风开度过大，虽然可以进一步降低 NO_x 生成浓度，但炉膛将出现燃烧不稳等情况，同时也会使得飞灰可燃物含碳量升高，不利于锅炉安全经济性运行。此外，在锅炉负荷逐渐降低时，炉膛温度也随之降低，炉膛出口 NO_x 也随着降低，此时应逐步关小燃尽风，保证炉内主燃烧区域有充足氧用于稳定燃烧，避免燃烧不稳和飞灰含碳量提高等问题发生。

有些煤种，虽然易于着火和燃尽，但其含硫量高、灰熔点较低，容易发生沾污和结焦等问题，在这种情况下，为了追求低 NO_x 排放浓度，而开大燃尽风，易导致主燃烧区域还原性气氛过强，进一步降低灰熔点，从而加剧结焦的风险。

从目前新建机组，尤其是老机组改造（增加燃尽风）运行情况看，燃尽风虽然对 NO_x 减排有较为明显的作用，但部分锅炉的燃尽风对飞灰可燃物含量十分敏感，燃尽风开度增加，飞灰可燃物明显上升。就部分锅炉试验结果来看，四角切圆锅炉燃尽风设计位置、喷口尺寸、喷口风速三个主要因素对煤粉燃尽有明显的影响，若设计的燃尽风喷口风速过低、不能够很好地穿透上升的烟气气流，在产生强烈的混合的情况下，将无法达到燃尽未燃烧的煤粉，造成飞灰含碳量升高。因此在实际运行过程中，应根据具体炉型、煤种以及锅炉负荷，设计合适的燃尽风，从而达到降低污染物排放和保证锅炉燃烧经济性双重目标。

二、W 型火焰锅炉配风优化

对无烟煤等低挥发分煤种而言，解决其着火的主要措施是提高一次风粉混合物的煤粉浓度、提高煤粉气流温度、将高温烟气回流至着火区、采用卫燃带增强着火区辐射热量；而解决煤粉燃尽的主要措施是提高煤粉细度、提高燃烧区温度、延长煤粉在燃烧区的停留时间、分级送入二次风、适量增大过量空气系数等。W 型火焰锅炉是作为一种为燃用贫煤、无烟煤等低挥发分煤种而专门设计的锅炉，长期实践表明该炉型对煤种适应性强，能够显著改善低挥发分煤种在着火、低负荷稳燃方面的性能，为高效燃用劣质煤提供了有力保障。

为了适应低反应能力的贫煤或无烟煤，保证其着火稳定性与燃尽特性，美国 CE 公司、FW 公司，英国 Babcock 公司，法国 Stein 公司，德国 MAN 公司，北京巴威 B&WBC 公司，东方锅炉有限公司，哈尔滨锅炉厂等相继开发了不同形式的 W 型火焰锅炉，虽然各公司采用技术各不相同，但其基本形式类似，其中最具特色的是：W 型火焰锅炉炉膛设计成下部燃烧室和上部冷却室或燃尽室，上、下炉膛之间有一缩腰，带煤粉浓缩型燃烧器布置在缩腰上（为保证着火稳定，在燃烧室区域敷设大量卫燃带），煤粉气流从缩腰处的拱顶向下喷射，并着火燃烧，火焰受到燃烧室下部分级风的托起作用，向上转折流动，在下部燃烧室内形成 W 型火焰。

综合 W 型火焰锅炉设计特点，并结合上、下炉膛配风的特点，选择东方锅炉有限公司应用从美国福斯特·惠勒公司引进的技术，制造生产的 DG2030/17.6-II3 型亚临界 W 型火焰锅炉，以及北京巴威 B&WBC 公司生产制造的 600MW 超临界参数 W 型火焰锅炉进行优化配风。

（一）东方锅炉有限公司 DG2030/17.6-II3 型亚临界 W 型火焰锅炉

如图 4-3 所示，锅炉共配有 6 台双进双出磨煤机、36 个 32″OD 双旋风煤粉燃烧器；每台磨煤机带 6 只煤粉燃烧器。双旋风煤粉燃烧器错列布置在下炉膛的前、后墙炉拱上，前墙 18 只、后墙 18 只。

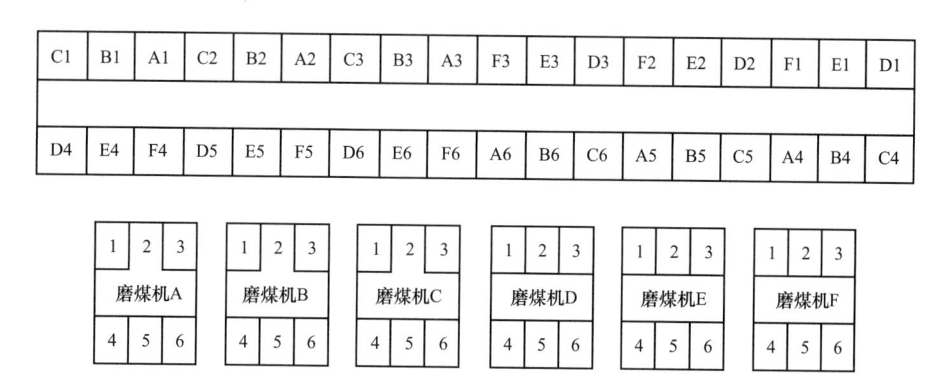

图 4-3　磨煤机与燃烧器匹配关系

如图 4-4 所示，燃烧器采用旋风筒进行煤粉浓缩，为美国福斯特·惠勒公司专门设计用于燃烧低挥发分燃料，并提供多种调节手段，以适应无烟煤着火、稳燃的要求。双旋风煤粉燃烧器由煤粉进口管、煤粉均分器、双旋风筒壳体、煤粉喷口、乏气管、乏气调节蝶阀等组成。双旋风煤粉燃烧器利用离心力的作用，将从煤粉管道输送来的一次风粉混合物分离出两股气流，一股是浓度高的煤粉气流，另一股是浓度低的煤粉气流，被分离出来的高浓度煤粉气流从旋风筒下端的主煤粉喷口向下喷射送入炉膛，从而有效地降低了煤粉着火所需的吸热量，有利于煤粉初期的着火与稳燃；乏气管道上设有乏气调节蝶阀，可以调节乏气引出量，从而调节主煤粉气流煤粉浓度。每个旋风筒内设有消旋装置，用于调节、抑制主煤粉气流的残余旋转，使煤粉气流保持足够的刚性和最佳扩散角。

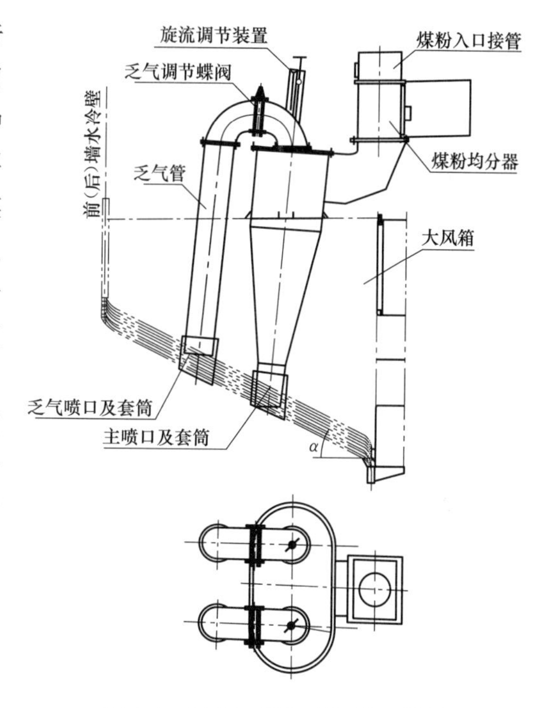

图 4-4　双旋风煤粉燃烧器示意图

如图 4-5 所示，每台锅炉燃烧器大风箱也划分为相应的 36 个独立的配风单元，对每个燃烧器的二次风实行单独控制。每个配风单元由上部风箱和下部风箱两部分组成，上部风箱负责拱上配风，分别设置 A、B、C 三个风口；下部风箱负责拱下配风，分别设置 D、E、F 三个风口。

在锅炉运行中，尤其是劣质煤燃烧过程中，拱上、拱下二次风配置的合理性是保证无烟煤着火、稳燃与燃尽的关键因素。下面分别就各个风门的调整进行讲解。

拱上 A 风，为乏气风喷口的周界风，其特点是高速度、低流量，运行中起到冷却乏气喷口和燃烧器煤火焰检测的作用。挡板 B 为燃烧器喷口的周界风，其特点与 A 风相似，运行中起到调节煤粉气流着火点及冷却喷口的作用。在燃用挥发分低的劣质煤时，通过减小 A/B 风门开度，保证高浓度的煤粉顺利着火稳燃，当入炉煤挥发分升高时，可以适当

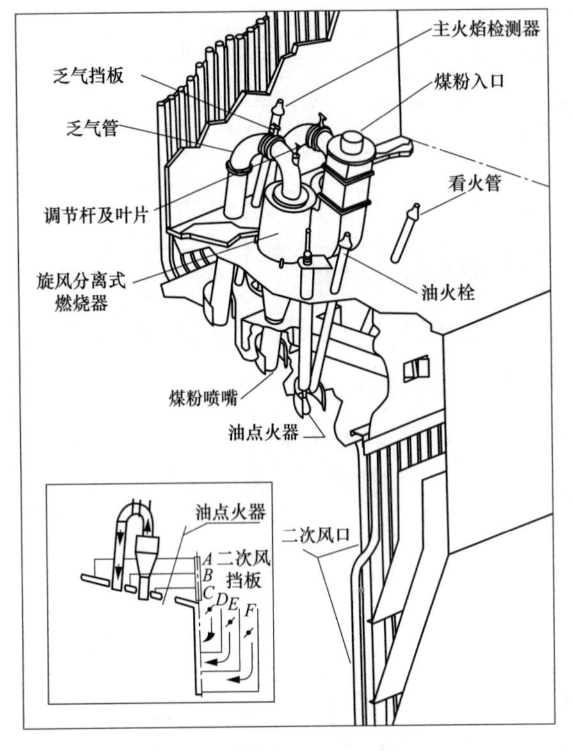

图 4-5　带双旋风煤粉燃烧器的 W 型火焰燃烧系统示意图

提高 A/B 风门开度，以及适当关小乏气风门，提高一次风粉管煤粉气流的刚性，延长煤粉气流的下冲深度，从而推迟着火并提高煤粉燃尽特性。拱上 C 风，为油枪燃油用风，就目前运行经验看，当机组正常运行、退出油枪时，建议关掉。此外，当燃烧器停运时，相对应的 A/B 风门需设置一定开度，用于冷却喷口。

在 W 型火焰锅炉拱下设置有 D/E/F 三级二次风喷口，使得燃烧系统对煤种的适应能力增强。不同煤质、不同锅炉负荷下对拱下二次风的调节各不相同。对于低挥发难燃煤种而言，高负荷时，应减少拱上二次风供风量，增大下炉膛风量，上炉膛风量减少有利于难燃煤的初期稳定着火，下炉膛风量增加既可以保证煤粉燃烧中、后期燃烧所需氧量，同时大动量的二次风又可以有效托起下冲火焰，避免火焰折转过晚造成刷墙与结渣。当高负荷入炉煤挥发分升高时，应增加拱上二次风门开度，相应减小下部二次风供风量，上部二次风可有效提高煤粉气流的刚性，增加煤粉气流的下冲深度，延长燃料在炉内的停留时间，有利于煤粉燃烧经济性。当锅炉低负荷运行或者入炉煤挥发分降低时，应适当增大下炉膛风量，相应减少拱上二次风量，保证燃烧稳定性，若上部二次风量过大，不仅影响燃烧初期的着火，甚至会导致燃烧不稳、发生灭火的风险。此外，就目前的运行经验来看，下炉膛 D/E/F 风风量逐级减少，这种配风既能满足煤粉燃烧中、后期补氧，又可以充分利用下炉膛空间以及控制 NO_x 生成浓度。

为了加强燃烧器对煤粉气流的扰动，使一次风气流在喷口处产生旋转，并形成中心回流，增强着火稳定性，在燃烧器一次风喷口内设置了旋流叶片，燃用低挥发分煤种，特别是劣质无烟煤时，应开大旋流叶片角度，获得更高的扰流强度，保证着火稳定性；当入炉煤煤质变好、挥发分升高时，可适当关小旋流叶片角度，并适当关小乏气风门开度，从而减小旋流强度，提高煤粉气流刚性和下冲深度，保证燃烧的经济性。

（二）北京巴威 B&WBC 公司 600MW 超临界参数 W 型火焰锅炉

如图 4-6 所示，锅炉共配有 6 台双进双出磨煤机，每台磨煤机对应锅炉 4 只浓缩型 EI-XCL 燃烧器，燃烧器布置在炉膛的前、后拱上，并垂直于前、后拱，前拱一排，后拱一排，每排各有 12 只燃烧器，每台锅炉共有 24 只燃烧器，其中 12 只燃烧器的二次风顺时针方向旋转，另 12 只逆时针方向旋转。

D1	E1	F1	D2	E2	F2	A1	B1	C1	A2	B2	C2
C3	B3	A3	C4	B4	A4	F3	E3	D3	F4	E4	D4

1	2
F磨煤机	
4	3

1	2
E磨煤机	
3	4

1	2
D磨煤机	
3	4

1	2
C磨煤机	
3	4

1	2
B磨煤机	
3	4

1	2
A磨煤机	
4	3

图 4-6　磨煤机与燃烧器匹配关系

如图 4-7 所示，燃烧器采用浓缩型 EI-XCL 燃烧器是北京巴威与美国巴布科克·威尔科克斯公司合作，共同研制出的新型浓缩型 EI-XCL 燃烧器，该燃烧器的主要特点是可以获得更高的煤粉浓度和分级送风。如图 4-7 所示，一次风煤粉气流进入一次风浓缩装置之后，约 50%一次风和 85%～90%的煤粉［一次风煤粉浓度为 0.97～1.00kg/kg（煤粉/空气）］由燃烧器一次风喷口喷入炉内燃烧，从而有效降低了煤粉着火所需的吸热量，有利于煤粉的着火与稳燃；而被分离出来的 50%的一次风和 10%～15%煤粉，经乏气管垂直向下引到乏气喷口直接喷入炉膛燃烧；燃烧器引入的旋流内、外二次风可及时卷吸高温热烟气并适时补充燃烧所需的空气，有利于煤粉的着火与燃尽。与此同时，如图 4-8 所示，为保证煤粉燃尽以及抑制 NO_x 生成浓度，燃烧所需的二次风除了通过拱上燃烧器内、外二次风套筒引入炉膛外，在下炉膛前、后墙布置了分级风，从而实现分级燃烧。

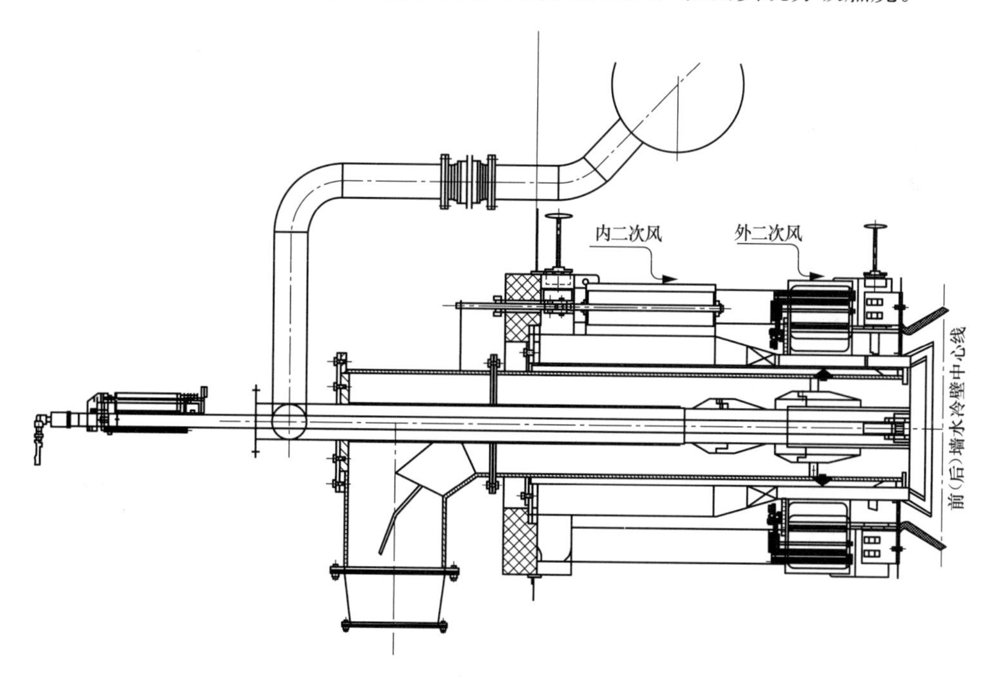

图 4-7　浓缩型 EI-XCL 燃烧器示意图

实际运行结果表明，对锅炉全炉膛燃烧稳定性影响最大的因素是内二次风调风盘开度，其次分别为煤粉细度，内、外二次风叶片角度，运行氧量以及不同分级风比例。

与东方锅炉有限公司带双旋风煤粉燃烧器的 W 型火焰燃烧系统不同，北京巴威燃烧系统拱上二次风比例占绝大部分，为 70%～80%，拱下分级风比例仅为 20%～30%。迥然

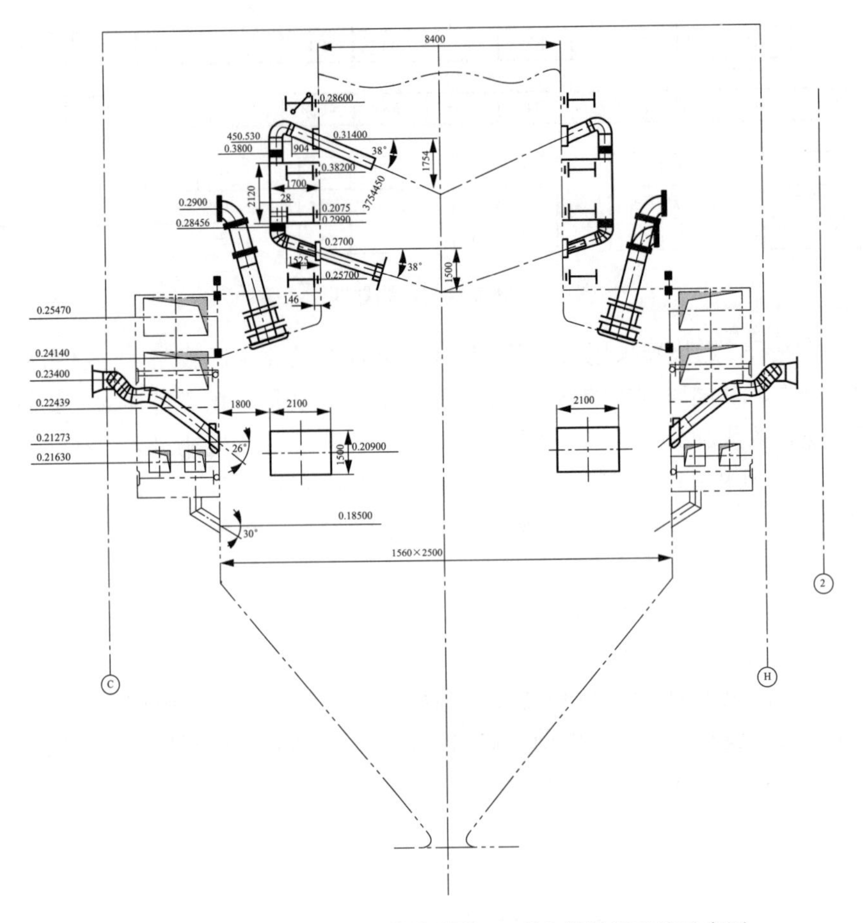

图 4-8　带浓缩型 EI-XCL 燃烧器的 W 型火焰燃烧系统示意图

不同的配风方式与其所采用的燃烧器类型有很大的关系，浓缩型 EI-XCL 燃烧器上配有双层强化着火的轴向调风机构，内层二次风产生的旋转气流可卷吸高温烟气，引燃煤粉，外层二次风用来补充煤粉进一步燃烧所需的空气，使之完全燃烧。内、外层二次风的旋转方向是一致的，旋流强度可以根据锅炉负荷和煤质变化进行调整。在燃烧过程中，通过调整内、外二次风轴向叶片的角度来改变旋流强度，同时通过调整内二次风调风门开度来改变内、外二次风比例，从而调节煤粉气流的刚性，控制其下冲能力，有效利用下炉膛的空间，使煤粉得到充分燃烧。因此，该燃烧器采用的分级送风方式，不仅保障了煤粉的着火和稳燃，增强了燃烧器对煤质变化的适应能力，同时也有利于控制整体 NO_x 的生成浓度。

在锅炉高负荷运行或入炉煤挥发分升高时，减小内、外二次风旋流强度，适当减小下炉膛分级风比例，可有效提高一次风煤粉气流刚性，延长煤粉在燃烧区域的停留时间，从而改善煤粉燃尽特性。但低负荷或入炉煤挥发分降低时，若燃烧器区域二次风过大，尤其是内二次风比例过大，会影响煤粉初期着火稳定性，这时应适时调整内二次风调风盘开度，内、外二次风旋流强度，分级风比例。关小内二次风调风盘开度，并开大内二次风轴向叶片的开度，从而降低内二次风比例并增加其旋流强度，可保证一次风煤粉气流顺利着火，与此同时开大下炉膛分级风比例，减少拱上送风量，在补充燃尽所需的二次风，增强煤粉的后期混合的同时，有利于下冲煤粉的托起，并控制火焰形状，避免火焰刷墙结焦等问题。

在W型火焰锅炉优化配风过程中，需要强调的是单个燃烧器的着火稳定性是全炉膛优化配风的基础与重要环节。而在锅炉燃烧调整过程中，火焰检测强度平均值为燃烧稳定性评判提供了定量的变化趋势。下面以某厂600MW W型火焰锅炉燃用劣质无烟煤（入炉煤质V_{daf}为10%、$Q_{net,ar}$为17000kJ/kg，对应煤粉气流的稳定着火温度为800～850℃）燃烧调整试验来详细阐述优化配风过程。

1. 单个燃烧器着火稳定性的调整

试验在近满负荷下进行，试验期间将热电偶固定在距燃烧器喷口600mm位置，如表4-1、表4-2所示，内二次风调风盘开度从80mm增大到140mm过程中，燃烧器喷口温度下降210℃左右，外二次风叶片角度从50°调至70°时，影响燃烧器喷口温度100℃左右，而内二次风叶片角度变化对燃烧器出口温度影响较小。由此可见，调风盘开度（即内/外二次风比例）对燃烧器着火稳定性起关键作用，关小调风盘，内二次风量减少后，着火提前且燃烧稳定性明显提高。

表4-1　　内二次风调风盘不同位置下燃烧器出口温度

项目	数　值			
调风盘位置（mm）	140	120	100	80
燃烧器出口温度（℃）	615	678	765	825

表4-2　　内、外二次风不同叶片角度下燃烧器出口温度

项目	数　值		
内二次风叶片角度（°）	35	45	55
燃烧器出口温度（℃）	857	850	825
外二次风叶片角度（°）	50	60	70
燃烧器出口温度（℃）	710	815	757

2. 全炉膛燃烧稳定性调整

以燃烧器火焰检测强度平均值作为燃烧稳定性的判断依据，用于掌握燃烧器各配风调整手段和运行方式对锅炉燃烧稳定性的影响。火焰检测强度平均值越高，则燃烧稳定性越好，反之燃烧稳定性越差。

如表4-3所示，燃烧器初始状态下（外二次风60°、内二次风45°、内二次风调风盘125mm）平均火焰检测强度仅为67%，内二次风调风盘开度减小到80mm后，平均火焰检测强度提高到95%。外二次风叶片角度在60°时，平均火焰检测强度最高；内二次风叶片角度大于45°时，平均火焰检测强度减弱，而煤粉细度对其强度影响较敏感，调整时需特别注意。此外，在试验选择工况范围内，平均入口氧量与分级风比例对火焰检测强度影响较小。同时，通过对试验其他相关数据进行分析，可以得出以下结论：在高负荷下平均火焰检测强度达到85%以上时，锅炉燃烧稳定性和热效率均较好；平均火焰检测强度低于85%，锅炉热效率受到影响；平均火焰检测强度低于75%，锅炉燃烧稳定性和热效率明显下降。

表 4-3　不同调整方式下燃烧器平均火焰检测强度

项目	单位	数　值		
调风盘开度	mm	125	100	80
平均火焰检测强度	%	67	86	95
外二次风角度	(°)	50	60	70
平均火焰检测强度	%	87	95	89
内调风角度	(°)	35	45	55
平均火焰检测强度	%	92	92	83
空气预热器入口氧量	%	2.5	3.1	3.6
平均火焰检测强度	%	85	89.0	87
分级风比率	%	20	25	30
平均火焰检测强度	%	97	96	94
煤粉细度 R_{90}	%	4.0	6.6	—
平均火焰检测强度	%	94	81	—

通过单一燃烧器着火稳定性调整与全炉膛优化配风调整，以燃烧器出口煤粉着火温度和平均火焰检测强度为判断依据，确定了燃用劣质无烟煤的最佳配风和运行方式：调风盘开度为 80mm、内调风度为 45°、外调风开度为 60°、氧量维持在 3.2%～3.5%、分级风量开度为 25%、煤粉细度 R_{90}控制在 4%左右。此时煤粉气流着火距离缩短，全炉膛平均火焰检测强度提高，锅炉燃烧稳定性与抗干扰能力大幅提高，锅炉效率也明显提高。与此同时，消除了由于局部燃烧状况较差造成的左、右两侧分离器出口温度（即中间点温度）和左、右两侧低温过热器出口蒸汽温差，热偏差的消除提高了超临界锅炉水冷壁和高温受热面的运行安全性，也使蒸汽温度得到有效控制。

第三节　制粉系统优化技术

制粉系统的任务主要是安全可靠和经济地制出锅炉燃烧所需的合格煤粉。从原煤仓开始，经过给煤机、磨煤机、分离器等一系列煤粉的输送、研磨、分离等设备，包括中间储存等相关设备和连接管道及附件，直到煤粉和空气的混合物均匀分布至锅炉各燃烧器的整个系统称为制粉系统。

制粉系统可分直吹式和中间仓储式。与直吹式制粉系统相比，中间仓储式增加了排粉风机、细粉分离器和煤粉仓等设备，磨煤机磨制好的合格煤粉储存在煤粉仓中，锅炉可根据负荷取得煤粉，进行燃烧。直吹式制粉系统则将磨煤机磨制的煤粉直接输送至炉膛燃烧，磨制粉量与锅炉负荷同步。

直吹式和中间仓储式制粉系统均可磨制劣质煤，但是磨煤机一般采用钢球磨煤机。分离器的选取一般有静态分离器和动态分离器两种，静态分离器有轴向型和径向型之分。由于劣质煤存在热值低、灰分高、难着火、难燃尽等特点，对于煤粉的细度和均匀性均比常规煤种要求严格，所以制粉系统能够高效可靠地运行，制出合格的煤粉，对于劣质煤的燃烧尤其重要。

一、劣质煤煤粉细度及均匀性

原煤被磨制成粉后，很多特性均发生了变化。煤粉由形状和尺寸各不相同的颗粒组成，大部分煤粉的尺寸为20～60μm。表征煤粉颗粒特性的主要因素为煤粉的细度和均匀性。

煤粉细度指一定质量的煤粉通过一定尺寸的筛孔进行筛分时，筛子上剩余的煤粉占筛分总煤粉量的百分比，国内电站常用90μm和200μm孔径的筛子进行筛分，即R_{90}和R_{200}。很多研究者认为，煤粉颗粒的分布特性服从Rosin-Rammler分布，即

$$R_x = 100e^{-bx^n} \tag{4-2}$$

式中　R_x——在筛孔尺寸为xμm筛子上x筛分余量，%；

b——表征煤粉细度的系数；

n——表示煤粉均匀性的系数。

对于一定的磨煤设备，当x=60～200μm范围内时，可以认为n和b为常数，因此如果得知R_{90}和R_{200}，则可根据式（4-2）求得煤粉均匀性指数n和细度系数b的计算公式。煤粉均匀性指数越大，煤粉颗粒组成就越均匀，过粗和过细的煤粉就越少，对于燃烧初期的着火和后期的燃尽均有利，即

$$n = \frac{\lg\ln\dfrac{100}{R_{200}} - \lg\ln\dfrac{100}{R_{90}}}{\lg\dfrac{100}{90}} \tag{4-3}$$

$$b = \frac{1}{90^n}\ln\frac{100}{R_{90}} \tag{4-4}$$

对于使用固态排渣的煤粉炉，在燃用无烟煤、贫煤、烟煤时，在无燃尽率指数B_p的分析值时，可以采用下式进行煤粉细度的选择，即

$$R_{90} = 0.5nV_{daf} \tag{4-5}$$

对于混煤而言，由于混煤后其燃尽特性接近于难燃煤种，所以不能简单地使用挥发分的加权平均值来选取煤粉细度，应先按质量加权的方法求出混煤的挥发分，根据图4-9求取混煤的评价挥发分，再根据式（4-5）计算混煤的煤粉细度。例如，根据质量加权的方法计算混煤的挥发分为20%，通过查图可知，其挥发分为9%。

自GB 13223—2011《火电厂大气污染物排放标准》颁布实施以来，各存量机组分别开展低氮燃烧器改造，以适应新的排放标准。根据改造后的情况看，大部分电站在改造后，均出现氮氧化物降低，但是飞灰含碳量升高的现象。因此，在改造后的燃烧器上燃用劣质煤时，要采用更细的煤粉，才能取得较好的经济性。

二、钢球磨煤机优化技术

对于难磨的劣质煤，国内电站一般采用筒式钢球磨煤机。筒式钢球磨煤机简称钢球磨，分为单进单出球磨机和双进双出球磨机两种。钢球磨煤机一般转速为15～25r/min，也称为低速磨煤机。磨煤机由电动机驱动，经过减速装置后，通过大齿轮带动磨煤机圆筒转动，筒内的衬板将钢球和煤粒带至一定高度，在重力的作用下自由下落，煤粒被钢球撞击和研磨而被粉碎，磨制成煤粉。

钢球磨煤机煤种适应性广，能将煤粉研磨到其他磨煤机达不到的细度，对燃煤中的石

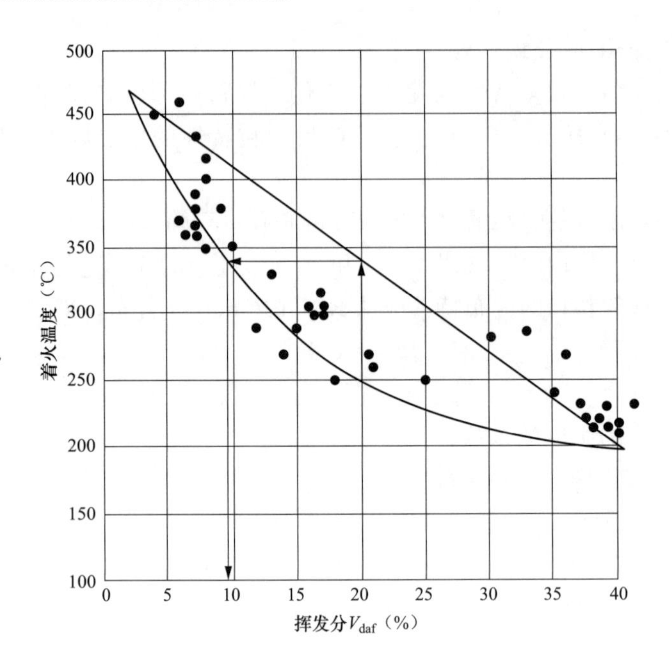

图 4-9　根据着火特性求混煤的评价挥发分

头等杂质敏感性不高，运行检修方面，对于劣质煤的燃烧十分有利。但是钢球磨煤机制粉电耗较高，低负荷运行不经济，且噪声大，钢耗高，煤粉均匀性较差。

1. 钢球装载量

钢球磨煤机煤筒体内部所装载的钢球量通常用钢球容积占筒体容积的份额表示，成为钢球充满系数或充球系数 φ，其表达式为

$$\varphi=\frac{4G_b}{\pi D^2 L\rho_b} \tag{4-6}$$

式中　G_b——钢球装载量，t；

D——磨煤机筒体直径，m；

L——磨煤机筒体长度，m；

ρ_b——钢球堆积密度，取 $\rho_b=4.9\text{t/m}^3$。

磨煤机的钢球装载量应根据煤种可磨性的不同而不同，对于可磨性较差的煤种，破碎煤粒所需要的能量较高，如果加球量不够，钢球对煤粒的砸击次数和研磨面积都不够，磨煤出力则会降低；对于可磨性较好的煤种，破碎煤粒所需能量较少，如果加球量较多，则会将钢球撞击的能量白白浪费，表现为磨煤机电流较高，同时也会影响磨煤出力。

试验证明钢球装载量与磨煤机空载电流之间基本呈线性关系，某电站 MTZ3570Ⅲ型钢球磨煤机空载下的钢球装载量与电流对比如图 4-10 所示。

2. 钢球直径

钢球直径的选择对于球磨机非常重要，球径过小，钢球质量太小，下落时冲击力不足，粉碎能力受限；钢球球径过大，则钢球数量减少，研磨表面积减少，研磨能力受限。实际应用过程中，一般选取的钢球直径为 $\phi30$、$\phi40$、$\phi50$、$\phi60$。

对于易磨煤种，钢球平均球径变小，会使研磨表面积增大，使得磨煤机出力变大；但

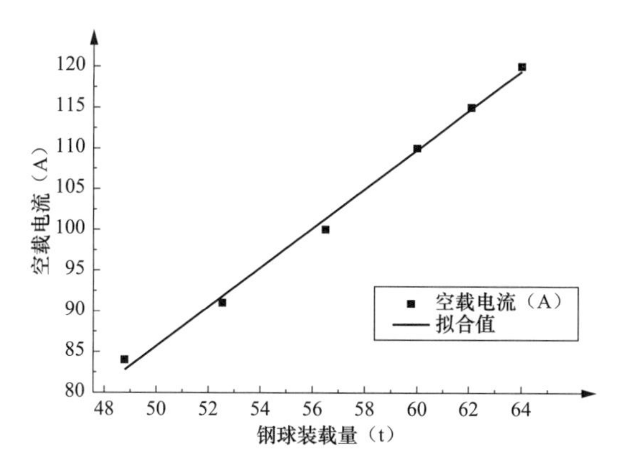

图 4-10　钢球装载量与磨煤机空载电流关系

是对于难磨煤种，尤其含有石头等杂物的煤种，适当地增加大球的比例，能够起到粉碎石头的作用，对于非常难磨煤种，在增加大球比例的同时，还要适当增加钢球装载量。

3. 钢球级配

钢球级配是指球磨机中不同球径的钢球比例。在磨煤过程中，大小球的配合使用，能够使钢球更有效地破碎和研磨，提高制粉出力，降低装球量和电耗。根据 DL/T 466—2004《电站磨煤机及制粉系统选型导则》，钢球磨煤机的钢球规格和配比见表 4-4。表 4-4 是苏联磨煤机制粉系统标准中提供的数据，双进双出钢球磨煤机要求钢球配比为 $\phi30:\phi40:\phi50=1:1:1$。

表 4-4　　不同制粉系统钢球的直径和配比

煤种	制粉系统形式	筒体直径 $D<3$m		筒体直径 $D>3$m	
		钢球直径（mm）	钢球配比（%）	钢球直径（mm）	钢球配比（%）
无烟煤	中间仓储式	30	100	30/25	50/50
烟煤	中间仓储式（带下降干燥管）	30/40/60	33/33/34	30/40	35/65
$S_{p,ar}>3\%$ 的褐煤	中间仓储式（带下降干燥管）	40/60	35/65	40	100

随着电力技术的发展和运行经验的积累，表 4-4 中推荐的钢球直径和配比已经不能适应国内煤种的变化和节能降耗的要求，电力技术人员通过对钢球配比的实践摸索和经验总结，逐渐形成了新的配比方式。其中以高铬小钢球技术的应用最为广泛，通过在球磨机中添加耐磨材质的小钢球，控制钢球配比和装载量，可以起到维持制粉出力的情况下，降低磨煤电耗和钢球消耗的作用。实际应用表明，采用高铬小钢球技术可以降低磨煤机电流 10A 左右。但是此技术同样存在局限性，在磨制难磨煤种时，磨煤机出力会明显降低，磨煤机内的石头和木头等杂物较多，难以粉碎，运行时间越久，磨煤机电流会逐渐升高。

4. 钢球磨损

钢球磨煤机在运行过程中，钢球逐渐磨损，直径在不断减小，为了补偿钢球在工作过程中的磨损，保持不同尺寸钢球之间的比例不变，必须要定期补加钢球。

钢球在球磨机内的工作状态分为两种，一种是抛落式运动，另一种是泻落式运动。一般情况下在球磨机正常工作时两种运动状态同时存在，不同的只是有的以抛落式运动为主，有的以泻落式运动为主。当钢球作抛落运动时，因为磨矿作用以冲击为主，所以此时钢球的磨损与钢球的重力有关，重力越大，产生的冲击力也就越大，进而钢球本身的损耗也就越大。当钢球作泻落运动时，磨矿作用以磨剥为主，此时钢球的磨损与钢球的表面积有关，表面积越大，与矿石接触进行研磨的面积越大，进而钢球本身的损耗也就越大。

三、粗粉分离器的优化调整

粗粉分离器是制粉系统中的重要设备，用以筛选合格的煤粉送入炉膛燃烧，不合格的煤粉送回磨煤机继续磨制。粗粉分离器的性能直接影响磨煤机的出力以及锅炉的燃烧工况。粗粉分离器的进口粉量与出口粉量之比为循环倍率 k，一般用下列公式进行计算，即

$$k=\frac{R_{90,\mathrm{re}}-R_{90,2}}{R_{90,\mathrm{re}}-R_{90,1}} \tag{4-7}$$

式中 $R_{90,\mathrm{re}}$——回粉细度，%；

$R_{90,1}$——粗粉分离器入口煤粉细度，%；

$R_{90,2}$——粗粉分离器出口煤粉细度，%。

对于不同的煤种，粗粉分离器的循环倍率不同，一般而言，对于钢球磨煤机，烟煤对应的分离器循环倍率为1.8，贫煤为2.2，无烟煤为2.8。

目前，常用的粗粉分离器有径向式、轴向式、串联双轴向式、动静组合式等多种形式。各种形式的分离器有如下特点：

(1) 径向式为我国发电站常用的一种粗粉分离器，该型分离器采用径向挡板改变风向，存在阻力大、分离效果差、煤粉均匀性差、挡板处易被杂物堵塞、内锥易磨损等缺点。

(2) 轴向式将分离叶片从径向改为轴向，阻力降低，同时加高出口段后，离心分离器的距离延长，与径向式相比，煤粉均匀性提高。但是内锥的灰分通道易堵塞，且内椎将煤粉气流推向外壁，使外壁磨损加剧。

(3) 串联双轴向式分离器近年来应用较多，通过取消内锥的回粉，消除了回粉易堵的问题。通过在内、外锥之间增加一级挡板，提高煤粉分离能力，使得煤粉均匀性进一步提高，也使得运行中的调整更加灵活。

(4) 动静组合式粗粉分离器在原有的调节挡板内侧增加旋转叶片，形成组合分离。该种分离效果强，煤粉均匀性高，调节灵活，但是价格较高。

粗粉分离器在运行过程中，应根据煤种的不同、炉型的不同进行调整，一方面保证制粉系统出力，即锅炉带负荷能力；另一方面实现煤粉的经济细度。对于径向型和轴向型(包括串联式) 粗粉分离器，挡板开度越小，表示气流的旋转强度越大，分离效果越好，制粉系统出力越低。对于动静组合式分离器，可以通过调节动叶片的转速来控制煤粉细度。转速越高，煤粉越细，同样制粉出力越小。煤粉的经济细度应通过一些系列的试验来确定，综合考虑锅炉效率、制粉电耗和机组带负荷能力。

四、料位的优化控制

磨煤机运行过程中，料位一般保持在一个相对稳定的范围。磨煤机的料位控制在一定范围内，当料位太少时，钢球之间的碰撞次数和频率增加，大量的无用功消耗在钢球碰

撞，用于研磨有用功率减少；当料位逐渐增加时，钢球之间碰撞无用功率逐渐降低，磨煤机出力随之增大，但料位高至一定程度时，钢球下落高度差减少，钢球对原煤之间的撞击和研磨作用减弱，磨煤机出力会下降，严重时会导致筒体堵塞，磨煤机无法正常工作。

图 4-11 所示为磨煤机工作特性与料位之间关系，A 点对应磨煤机电流最大值，M 点为磨煤机出力最大值，磨煤机最佳的运行区间为 A 点和 M 点之间。

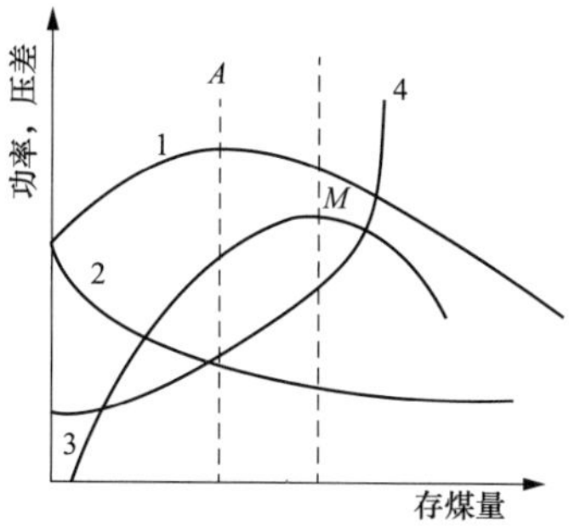

图 4-11　磨煤机工作特性与料位之间关系

1—磨煤机功率；2—钢球之间撞击的无效功率；3—磨煤有效功率和出力；4—磨煤机进出口压差

五、运行及管理优化

制粉系统在运行过程中，应开展常规工作，以保证其在最佳状态运行。根据实际运行经验，有以下几项需要特别注意。

（1）防止原煤斗堵煤。该现象在新建电站出现较多，在调试阶段，由于煤质全水分的不稳定、干煤棚未完全投入使用或天气影响，导致原煤水分较高，容易产生堵煤、断煤现象。一旦发生堵煤或断煤，应立刻将该磨煤机由燃料自动控制切换至手动控制，防止原煤一旦疏通，燃料突然增加很多，会产生超温现象。对于新建机组，上煤时应注意原煤全水分不宜过高，且原煤斗应安装有疏松机，定时进行疏松。

（2）防止分离器堵塞。由于原煤一般都含有杂物，如铁丝、木头、尼龙袋、草等。在磨煤机中，部分杂物无法被磨碎，被气流带至分离器折向挡板处堆积，造成气流阻塞，分离器阻力增大，分离效率下降，制粉系统出力降低。该情况一般发生在径向分离器，因此运行过程中，应定期检查并清理分离器折向挡板的杂物，保证制粉系统出力。

（3）防止回粉管堵塞或短路。回粉管是不合格的煤粉进入磨煤机重新磨制的通道，回粉管发生堵塞，会导致制粉系统出力降低、煤粉变粗、均匀性变差等一系列问题。回粉管发生短路，即部分未分离的煤粉直接通过回粉管进入分离器，同样会造成煤粉变粗、均匀性变差等问题。目前，电站一般使用回粉管锁气器来控制回粉量，但是锁气器在运行过程中，在恶劣的环境下，可能出现卡涩等现象，导致回粉管堵塞或短路，因此定期巡视回粉管锁气器的动作情况，并进行定期维护，对动作频率异常的锁气器调整配重的位置，可以有效地保证煤粉细度、均匀性和制粉出力。

第四节　一次风优化技术

在煤粉炉中，通过管道输送煤粉进入炉膛的那部分空气叫一次风，其中热一次风是由一次风机将取自于环境中的空气送入空气预热器中加热，再送入磨煤机，用于干燥和输送煤粉；冷一次风则未通过空气预热器加热，直接接至磨煤机入口，用来调节磨煤机出口温度。

热一次风一般为热空气，也可以是制粉系统的乏气或烟气。它的作用除了维持一定的气粉混合物浓度以便于输送外，还要为燃料在燃烧初期（即挥发分的着火与燃烧）提供足够的氧气。

在电站煤粉锅炉中，一次风参数对锅炉燃烧有着至关重要的影响，一次风参数包括磨煤机进/出口一次风量（速）、风温、风粉浓度、煤粉细度等，这些参数对锅炉燃烧的安全稳定性、运行经济性有着直接的影响，对其进行优化调整是锅炉燃烧优化调整的关键。

一、一次风温优化

一次风温的高低，直接影响煤粉燃烧所需着火热的多少。一次风温高，减小着火热需要量，从而可加快燃料的着火。由于挥发分含量影响着火的迟早，一次风温要根据挥发分的多少来确定，一般挥发分高的煤，可采用较低的一次风温，若一次风温太高，由于着火点太靠近燃烧器，而有可能烧坏燃烧器；挥发分低的煤，则应采用较高的一次风温，可无烟煤、劣质煤及某些贫煤，应采用热风送粉。制粉系统的选择和燃料着火温度的关系见表 4-5。

表 4-5　　制粉系统的选择和燃料着火温度的关系

燃料着火温度（℃）	燃料着火性	燃烧器形式	热风温度（℃）	制粉系统
>900	极难燃	无烟煤型	>400	钢球磨贮仓式热风送粉
800～900	难燃	无烟煤型	380～400	钢球磨贮仓式热风送粉或双进双出钢球磨直吹式
700～800	中等可燃	贫煤型	340～380	钢球磨贮仓式热风送粉或中速磨及双进双出钢球磨直吹式
600～700	易燃	烟煤型	300～340	钢球磨贮仓式乏气送粉或中速磨直吹式
<600	极易燃	褐煤型	260～300	中速磨直吹式或风扇磨直吹式

磨煤机出口一次风粉温度与煤质及其挥发分相关，但也受所采用的制粉系统形式、设备允许温度等影响。表 4-6 为不同制粉系统形式、不同煤种的磨煤机出口最高允许温度设计要求。

表 4-6　　磨煤机出口最高允许温度 t_{M2}　　℃

制粉系统形式＼干燥介质	空气干燥	烟气空气混合干燥
风扇磨煤机直吹式（分离器后）	（1）贫煤：150。 （2）烟煤：130。 （3）褐煤、页岩：100	≈180
钢球磨煤机贮仓式（磨煤机后）	（1）贫煤：130。 （2）烟煤、褐煤：70	（1）褐煤：90。 （2）烟煤：120
双进双出钢球磨煤机直吹式（分离器后）	（1）烟煤：70～75。 （2）褐煤：70。 （3）V_{daf}≤15%的煤：100	
中速磨煤机直吹式（分离器后）	当 V_{daf}<40%时，t_{M2}= [（82−V_{daf}）5/3±5]； V_{daf}≥40%时，t_{M2}<70	
RP. HP 中速磨煤机直吹式（分离器后）	高热值烟煤<82，低热值烟煤<77，次烟煤褐煤<66	

注　燃用混煤的可按允许 t_{M2} 较低的相应煤种取值。

磨煤机出口一次风粉混合温度也有最低温度要求，应高于介质露点温度，且大于60℃，低于60℃时磨煤机干燥出力会受到影响，可能会发生制粉系统通道粘煤、堵煤的情况。

在实际运行时，对于直吹式制粉系统，磨制无烟煤时一般控制磨煤机出口温度为90～150℃，磨制贫煤时一般控制磨煤机出口温度为80～120℃，磨制烟煤时一般控制磨煤机出口温度为70～90℃。

二、一次风压优化

为快速响应负荷的变化，使各磨煤机灵活调节或实现差异化调节，大型电站直吹式锅炉制粉系统原一般采用各磨煤机热风调节门控制各磨煤机出力，用一次风机进口动叶调节一次风母管压力的调节方式来调整负荷。如一次风母管压力控制过低，则有会造成带负荷能力差，负荷响应能力低；如一次风母管压力控制过高，则会造成各管道节流损失大，风机电耗增加，空气预热器漏风大，锅炉燃烧效率降低，负荷变化快时调节时风速波动变大导致燃烧稳定性差，实际运行中应根据运行特性找出适应不同负荷的最佳一次风压，达到保安全、降电耗、提效率的目的。

一般从调整方式、一次风风压压力值两个方面进行优化。

1. 调整方式优化

优化前采用一次风机控制一次风母管压力各磨煤机热风调节门来调节一次风量（负荷）的调整方式，在这种调节方式下，各磨煤机热风门一般开度在20%～70%范围内，特别是中低负荷阶段，开度较小，造成了较大的阻力和节流损失；优化思路为削弱制粉系统冷、热风门调节前馈输出，将风量调节功能转由一次风机执行，制粉系统风门处于较大开度仅作微调。此举目的是开大制粉系统热风调节门（70%以上），减少一次风机电耗（据试验对比，通过调整模式优化，一次风母管压力可降低2kPa左右，单台一次风机电流可降低10～20A，机组厂用电率下降0.1%～0.2%），同时对减少空气预热器漏风、减小风机振动也有一定好处。

2. 一次风压优化

优化前采用定一次风压调节方式，此方式既不经济，又不能灵活响应负荷变化；采取如下方式进行优化：

根据不同负荷（给煤量）试验对比得出对应不同负荷（给煤量）下最优的一次风压值，得出负荷（给煤量）与风压的函数关系，将其做成滑压曲线，设置到一次风机自动调节逻辑里，优化后，负荷响应速度增快，并能在不同负荷下保持较低的一次风机电耗及较高的经济性。

一次风压优化能达到降低风机电耗、增快负荷响应速度的目的，是制粉系统一次风优化调整中不容忽视的一种调节手段。

三、磨煤机进口一次风量（速）优化

对煤粉炉来说，将煤粉气流（一次风）加热至着火温度所需的热量称着火热，也就是燃烧准备阶段所需的热量，着火热的大小与一次风量的大小有关，从燃烧实际情况来看，煤粉气流离开燃烧器出口时的一次风速，对着火过程有明显的影响，一次风速过高，会使着火距离拉长，使燃烧不稳，严重时会造成灭火；一次风速过低时，不仅引起着火过早，使燃烧器喷口过热烧坏，也易造成煤粉管道堵塞。给煤量与一次风压关系曲线如图4-12

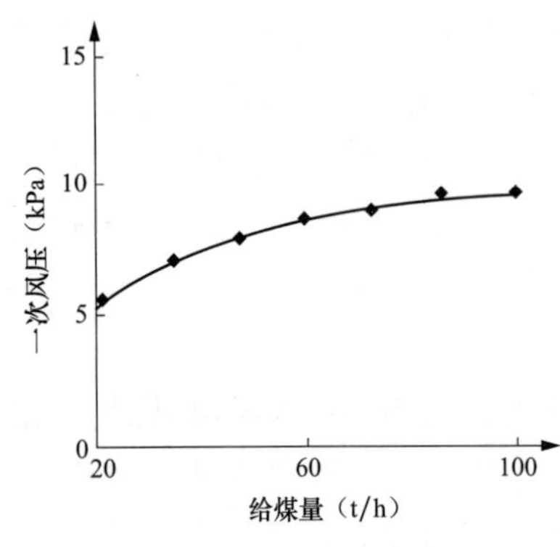

图 4-12　给煤量与一次风压关系曲线

所示。

一般挥发分高的煤，因其着火点低，火焰传播速度快，一次风速应高些；挥发分低的煤，一次风速则应低些。直流燃烧器的一次风速一般要比旋流燃烧器的一次风速稍高些。对于直吹式锅炉，推荐无烟煤一次风速为 20～25m/s、贫煤一次风速为 20～30m/s、烟煤一次风速为 25～35m/s、褐煤一次风速为 25～40m/s。

一次风风粉混合物的风速决定了煤粉的着火距离、火焰行程、火焰中心的位置、煤粉细度等，对锅炉的稳定、经济燃烧有着至关重要的影响，因此，对不同煤种，不同燃烧器形式应通过试验和摸索找出最优一次风速。

表 4-7 为一台 300MWW 型火焰锅炉变一次风速优化调整试验结果，从结果表明，随着一次风速的提高，火焰行程延长，火焰中心下移，机械不完全燃烧损失降低，减温水量大幅下降，锅炉效率明显提高；但随着一次风速的提高，炉膛负压波动幅度增大，燃烧稳定性有所降低。

表 4-7　W 型火焰锅炉变一次风速优化调整试验结果

项目	单位	参数			
磨煤机出口一次风速	m/s	22	25	28	30
过热器减温水总流量	t/h	144	132	119	109
炉渣含碳量	%	5.8	6.11	3.39	2.96
灰渣含碳量	%	6.26	8.32	5.95	4.56
机械不完全燃烧损失 q_4	%	2.62	2.87	2.05	1.54
锅炉效率 η	%	90.86	91.05	91.86	92.32

四、一次风风粉浓度优化

在固体燃料的燃烧过程中，其火焰传播速度（着火速度）的影响因素有挥发分含量、煤粉细度、煤粉浓度，在最佳浓度下火焰传播速度最大，煤粉浓度对固体燃烧的着火、稳定燃烧有着重要的影响。煤粉浓度低于最佳煤粉浓度时，着火热量小于供给热量，煤粉能够着火，但煤粉浓度低，会导致释放热量少，温度水平低，燃烧不强烈；随着煤粉浓度的增加，挥发分释出量不断增多，着火有利，则火焰传播速度也随之升高，但当煤粉浓度过大时，虽然挥发分释出量较多，但氧量相对不足，再加上煤粉浓度提高后着火所需热量也在增加，这时挥发分燃烧放出的热量不能及时点燃固定碳，结果造成煤粉气流着火推迟，温度下降，火焰传播速度降低。只有当挥发分释放量与局部供氧量符合化学当量比时，着火与燃烧的稳定性才最好，此时对应的煤粉浓度最佳。

国内外从事燃烧研究的科技工作者已经从提高煤粉浓度着手来提高煤粉炉着火与燃烧的稳定性，从设计方面已研制出诸如 WR 燃烧器、可调水平浓淡燃烧器、船体燃烧器等提高煤粉浓度的设备，运行调整方面可通过对比试验摸索出适应实际情况的最佳煤粉浓度（也可以称作最佳风煤比）。

五、一次风均匀性优化

在电站锅炉中，无论是中间储仓式制粉系统还是直吹式制粉系统，其一次风管道都是分层并列布置的。在并列管路中，由于管道的布置情况并不完全相同，因而造成各支管的总阻力系数不相等，将会导致各一次风管中风粉混合物流速和浓度的不一致。这样有可能会造成锅炉的偏烧、局部不完全燃烧热损失的增加，造成蒸汽温度的偏差，锅炉效率下降；对于四角切圆燃烧锅炉，将会引起炉内燃烧切圆的偏斜、燃烧工况的不稳定以及由此可能产生的炉内结渣、燃烧传热恶化，乃至被迫停炉事故的发生。因此采取有效的方法对一次风的均匀性进行测量、调平、消除阻力偏差，对锅炉燃烧有着很重要的意义。

一次风均匀性调整包括一次风速冷态调平和热态调平两个步骤。

1. 次风速冷态调平

目前，电站锅炉制粉系统各一次风管道的阻力调平一般采用冷态纯空气阻力调平法。通过冷态风速测量和调平，在未开机状态下提前找出安装或检修原因造成的偏差（异物堵塞或安装偏差），消除因管道布置条件造成的阻力偏差，冷态一次风速调平是基建安装期和大修后电站锅炉点火前必不可少的一项试验。

冷态一次风速调平方法和步骤如下：

磨煤机通风，使粉管一次风速接近正常运行工况下风速，用经校验过的精密风速仪或动压测量仪器（皮托管或靠背管）在一次风管临时测点处用网格法测量断面风速，比较同层或同磨煤机各风管风速，通过调整一次风管上的缩孔门来平衡各风管阻力，使同层一次风速相对偏差小于5％。

某电站锅炉磨煤机一次风速冷态调整数据见表4-8。

表4-8　　某电站锅炉磨煤机一次风速冷态调整数据

燃烧器	A磨煤机	A1	A2	A3	A4
调平前					
调平前粉管风速	m/s	25.9	22.8	22.5	24.6
调平前相对偏差	%	8.14	−4.80	−6.05	2.71
调平前缩孔门开度	%	95	95	95	95
调平后					
调平后粉管风速	m/s	23.7	23.9	23.5	23.4
调平后相对偏差	%	0.32	1.16	−0.53	−0.95
调平后缩孔门开度	%	75	100	100	85

2. 一次风速热态调平

因热态情况下一次风管内已不是纯空气介质，而是煤粉＋空气的混合物，根据两相流动理论，两相流阻 Δp 由纯空气流阻与输送物料的附加流阻两部分组成，它与煤粉浓度、温度、各段管径等有关，因而冷态调整至各段纯空气流量或流阻相等往往不能保证热态实际运行时的煤粉流量和浓度相等，实际上，往往经冷态一次风速调平后，热态运行时风速又出现了偏差，因此，热态运行阶段也有必要进行一次风调平。

热态运行工况因为两相流状态，与冷态的测试环境不同，冷态测量仪器不能满足热态测试需要，热态情况下也不能随意打开测试孔，测试难度大大增加，热态调平测点一般采用带阀门并带压缩空气密封的测孔，测一次风速时用防堵靠背管采用网格法测量断面风速，比较同层或同磨煤机各风管风速，通过调整一次风管上的缩孔门来平衡各风管阻力，使同层一次风速相对偏差小于5%。

各磨煤机一次风速热态调平后，如还出现燃烧偏差，则须对风粉均匀性进一步进行测试、诊断。用煤粉等速取样装置在规定时间内抽取各管煤粉，对各一次风管粉量进行称量、比较，通过调整缩孔消除粉量偏差，如不能，则须检修时对分离器、均分器等煤粉通道内部附件进行检查。

第五章

混煤掺烧方式及其选择

第一节　常用混煤掺烧方式及其技术特点

混煤掺烧方式根据不同的参混煤种进行混合的节点划分。目前，无论是哪种制粉系统，常用的混煤掺烧方式大体上可以分为以下两种。

1. 炉前掺配、炉内混烧

炉前掺配、炉内混烧是指燃料在进入原煤斗之前，通过各种手段按一定的比例混合，混配均匀的原煤在磨煤机中一同被磨制成粉，再送入炉内燃烧。炉前掺配、炉内混烧适用于可磨性相近、煤种掺混手段完备且管理比较到位的情况，可应用于各种形式的制粉系统。

炉前掺配、炉内混烧，煤粉的掺混在炉外完成。在煤粉投入锅炉燃烧之前，不同的煤种预先在煤场或筒仓中进行混配。这要求电站或燃料公司有足够的混煤、储煤场地，配有相应的混煤设施，并掌握一定的混煤技术。

在进入炉膛前，不同煤种的煤粉已经完全混合，送入每个燃烧器的煤粉成分相同。炉前掺配、炉内混烧方式只需变换任意参混的煤种即可方便地调整入炉煤质指标，制粉系统与燃用单一煤种时完全一样。其充分利用了“混煤的着火特性接近于易着火煤”的优点，有利于煤粉的着火和燃烧的稳定，但无法避免混煤的“抢风”现象、可磨特性趋向于难磨煤种、燃尽特性接近于难燃尽煤种等不利因素。

（1）对于煤质特性差异较大的煤，特别是可磨性差异较大的煤，易磨的煤会“过磨”，而难磨的煤“欠磨”，煤粉细度和均匀度均难以保证，从而导致飞灰含碳量、炉渣含碳量较高。

（2）煤质波动过大时，对配煤掺混的设备要求以及管理要求较严。若劣质无烟煤过多，会导致炉前掺混手段欠缺；即便炉前掺混手段完善而管理不到位时，燃煤掺混也不可能均匀，可能会发生锅炉局部灭火或锅炉结焦。在极端情况下，如掺入优质烟煤时，掺配比例不合适、制粉系统参数控制不合适，甚至会发生制粉系统爆炸、一次风管烧损等事故。

（3）对于炉前掺混手段欠缺的情况，要实现炉前均匀掺混，劳动强度大，输配煤设备运行时间长，厂用电增加。

2. 分磨制粉

不同磨煤机磨制不同种类的原煤，对直吹式制粉系统，煤粉经各磨煤机一次风管直接输送入炉内燃烧；对中间储仓式制粉系统，煤粉送入不同或同一粉仓储存，再送入炉内燃烧。该方法适用于混煤手段欠缺的火力发电站，尤其适用于可磨性差异较大的煤种掺烧。

分磨制粉极好地克服了采用炉前掺配、炉内混烧时出现的“抢风”现象、可磨特性趋向于难磨煤种、燃尽特性接近于难燃尽煤种等不利因素的影响，以及炉前掺混不均匀造成的燃烧稳定性、经济性以及安全性方面的问题。

随着混煤掺烧技术的不断探索和发展进步，根据制粉系统具体设备的不同，分磨制粉的混煤掺烧方式进一步细分为如下方式：

（1）直吹式制粉系统锅炉的分磨制粉、炉内掺烧、对直吹式制粉系统锅炉，分磨制粉、炉内掺烧方式就是不同磨煤机磨制不同种类的原煤，煤粉经各磨煤机一次风管直接输送进入炉内燃烧，煤粉在炉内进行掺烧。

（2）仓储式制粉系统的分磨制粉、炉内掺烧。对仓储式制粉系统锅炉，分磨制粉、炉内掺烧是指磨煤机磨制各自选定的煤种，成粉进入各自的粉仓；煤粉由不同的粉仓输送到不同的燃烧器喷口，即不同的燃烧器组所燃用的煤种不同；煤粉的混合在炉内燃烧过程中完成。这种混合方式可根据锅炉的不同温度区域送入合适的煤种，以改善锅炉的燃烧环境。

（3）仓储式制粉系统锅炉的“分磨制粉、仓内掺混、炉内混烧”。当具备一定条件时，中储式制粉系统磨煤机磨制各自选定的煤种，不同的煤粉输入同一个煤粉仓，即煤粉的混合在煤粉仓内完成，各燃烧器燃用的是同样的混煤。这种混合方式保留了混煤着火特性接近于易着火煤种的优点，同时由于分磨制粉可保证磨细难燃尽煤种，克服了混煤燃尽特性接近于难燃尽煤种的缺点。

第二节　可磨性与混煤掺烧方式的实验室研究

一、原煤可磨性及煤粉细度标准

煤是一种脆性物质，在机械力的作用下可以被粉碎。实际中仅用煤的强度和硬度不足以全面精确地表示材料粉碎的难易程度，因为粉碎过程除决定于材料物性外，还受物料的粒度、粉碎方式（粉碎设备和粉碎工艺）等诸多因素的影响。煤的可磨性与煤的硬度、强度、韧度和脆度等都有复杂的关系。而这些特性又都与煤的年代与煤岩结构以及煤矿的类型和分布有关。目前，在燃用煤粉的电站，煤的可磨性指数（通过哈氏可磨仪测定）已经作为一个重要的参数来预测煤的燃烧特性。

所谓可磨性即在一定粉碎条件下将物料从一定粒度粉碎至某一指定粒度所需要的比功耗，即单位质量物料从一定粒度粉碎至某一指定粒度所需要的能量。将不同的煤磨成细度相同的煤粉，消耗的能量是不同的，也就是说磨制过程的阻力不同，煤的可磨性指数就是表示煤的这种性质，它实际上是磨制阻力的倒数。

将质量相同的的标准煤粒和试验煤粒由相同的初始粒度磨制成细度相同的煤粉时，消耗能量的比值成为试验煤种的可磨性系数或可磨性指数。

为将煤粉磨制成一定细度，必须克服煤分子之间的结合力，因而要消耗一定的能量，根据雷氏（Rittenger）定律，物料粉碎所需要的能量与新生表面积成正比。煤的粉碎过程也符合此规律，即在磨煤过程中，磨制的煤粉越细，则新生面积越大，消耗的能量就越大。

国内沿用国外的测定方法，主要有美国的哈氏可磨性指数测定法和苏联的全苏热工研究所（BTИ）法。它们的测定原理均按照雷氏（Rittenger）定律。

在混煤的可磨性变化规律研究中，试验发现混煤的可磨性指数变化比较复杂，与其加权平均值不同，但可以用加权平均值来代替。当在烟煤中掺入烟煤或者无烟煤时，可磨性指数上下波动，有时会高于其可磨性指数的加权平均值，甚至高于其单煤的可磨性指数，选择不同的混配比例可以改变其可磨性指数值；而掺入褐煤时，混煤的可磨性指数无论在何种比例下总是低于其单煤的可磨性指数的加权平均值。上面得出的一些结论对于使用混煤的电站在应用不同类型的混煤时其可磨性指数变化情况有一定的指导意义。

煤的可磨性是一种与煤的硬度、强度、韧度和脆度有关的综合物理特性，它可作为决定电站磨煤机容量的一个重要指标。哈氏可磨性指数 HGI 是一个无量纲的物理量，可用来衡量煤的可磨性，其值的大小反映了不同煤样破碎成粉的相对难易程度，HGI 值越大，说明在消耗一定能量的条件下，相同量规定粒度的煤样磨制成粉的细度越细，或者说对相同量规定粒度的煤样磨制成相同细度时所消耗的能量越少。在风干条件下，将单位质量标准燃料和试验燃料由相同的粒度，磨碎到相同的细度时，所消耗的能量的比值统称可磨系数。

电站中常以可磨性和磨损性来选择磨煤机和制粉系统的形式。利用相应的测试分析仪器设备测试试验煤样的可磨系数和磨损指数。

采用 DL/T 568—2013《燃料元素的快递分析方法》对煤样的哈氏可磨系数进行了分析，测定结果见表 5-1。从分析结果可以看出，试验煤样的哈氏可磨系数在 43～109 之间。

表 5-1　　单煤的可磨性指数试验结果

单　　煤	矿山公司煤	开元公司煤	山西晋城煤	白沙矿务局煤
哈氏可磨性指数 HGI	71	72	43	109
可磨性判断	中等	中等	难磨	易磨
国家标准	HGI<62 难磨，HGI>86 易磨			

将可磨性较差煤（矿山公司煤、开元公司煤、山西晋城煤）与可磨性较好的白沙矿务局煤按 1∶1 混合后，进行可磨性测试，见表 5-2。

表 5-2　　混煤的可磨性指数试验结果

混煤 （均为质量 1∶1 混）	50%矿山公司煤 +50%白沙矿务局煤	50%开元公司煤 +50%白沙矿务局煤	50%山西晋城煤 +50%白沙矿务局煤
哈氏可磨性指数 HGI	76	77	59
可磨性判断	中等	中等	难磨
相关标准规定	HGI<62 难磨，HGI>86 易磨		

由表 5-1、表 5-2 知：混煤的可磨性（特别相差较大的煤）与其单煤不呈线性关系，而是接近难磨的煤。

燃烧理论认为，细度对煤粉着火和燃尽影响巨大，尤其是对无烟煤种类。在着火阶段，煤粉细度提高后：

(1) 挥发分能尽快得以析出；

(2) 增加了煤粉比表面积，提高反应速度；

(3) 增加了煤粉气流黑度，可增强辐射吸热能力和火焰传播速度；

(4) 降低煤粒内部导热热阻，减少着火时间；

(5) 煤粒群数目增加，增强了颗粒群的热屏蔽作用，煤粉散热减少。

理论研究表明，无烟煤着火时间τ_{zh}与煤粉颗粒尺寸δ的1.2次方成正比，即$\tau_{zh}\propto\delta^{1.2}$。因此，提高煤粉细度，可有效缩短着火时间，稳定燃烧，提高燃尽度。

当两种不同燃烧特性的煤掺配时，如何有效控制不同的合适煤粉细度是提高锅炉燃烧稳定性和经济性的根本手段。

对某些火力发电站制粉系统磨制好的R_{90}=10%煤粉取样（细分分离器下的取样孔）后，进行筛分，按粒度分出粗、中、细不同下煤粉颗粒。世界各国的筛子标准很多，我国目前采用的筛子标准见表5-3。

表5-3　我国国家标准筛号及煤粉粒度划分

项　　目	筛号	孔径（mm）	表示
	100	0.06	R_{60}
	70	0.09	R_{90}
	50	0.12	R_{120}
	30	0.20	R_{200}
粒度名称	粗	中	细
粒度范围	0.12～0.20mm	0.06～0.12mm	0.06mm以下

二、不同煤种不同掺混方式的对比实验室试验方案

研究中采用煤粉粒度分布是在英国Malvern公司生产的MNM5004激光粒度分析仪上测得的，该仪器利用激光散射原理，根据激光散射到不同粒径的颗粒上的衍射角不同的原理测得粒径分布。仪器量程为0.05～900μm，并配有干法进样系统和湿法进样系统，数据处理全部由计算机自动完成。

（一）煤种选择

选择A电站本地汽车煤（A2）和新云贵煤（A3）、B电站山西晋城无烟煤（B3）和山西潞安煤（B4）作为混煤掺烧方式对比实验室试验煤种。4种煤的主要煤质参数见表5-4。

表5-4　A2、A3、B3、B4 4种煤的主要煤质参数

名称	固定碳	挥发分	灰分	水分	碳	氢	氮	硫	氧弹发热量	空干基高位发热量	空干基低位发热量
符号	FC_{ad}	V_{daf}	A_{ad}	M_{ad}	C_{ad}	H_{ad}	N_{ad}	S_{ad}	$Q_{gd,gr.v}$	$Q_{ad,gr.,p}$	$Q_{ad,net,p}$
单位	%	%	%	%	%	%	%	%	kJ/kg	kJ/kg	kJ/kg
A2	47.51	8.01	41.47	2.64	33.21	4.14	0.55	0.85	14 680	14 585	14 346
A3	69.05	15.38	22.52	2.58	67.30	3.98	0.65	3.08	23 906	23 569	23 338
B3	71.67	6.76	21.52	3.39	64.57	4.69	0.77	0.63	24 067	23 964	23 691
B4	67.57	15.58	20.85	2.11	42.75	1.29	0.65	4.74	22 279	21 786	21 704

（二）先混后磨混煤方式实验方案

炉外（煤场或输煤皮带）混煤，炉内掺烧（先混后磨）方案如图 5-1 所示。

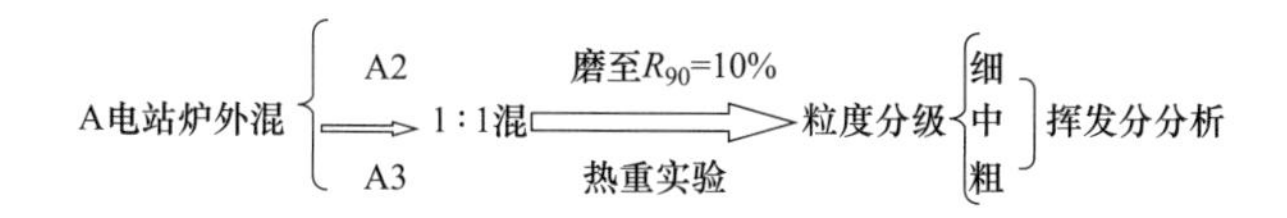

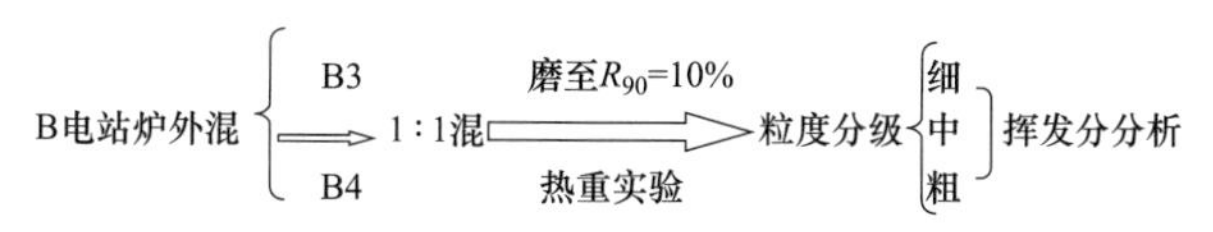

图 5-1　模拟炉外先混后磨方案

方案说明：炉前掺混、炉内混烧（先混后磨）就是在煤场或输煤皮带进行混煤，然后送入煤仓，经制粉系统磨制到设计煤粉细度（约 $R_{90}=10\%$）后，吹入炉内燃烧。取样得到的煤粉（约 $R_{90}=10\%$），经筛分后得到不同粒度，测其挥发分含量。

（三）先磨后混混煤方式实验方案

分磨磨制，粉仓掺混，炉内掺烧（先磨后混）方案如图 5-2 所示。

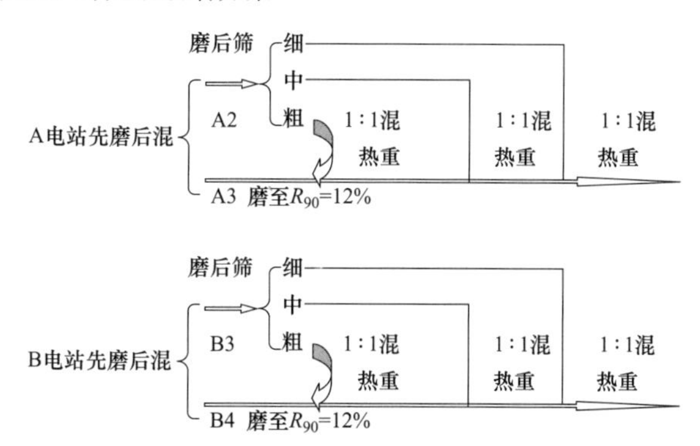

图 5-2　模拟炉内先磨后混方案

方案说明：分磨磨制、粉仓掺混、炉内掺烧（先磨后混）就是电站单磨磨制无烟煤（可调节细度），其他磨磨设计煤或常用煤，在粉仓混合炉内掺烧。如上操作后，做混煤的热重实验，以判断不同细度的低挥发分煤粉掺混对混煤燃烧特性的影响，为电站锅炉采用先磨后混新型混煤掺烧方式提供理论指导。

（四）先混后磨方式混煤的挥发分测定

(1) 先混后磨混煤方式（如图 5-1 所示）混煤煤粉筛分后的粒径分布（粗中细）如图 5-3～图 5-8 所示。

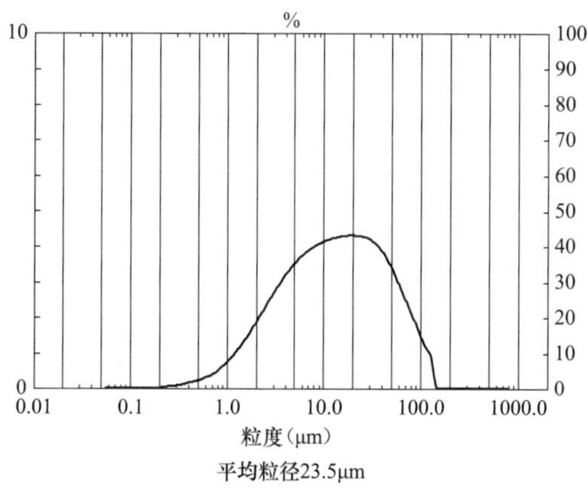

图 5-3　A2 与 A3（细）

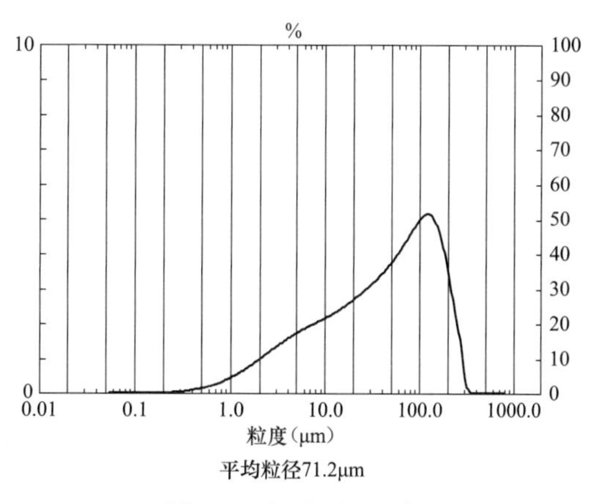

图 5-4　A2 与 A3（中）

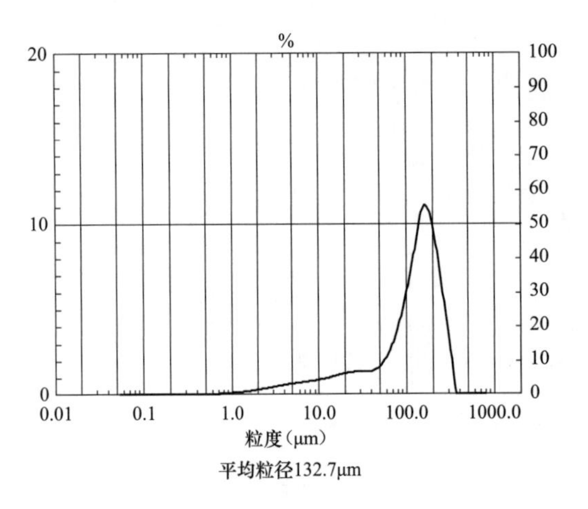

图 5-5　A2 与 A3（粗）

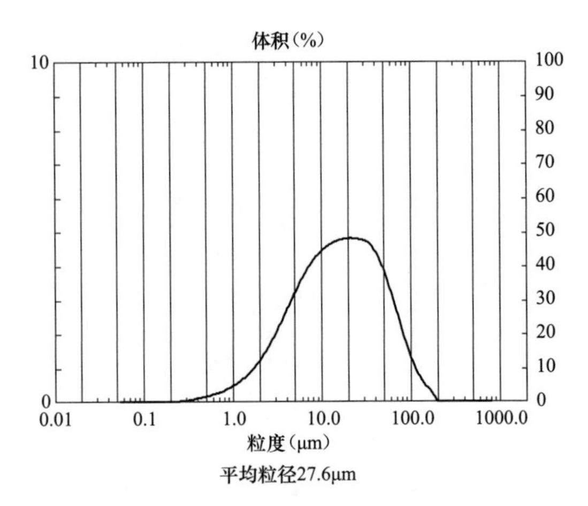

图 5-6　B3 与 B4（细）

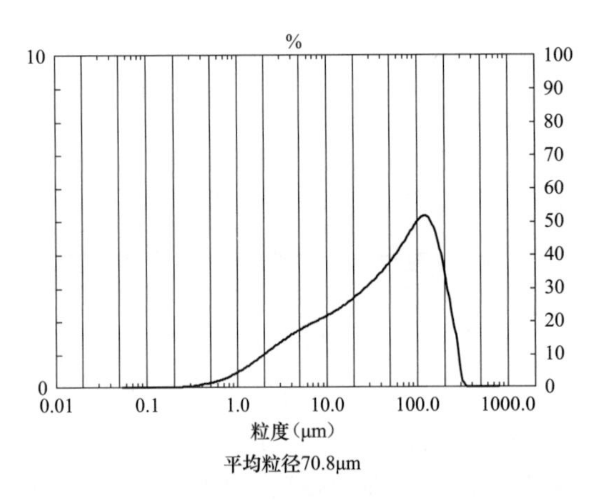

图 5-7　B3 与 B4（中）

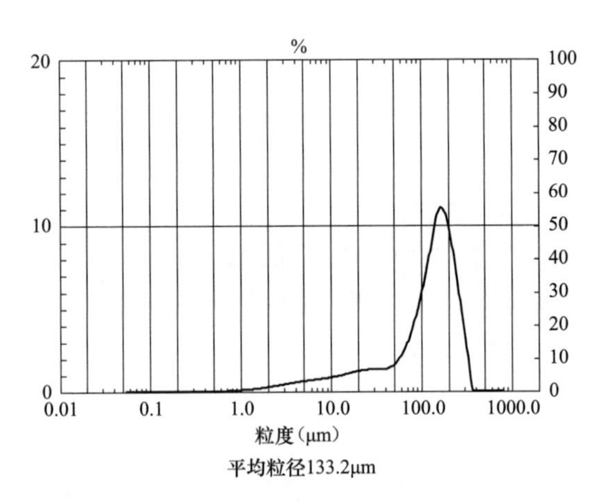

图 5-8　B3 与 B4（粗）

（2）先混后磨混煤方式混煤煤粉的挥发分分析见表 5-5。

表 5-5　先混后磨混煤的挥发分实验结果

电站 R_{90}=10%煤粉筛分	粒径级别	V_{daf}
A2 和 A3（1∶1 混）	细	14.98
A2 和 A3（1∶1 混）	中	14.14
A2 和 A3（1∶1 混）	粗	13.31
B3 和 B4（1∶1 混）	细	15.19
B3 和 B4（1∶1 混）	中	13.42
B3 和 B4（1∶1 混）	粗	9.42

先混后磨煤粉筛分及挥发分测定实验结果：山西晋城无烟煤（B3）和山西潞安煤（B4）光混（质量比 1∶1）后磨，进行粒径分级，测出的粗粒子的挥发分小，细粒子的挥发分大；也就是说粗粒子中无烟煤多，细粒子中贫煤多；A 电站本地汽车煤（A2）贫煤和新云贵煤（A3）贫煤光混（质量比 1∶1）后磨也得出同样的结论。由此可以知：A 电站传统煤场混煤方式不太好，粗粒子（无烟煤多或挥发分低）混煤煤粉在炉内难燃尽，经济性差；

细粒子（挥发分高）混煤煤粉燃烧时容易烧坏燃烧器或一次风粉管。

（五）先磨后混方式混煤的热重实验研究

A 电站本地汽车煤（A2）比新云贵煤（A3）的综合燃烧特性差；B 电站山西晋城无烟煤（B3）比山西潞安煤（B4）的综合燃烧特性差，将较差煤的不同细度煤粉与较好的煤的煤粉进行混合，研究其变化规律。

典型燃煤“先磨后混”编号（常用煤种）见表 5-4，低挥发分混（先磨后混）煤的基本方案为单磨磨制、粉仓掺混、炉内掺烧（先磨后混）。

表 5-6　　典型燃煤“先磨后混”编号（常用煤种）

煤编号	混　煤	类　型	煤 种 来 源
1	A2 粗和 A3R_{90}＝12％	混煤质量比（1∶1）	A 电站本地汽车煤和新云贵煤
2	A2 中和 A3R_{90}＝12％	混煤质量比（1∶1）	A 电站本地汽车煤和新云贵煤
3	A2 细和 A3R_{90}＝12％	混煤质量比（1∶1）	A 电站本地汽车煤和新云贵煤
4	B3 粗和 B4R_{90}＝12％	混煤质量比（1∶1）	B 电站晋城无烟煤和潞安煤
5	B3 中和 B4R_{90}＝12％	混煤质量比（1∶1）	B 电站晋城无烟煤和潞安煤
6	B3 细和 B4R_{90}＝12％	混煤质量比（1∶1）	B 电站晋城无烟煤和潞安煤
7	A2 粗	单煤	A 电站本地汽车煤
8	A2 中	单煤	A 电站本地汽车煤
9	A2 细	单煤	A 电站本地汽车煤
10	B3 粗	单煤	B 电站晋城无烟煤
11	B3 中	单煤	B 电站晋城无烟煤
12	B3 细	单煤	B 电站晋城无烟煤
总计	6 种单煤（不同细度），6 种混煤		

1. 典型燃煤“先磨后混”的燃烧特性研究

该燃烧特性试验条件：升温速率为 20℃/min；工作温度为 25～1200℃；工作气氛是模拟空气（80％氮气和 20％空气），气体流量为 130mL/min；煤样质量为（5±0.1）mg，煤粉细度见表 5-6。

试验时，先以 20℃/min 的升温速率升至 105℃，并在 105℃保温 5min 失去水分，然后以 20℃/min 的升温速率升温，试样以此升温速率从 105℃升温到煤样的质量不在变化所对应的温度，得燃烧特性曲线（TG、DTG 曲线），并得到如表 5-7～表 5-10 所示特性参数。

表 5-7　　A 电站常用煤的燃烧特性参数

按 C_b 排序	$(dG/d\tau)_{max}$（mg/min）	T_{max}（℃）	T_i（℃）	$C_b\times10^{-6}$	煤号
1	11.329	572.70	372.35	81.713	3
2	10.154	578.85	367.76	75.074	2
3	10.353	569.84	387.47	68.957	1

表 5-8　　B 电站常用煤的燃烧特性参数

按 C_b 排序	$(dG/d\tau)_{max}$（mg/min）	T_{max}（℃）	T_i（℃）	$C_b\times10^{-6}$	煤号
1	11.229	567.559	365.37	84.113	6
2	10.497	561.318	367.70	77.636	5
3	11.154	588.852	385.46	75.068	4

表 5-9　　A 电站常用 A2 煤（粗中细）的燃烧特性参数

按 C_b 排序	$(dG/d\tau)_{max}$（mg/min）	T_{max}（℃）	T_i（℃）	$C_b\times10^{-6}$	煤号
1	9.932	567.534	366.939	73.765	9
2	8.846	591.832	378.004	61.909	8
3	5.701	591.449	421.747	32.051	7

表 5-10　　B 电站常用 B3 煤（粗中细）的燃烧特性参数

按 C_b 排序	$(dG/d\tau)_{max}$（mg/min）	T_{max}（℃）	T_i（℃）	$C_b\times10^{-6}$	煤号
1	14.278	605.845	370.146	104.213	12
2	11.678	583.177	382.581	79.785	11
3	12.390	624.254	404.558	75.702	10

由表 5-7～表 5-10 分析可知：

（1）A 电站本地汽车煤（A2）细与新云贵煤（A3，$R_{90}=12\%$）混煤后，其燃烧特性好；同样，B 电站山西晋城无烟煤（B3）细与山西潞安煤（B4，$R_{90}=12\%$）混煤后，其燃烧特性好。说明，较差煤的不同细度煤粉与较好的煤的煤粉混合后，较差煤的煤粉越细，其燃烧特性越好。

（2）A 电站本地汽车煤（A2）和 B 电站山西晋城无烟煤（B3）煤粉越细，燃烧特性越好。

2. 典型燃煤先磨后混的燃尽特性研究

A 电站常用煤的燃尽特性参数指数数据见表 5-11～表 5-14。

表 5-11　　A 电站常用煤的燃尽特性参数

按燃尽特性指数 H_j 排序	前半峰宽温度差 ΔT_q	后半峰宽温度差 ΔT_h	总峰宽温度差 ΔT	煤焦后期燃烧的聚集度 $\Delta T_h/\Delta T$	$H_j\times10^{-6}$	煤种
1	53.460	50.184	103.644	0.484	109.722	3
2	53.258	48.448	101.706	0.476	100.130	2
3	51.007	46.700	97.707	0.478	98.102	1

表 5-12　　B 电站常用煤的燃尽特性参数

按 H_j 排序	ΔT_q	ΔT_h	ΔT	$\Delta T_h/\Delta T$	$H_j\times10^{-6}$	煤种
1	59.624	62.37	121.995	0.511	115.913	6
2	58.418	54.89	113.312	0.484	110.980	5
3	67.572	41.12	108.698	0.378	108.880	4

表 5-13　　A 电站常用 A2 煤（粗中细）的燃尽特性参数

按 H_j 排序	ΔT_q	ΔT_h	ΔT	$\Delta T_h/\Delta T$	$H_j\times10^{-6}$	煤种
1	47.827	44.54	92.367	0.482	98.905	9
2	53.137	50.22	103.36	0.486	81.377	8
3	49.350	44.97	94.327	0.477	47.932	7

表 5-14 B 电站常用 B3 煤（粗中细）的燃尽特性参数

按 H_j 排序	ΔT_q	ΔT_h	ΔT	$\Delta T_h/\Delta T$	$H_j\times10^{-6}$	煤种
1	56.355	45.725	102.080	0.448	142.141	12
2	51.857	45.982	97.839	0.470	111.370	11
3	59.754	49.846	109.600	0.455	107.872	10

由表 5-11～表 5-14 分析可知：

（1）A 电站本地汽车煤（A2）细与新云贵煤（A3，$R_{90}=12\%$）混煤后，其燃尽特性好；同样，B 电站山西晋城无烟煤（B3）细与山西潞安煤（B4，$R_{90}=12\%$）混煤后，其燃尽特性好。说明，较差煤的不同细度煤粉与较好的煤的煤粉混合后，较差煤的煤粉越细，其燃尽特性越好。

（2）A 电站本地汽车煤（A2）和 B 电站山西晋城无烟煤（B3）煤粉越细，燃尽特性越好。

3. 典型燃煤先磨后混的综合燃烧特性研究

试验中提出用综合燃烧特性指数 S_N 来表征煤的综合燃烧性能。S_N 值越大，说明煤的燃烧特性越佳。A 电站常用煤的综合燃烧特性参数见表 5-15～表 5-18。

表 5-15 A 电站常用煤的综合燃烧特性参数

按 S_N 排序	$dG/d\tau_{max}$(mg/min)	$dG/d\tau_{mean}$(mg/min)	T_i(℃)	T_h(℃)	$S_N\times10^{-9}$[1/(min^2 · K^3)]	煤种
1	11.329	0.015	372.350	899.18	13.692	3
2	10.154	0.013	367.769	985.31	10.107	2
3	10.353	0.011	387.475	1113.6	6.913	1

注 $dG/d\tau_{mean}$(mg/min) 表示可燃质平均燃烧速度，下同。

表 5-16 B 电站常用煤的综合燃烧特性参数

按 S_N 排序	$dG/d\tau_{max}$(mg/min)	$dG/d\tau_{mean}$(mg/min)	T_i(℃)	T_h(℃)	$S_N\times10^{-9}$[1/(min^2 · K^3)]	煤种
1	11.229	0.016	365.376	909.197	15.678	6
2	10.497	0.014	367.706	775.693	14.719	5
3	11.154	0.017	385.467	821.493	14.142	4

表 5-17 A 电站常用煤（粗中细）的综合燃烧特性参数

按 S_N 排序	$dG/d\tau_{max}$(mg/min)	$dG/d\tau_{mean}$(mg/min)	T_i(℃)	T_h(℃)	$S_N\times10^{-9}$[(1/min^2 · K^3)]	煤种
1	9.932	0.012	366.939	802.429	10.751	9
2	8.846	0.013	378.004	971.779	8.295	8
3	5.701	0.007	421.747	733.912	2.845	7

表 5-18 B 电站常用煤（粗中细）的综合燃烧特性参数

按 S_N 排序	$dG/d\tau_{max}$(mg/min)	$dG/d\tau_{mean}$(mg/min)	T_i(℃)	T_h(℃)	$S_N\times10^{-9}$[(1/min^2 · K^3)]	煤种
1	14.278	0.018	370.146	727.367	26.090	12
2	12.390	0.016	404.558	829.068	14.924	11
3	11.678	0.013	382.581	936.376	11.495	10

由表 5-15～表 5-18 分析可知：

(1) A 电站本地汽车煤（A2）细与新云贵煤（A3，$R_{90}=12\%$）混煤后，其燃尽特性好；同样，B 电站山西晋城无烟煤（B3）细与山西潞安煤（B4，$R_{90}=12\%$）混煤后，其综合燃烧特性好。说明，较差煤的不同细度煤粉与较好的煤的煤粉混合后，较差煤的煤粉越细，其综合燃烧特性越好。

(2) A 电站本地汽车煤（A2）和 B 电站山西晋城无烟煤（B3）煤粉越细，综合燃烧特性越好。

先磨后混方式煤的热重（DSC 支架）曲线如图 5-9～图 5-20 所示。

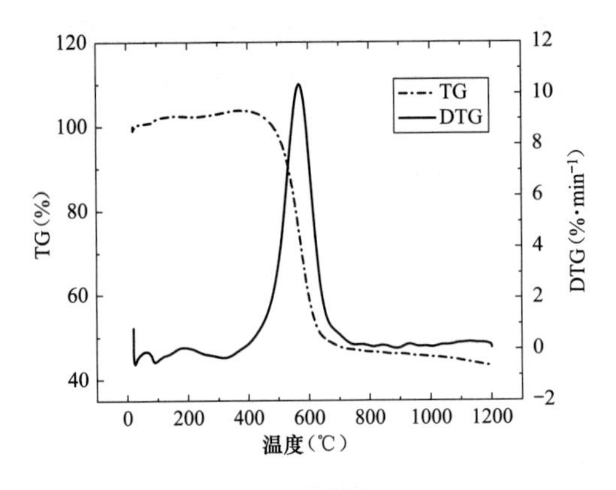

图 5-9　1 号混煤热分析图

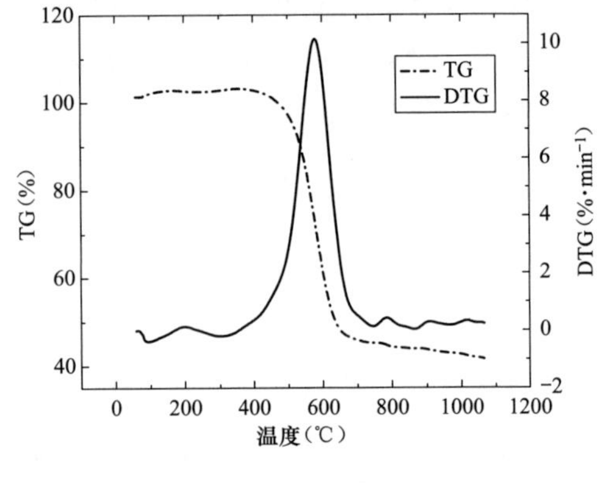

图 5-10　2 号混煤热分析图

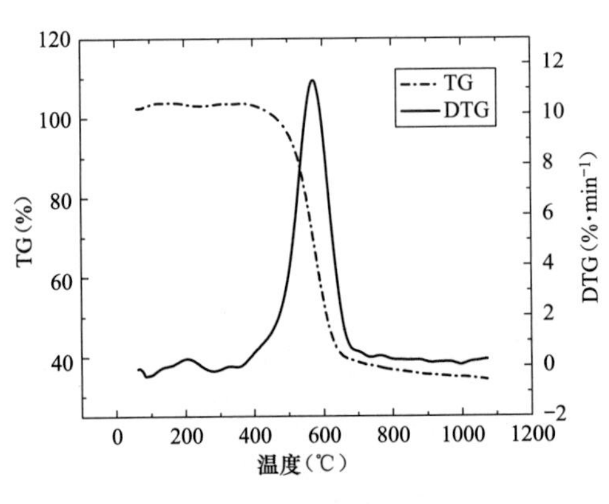

图 5-11　3 号混煤热分析图

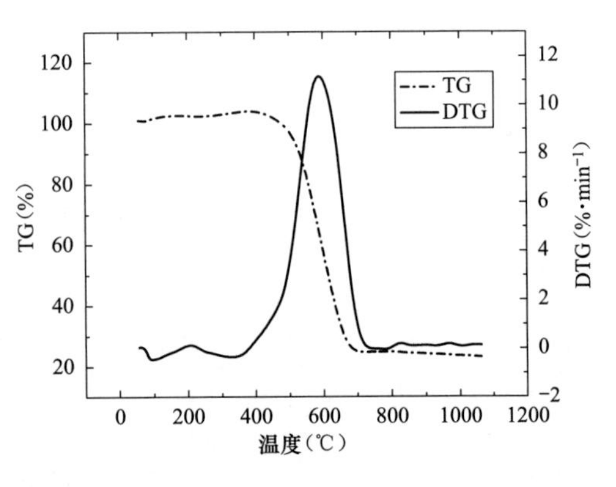

图 5-12　4 号混煤热分析图

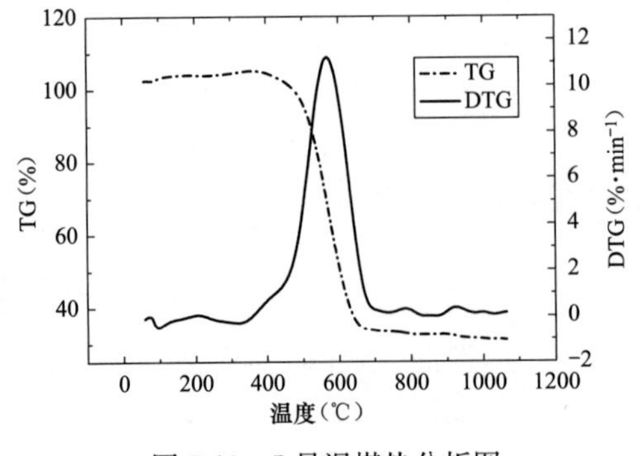

图 5-13　5 号混煤热分析图

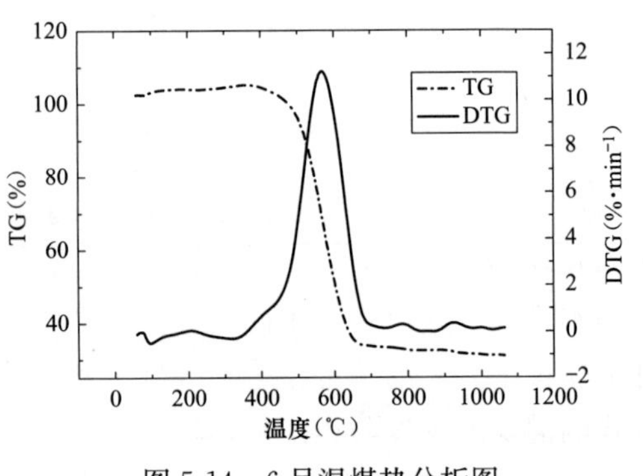

图 5-14　6 号混煤热分析图

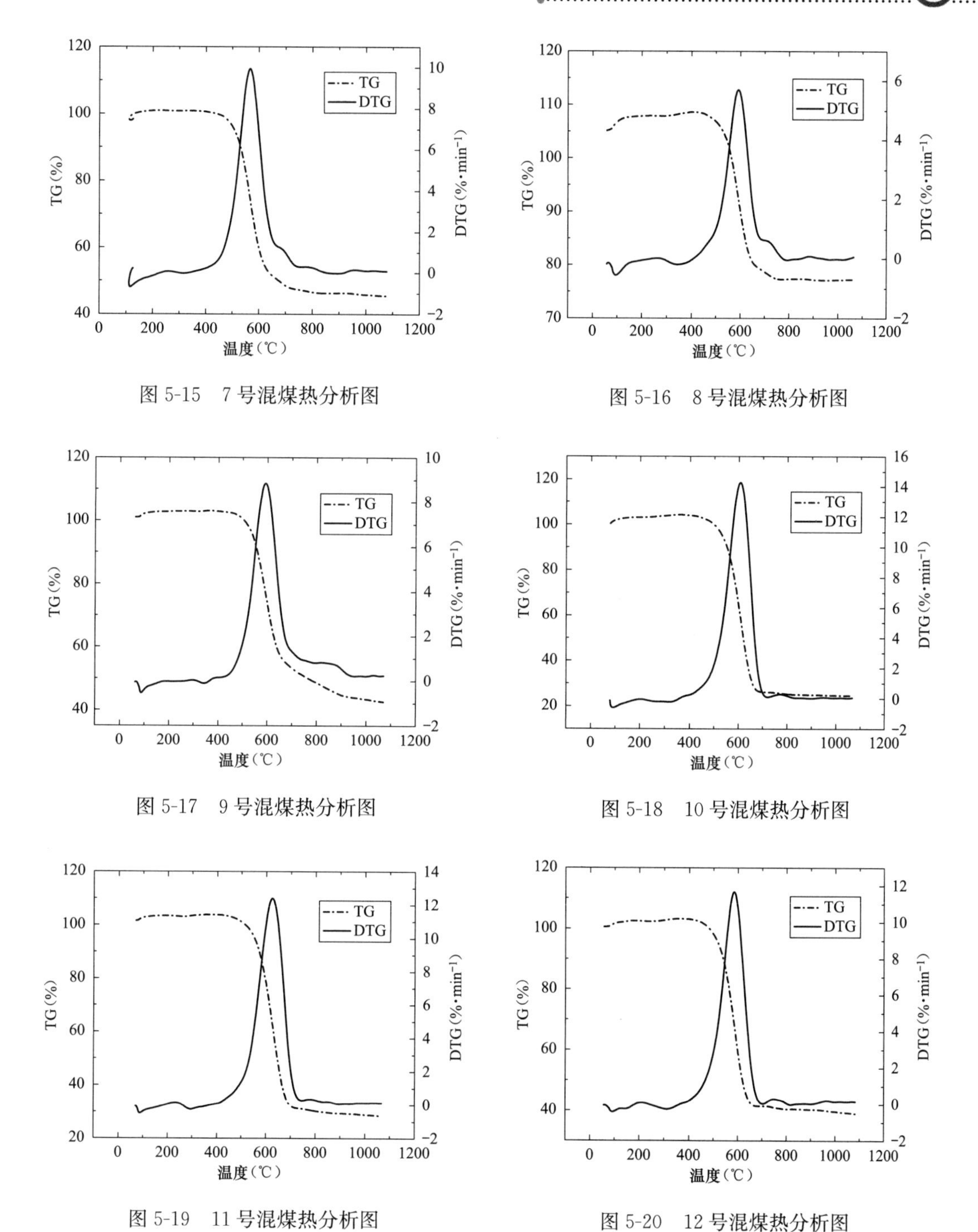

图 5-15　7 号混煤热分析图

图 5-16　8 号混煤热分析图

图 5-17　9 号混煤热分析图

图 5-18　10 号混煤热分析图

图 5-19　11 号混煤热分析图

图 5-20　12 号混煤热分析图

4. 差异

本小节主要测定了不同单煤的可磨性，并研究了其混煤的可磨性变化；并在实验室条件下模拟了“炉前掺混、炉内混烧”和“分磨制粉、仓内掺混、炉内混烧”两种不同掺烧方式的混煤的挥发分析出、燃烧特性等的差异：

(1)“炉前掺混、炉内混烧”(先混后磨）实验结果表明：低挥发分混煤方式下的煤粉进行粒径分级，测出的是粗粒子的挥发分大，细粒子的挥发分小；也就是说粗粒子中无烟煤多些，细粒子中贫煤多些。可知该电站传统煤场混煤方式不太好，粗粒子（无烟煤多或挥发分低）混煤煤粉在炉内难燃尽，经济性差；细粒子（挥发分高）混煤煤粉燃烧时容易烧坏燃烧器或一次风粉管。

（2）“分磨制粉，仓内掺混，炉内混烧”（先磨后混）不同细度的低挥发分煤粉掺混对混煤燃烧特性结果看，该电站新型混煤方式较好，能控制无烟煤的煤粉细度，可为电站锅炉采用新型混煤掺烧方式提供可靠的指导。

（3）较差煤的不同细度煤粉与较好的煤的煤粉混合后，较差煤的煤粉越细，其混煤综合燃烧特性越好。

（4）低挥发分单煤粉越细，综合燃烧特性越好。

（5）低挥发分混煤的可磨性（特别相差较大的煤）与其单煤不呈线性关系，而是接近难磨的煤。

（六）不同掺混方式的煤粉粒度分布测试

为研究不同掺混方式、不同配比下混煤的燃烧特性差异，选取某电站实际燃用的巩义金鼎煤、天安平煤作为试验煤种，对单煤进行工业分析、对不同掺混方式下的混煤进行粒度分布的测定。

严格遵循 GB 474—2008 煤样的制备方法制备煤样，在制备的过程中采用两种不同的掺混方式。第一种掺混方式（先混后磨）：原煤混合后直接磨制得到混合煤粉；第二种掺混方式（先磨后混）：单独磨制原煤然后混合各单煤粉而得到混合煤粉。

1. 测试仪器配备

为确保试验的顺利进行，选用表 5-19 所示设备分别进行常规工业分析、粒度分布测试以及热重试验研究。

表 5-19　　　　试验仪器一览

序号	设备名称	主要内容	目的	代表性参数
1	FN101-2A 型鼓风干燥箱、SX-4-10 型马弗炉	煤常规工业分析		FC_{ad}、M_{ad}、V_{ad}、A_{ad}
2	TG328A 光学读数分析天平		称量试样	

2. 工业分析

严格按照工业分析标准进行测定。将天安平煤和巩义金鼎煤按先磨后混 1∶3、1∶1、3∶1 比例混合，得到三种混合试样；再将巩义金鼎煤和天安平煤按先混后磨 1∶3、1∶1、3∶1 比例混合，又得到三种混合试样，分别对这六种混合试样以及两种单煤试样进行工业分析。实验结果见表 5-20。

表 5-20　　　　试验煤样的工业分析

项目		水分 M_{ad}（%）	灰分 A_{ad}（%）	挥发分 V_{ad}（%）	固定碳 FC_{ad}（%）
巩义金鼎		4.19	30.97	4.93	59.91
先磨后混	天安平煤∶巩义金鼎煤=1∶3	1.59	30.59	10.99	56.83
	天安平煤∶巩义金鼎煤=1∶1	1.74	31.31	14.11	52.845
	天安平煤∶巩义金鼎煤=3∶1	1.58	35.49	18.86	44.07

续表

项　目		水分 M_{ad}（%）	灰分 A_{ad}（%）	挥发分 V_{ad}（%）	固定碳 FC_{ad}（%）
先混后磨	天安平煤：巩义金鼎煤=1：3	2.09	34.28	10.62	53.01
	天安平煤：巩义金鼎煤=1：1	1.61	37.51	13.63	47.26
	天安平煤：巩义金鼎煤=3：1	1.45	36.78	15.81	45.96
平煤天安		1.42	41.56	21.77	35.25

从工业分析实验数据可知天安平煤具有挥发分含量高、灰分含量较低、固定碳含量低的特点；而巩义金鼎煤具有挥发分含量低、灰分含量低、固定碳含量高的特点。各混合试样中水分、挥发分、灰分及固定碳含量均介于两种单煤之间。

从图 5-21 可以看出，混煤中挥发分的含量随着天安煤比例的增加而增加；但在不同掺混方式下，相同掺混比例的混煤，其挥发分含量略有差别。“先磨后混”时，其挥发分含量在各个掺混比例的混煤中都比“先混后磨”方式大，并且随天安煤比例的增大，其差别增加（25%掺混比例下为：0.37，而在 75%掺混比例时达 3.05）。这种情况的发生，可能跟掺混方式有关，可以解释为：“先磨后混”方式其混煤中煤粉颗粒粒度均匀，较小粒度颗粒份额（比重）较大，受热较均匀，气体成分更容易逸出，因而挥发分含量较多。而随着天安平煤比例的增加，差别的增大，可能的原因是天安平煤比巩义金鼎煤难磨（其可磨性指数小），在“先混后磨”掺混方式下，其混煤中天安平煤粗颗粒比例较多，在相同的加热速率下，煤粉颗粒内部传热较慢而影响挥发分的逸出，最终使得总的挥发分含量比“先磨后混”方式下相同比例的挥发分含量少。

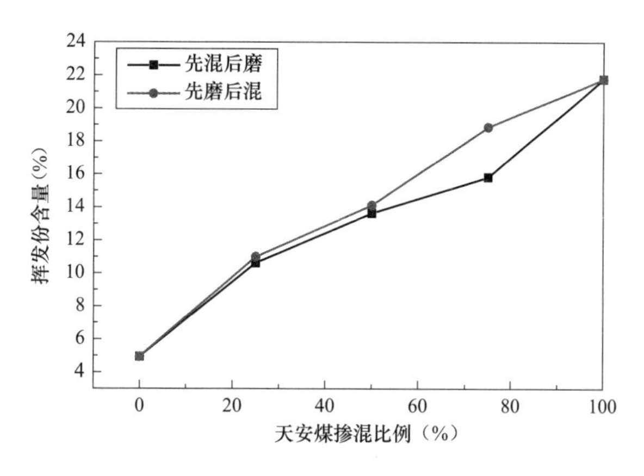

图 5-21　不同掺混方式下，混煤挥发分随掺混比例的变化情况

3. 煤粉粒度分布的测定

煤的粒度组成可以用粒度分布的测定值表示，一般是用粒径 d_i 与它所占质量百分数 x_i 的粒度特性曲线表示，也可用粒径 d_i 与它所占体积百分 V_i 的粒度特性曲线表示。用不同孔径的分样筛，对煤粒进行分级筛分，即对煤粒中各种不同规格直径的粒子进行分类，并用质量份额 x_i 来表示，在此基础上获得煤粒的平均粒径以及粒度分布。

本实验采用机械筛分，先将选定的各规格的筛子叠在一起，大孔径的筛子在上，小孔径的筛子在下；最上面放筛盖，最下面放底盘。筛分时间为 15min，筛分结束时进行检查性筛分，即当每分钟筛下的煤粒质量不超过 5g 时，筛分结束。筛分数据和颗粒粒度分布饼状图如表 5-21～表 5-28 及图 5-22～图 5-29 所示。

表 5-21　　平煤天安筛分数据

粒度（目）	>80	80～100	120～100	140～120	160～140	180～160	200～180	<200
平均粒径	0.18	0.165	0.1375	0.1275	0.1225	0.105	0.085	0.0375
百分比（%）	6.583	3.827	5.72	4.36	6.97	5.31	30.65	36.58

表 5-22　　先磨后混平、巩 1 ∶ 3 筛分数据

粒度（目）	>80	80～100	120～100	140～120	160～140	180～160	200～180	<200
平均粒径	0.18	0.165	0.1375	0.1275	0.1225	0.105	0.085	0.0375
百分比（%）	6.57	9.68	8.85	3.07	3.7	27.06	11.8	29.27

表 5-23　　先混后磨平、巩 1 ∶ 3 筛分数据

粒度（目）	>80	80～100	120～100	140～120	160～140	180～160	200～180	<200
平均粒径	0.18	0.165	0.1375	0.1275	0.1225	0.105	0.085	0.0375
百分比（%）	10.34	4.86	9.02	4.45	6.55	25.6	10.58	28.6

表 5-24　　先磨后混平巩 1 ∶ 1 筛分数据

粒度（目）	>80	80～100	120～100	140～120	160～140	180～160	200～180	<200
平均粒径	0.18	0.165	0.1375	0.1275	0.1225	0.105	0.085	0.0375
百分比（%）	6.6	8.5	6.18	4.75	2.89	25.5	14.5	30.38

表 5-25　　先混后磨平巩 1 ∶ 1 筛分数据

粒度（目）	>80	80～100	120～100	140～120	160～140	180～160	200～180	<200
平均粒径	0.18	0.165	0.1375	0.1275	0.1225	0.105	0.085	0.0375
百分比（%）	12.58	6	8.75	6.51	2.06	25.96	13	25.14

表 5-26　　先磨后混平巩 3 ∶ 1 筛分数据

粒度（目）	>80	80～100	120～100	140～120	160～140	180～160	200～180	<200
平均粒径	0.18	0.165	0.1375	0.1275	0.1225	0.105	0.085	0.0375
百分比（%）	8.12	5.54	7.35	2.09	5.05	29.86	9.67	31.32

表 5-27　　先混后磨平巩 3 ∶ 1 筛分数据

粒度（目）	>80	80～100	120～100	140～120	160～140	180～160	200～180	<200
平均粒径	0.18	0.165	0.1375	0.1275	0.1225	0.105	0.085	0.0375
百分比（%）	12.49	7.89	10.39	5.36	4.05	21.9	8.41	29.51

表 5-28　　巩义金鼎的筛分数据

粒度（目）	>80	80～100	120～100	140～120	160～140	180～160	200～180	<200
平均粒径	0.18	0.165	0.1375	0.1275	0.1225	0.105	0.085	0.0375
百分比（%）	2.86	4.61	7.05	2.68	4.57	2.86	40.16	35.21

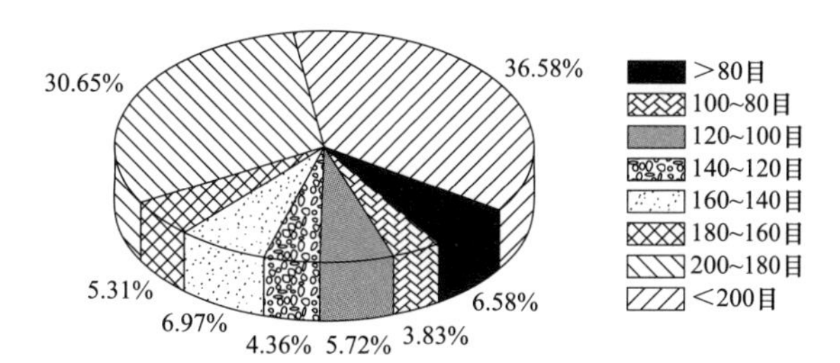

图 5-22　平煤天安颗粒粒度分布饼状图

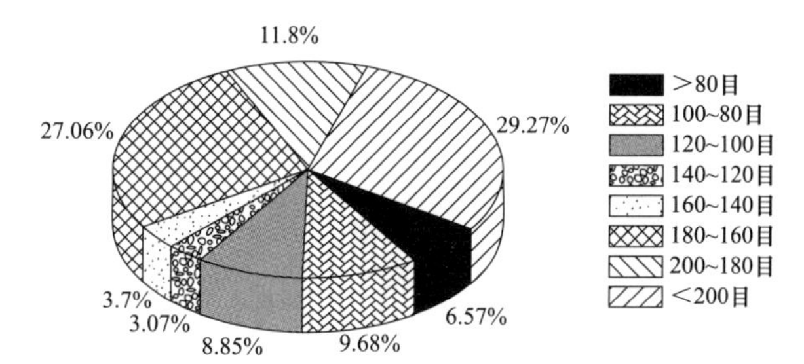

图 5-23　先磨后混平巩 1 ： 3 筛分颗粒粒度分布饼状图

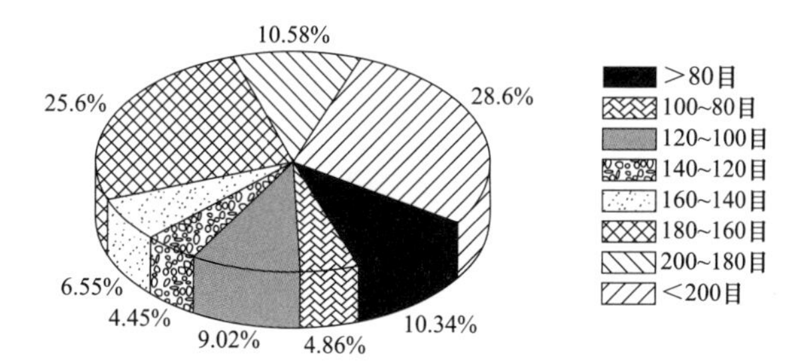

图 5-24　先混后磨平巩 1 ： 3 筛分颗粒粒度分布饼状图

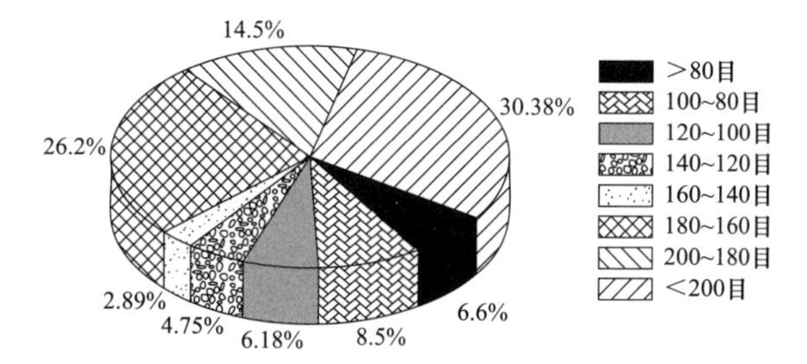

图 5-25　先磨后混平巩 1 ： 1 筛分颗粒粒度分布饼状图

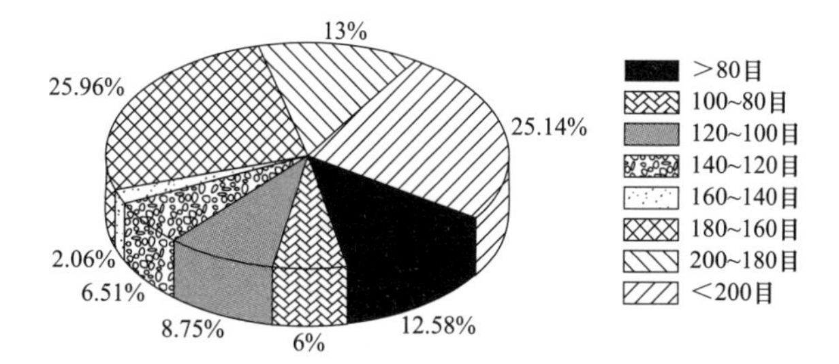

图 5-26　先混后磨平巩 1 ： 1 筛分颗粒粒度分布饼状图

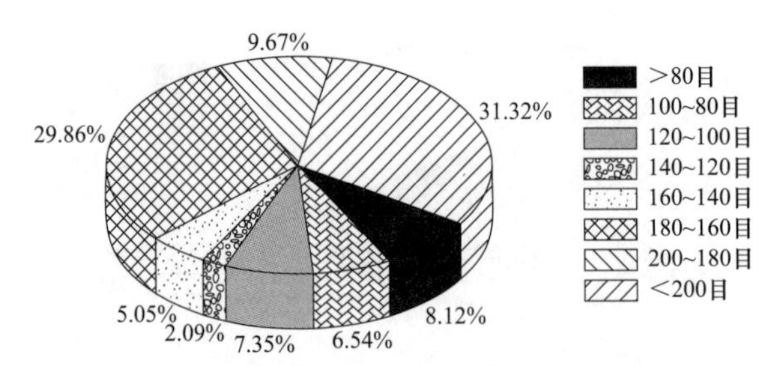

图 5-27　先磨后混平巩 3 ∶ 1 筛分颗粒粒度分布饼状图

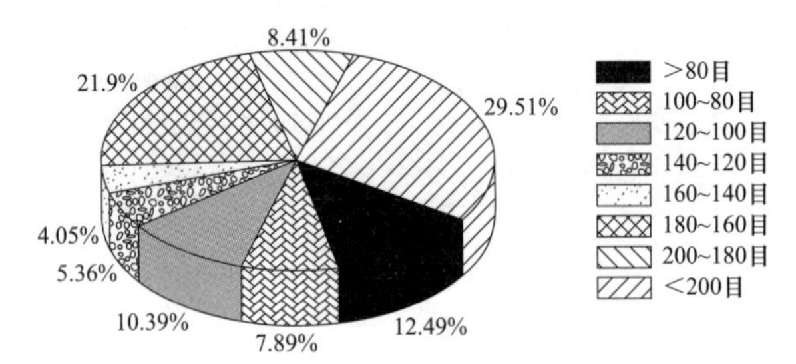

图 5-28　先混后磨平巩 3 ∶ 1 筛分颗粒粒度分布饼状图

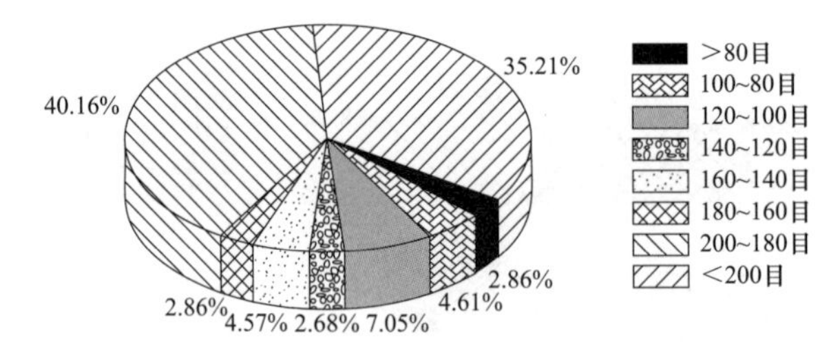

图 5-29　巩义金鼎煤的筛分颗粒粒度分布饼状图

分析上述实验数据可以看出，在平煤与巩义煤掺混比例分别是 3∶1、1∶1 及 3∶1 的混煤中，“先磨后混”掺混方式的混煤，小于 160 目的颗粒粒度群所占百分比均大于“先混后磨”的同比例的混煤（小于 160 目的颗粒群所占比例分别是：掺混比例 1∶3 时，68.13%与 64.78%；掺混比例 1∶1 时，71.08%与 64.1%；掺混比例 3∶1 时，70.85%与 59.87%）。这说明“先磨后混”方式中的细小颗粒群所占比例比“先混后磨”方式大，由于颗粒小，细煤粉份额较多，内部传热热阻小，在相同的加热速率下，其综合燃烧性能就要优于相同掺混比的“先混后磨”混煤。

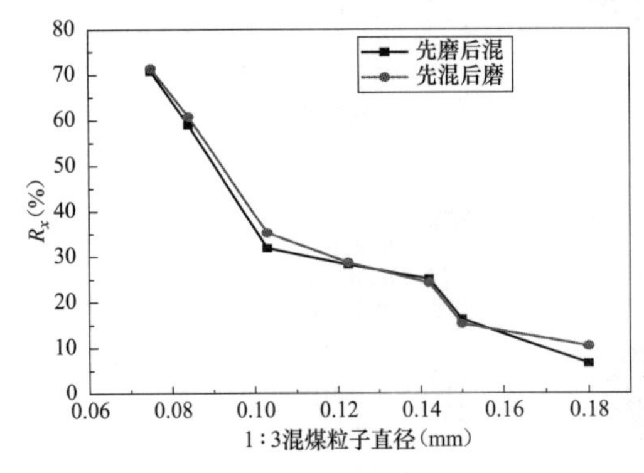

图 5-30　掺混比例为 1∶3 时不同掺混方式混煤的筛分曲线

比较相同掺混比例、不同掺混方式下的混煤筛分曲线也可看出相同规律，在各种掺混比例下，“先磨后混”方式下的混煤，其筛分曲线均低于“先混后磨”方式。

煤粉颗粒群的颗粒分布主要用来说明不同尺寸颗粒的组成。其横坐标表示相应的筛孔尺寸，纵坐标表示大于或小于某尺寸的颗粒的质量百分数。

图 5-30～图 5-32 中，两条曲线相比，

下凹（移）曲线均是"先磨后混"方式混煤的筛分曲线，说明该颗粒群中细小颗粒的数量比另一条曲线中（反映另一颗粒群）的细小颗粒多。上凸曲线一般大颗粒占较大的份额。

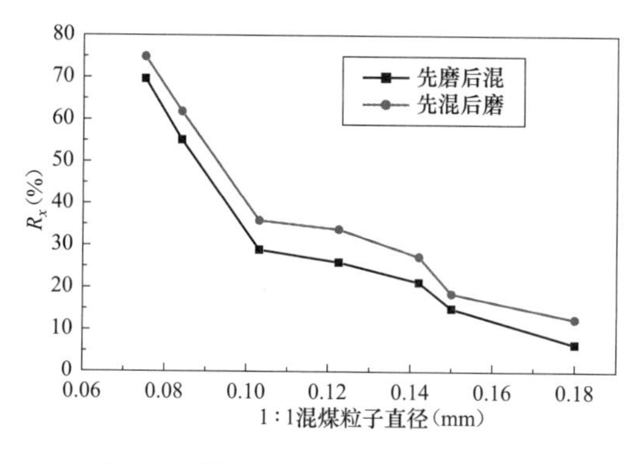

图 5-31　掺混比例为 1∶1 时不同掺混方式混煤的筛分曲线

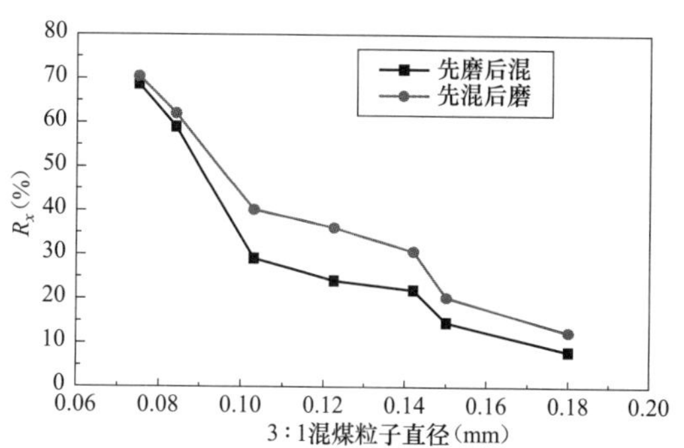

图 5-32　掺混比例为 3∶1 时不同掺混方式混煤的筛分曲线

第三节　四角切圆锅炉混煤掺烧方式优化试验实例

一、中储式制粉系统锅炉粉仓与燃烧器连接的几种典型布置方式

1. 粉仓与燃烧器同边连接

以湖南大唐某发电有限公司 1、2 号锅炉、湖南华电某发电有限公司 3、4 号锅炉为例，300MW 机组中储式制粉系统、四角切圆锅炉，配 4 套制粉系统，A、B 制粉系统和 C、D 制粉系统分别对应 1、2 号两个粉仓，1 号粉仓通过一次风管与 1、2 号角燃烧器（炉左）相接，2 号粉仓通过一次风管与 3、4 号燃烧器（炉右）相接。这种连接方式管道布置简单，一次风速调平容易，但对混煤掺烧方式的适应性较弱。粉仓与燃烧器同边连接示意图如图 5-33 所示。

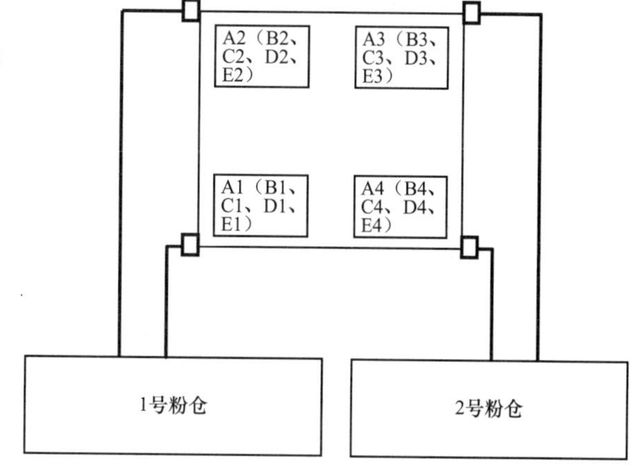

图 5-33　粉仓与燃烧器同边连接示意图

2. 粉仓与燃烧器对角连接

以某厂 300MW 机组仓储式制粉系统、四角切圆锅炉为例，4 套制粉系统，A、B 制粉系统和 C、D 制粉系统分别对应 1、2 号两个粉仓，1 号粉仓对应 2、4 号角燃烧器（对角），2 号粉仓对应 1、3 号角燃烧器（对角）。这种管道连接方式简单，同层一次风管长短偏差小，一次风速调平简单，对混煤掺烧方式的适应性较好。粉仓与燃烧器对角连接示意图如图 5-34 所示。

3. 粉仓与燃烧器分层连接

某电站 300MW 机组 1、2 号锅炉，仓储式制粉系统、四角切圆锅炉，配 4 套制粉系统，A、B 制粉系统和 C、D 制粉系统分别对应 1、2 号两个粉仓，1 号粉仓对应 A、B 层燃烧器和 C1、C3 燃烧器，2 号粉仓对应 D、E 层燃烧器和 C2、C4 燃烧器。

某电站 300MW 机组 1、2 号锅炉，其粉仓与燃烧器的分层相接方式则是 1 号粉仓对应 A、C 层火嘴和 E2、E4 燃烧器，2 号粉仓对应 B、D 层和 E1、E3 燃烧器。

某电站 1、2 号锅炉粉仓与燃烧器的分层相接方式则是 1 号粉仓对应 A、D 层和 E1、E3 燃烧器，2 号粉仓对应 B、C 层火嘴和 E2、E4 燃烧器。此种方式对于燃用燃烧特性差异较大煤种尤为有利。

粉仓与燃烧器分层连接的管道布置方式复杂，同层一次风管长度偏差较大，一次风速调平工作量大，一次风管阻力损失也较大，但对混煤掺烧方式的适应性较强，几乎可适用于各种混煤掺烧方式。

粉仓与燃烧器分层连接示意图如图 5-35 所示。

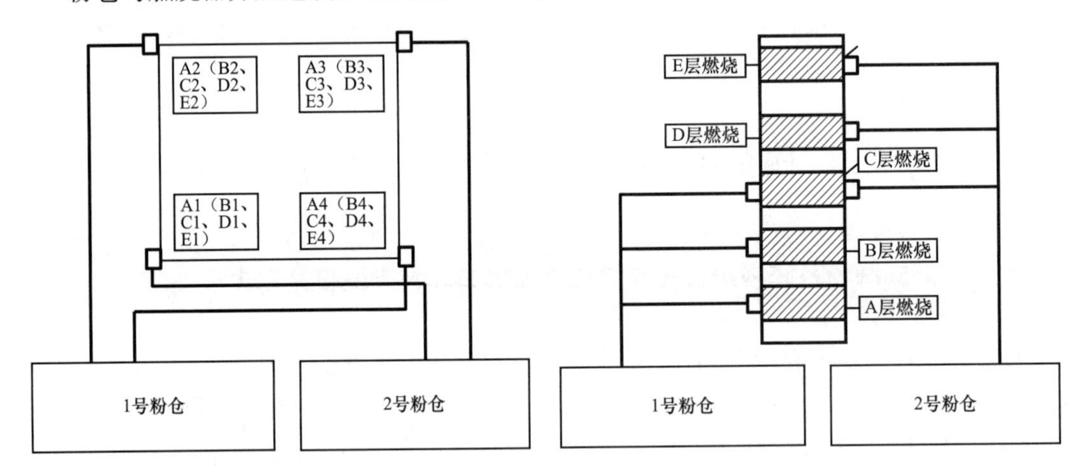

图 5-34　粉仓与燃烧器对角连接示意图

图 5-35　粉仓与燃烧器分层连接示意图

二、仓储式制粉系统粉仓与粉仓的联络方式

为保证两粉仓粉位的匹配，同炉两粉仓之间、甚至与邻炉粉仓之间一般设置有相互输粉的设备或装置，主要有以下两种：

1. 输粉机

最典型、最常见的粉仓与粉仓联络方式是输粉机。输粉机灵活、方便，但可靠性不高，维修也不方便，利用率不高。输粉机无法实现两粉仓间煤粉的同步掺混。

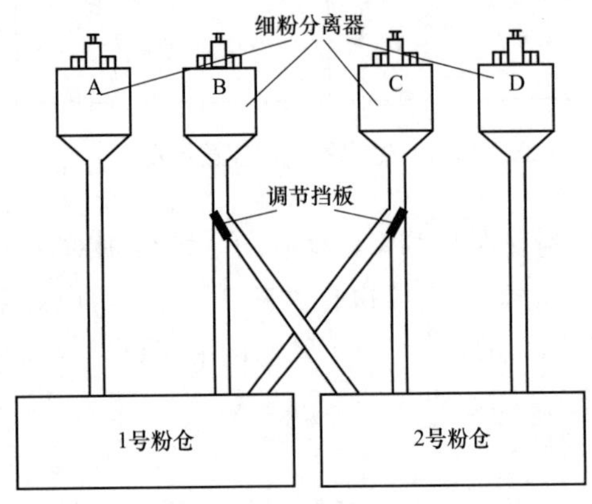

图 5-36　细粉分离器输粉库叉管示意图

2. 输粉库叉管

输粉库叉管装置是一种方便简单、可靠性高的新装置。湖南大唐石门发电有限公司 1、2 号锅炉、湖南华电石门发电有限公司 3、4 号锅炉，选取离两粉仓相近的 B、C 制粉系统，将细粉分离器粉筛下的原单根落粉管设计为裤衩管并装设调节挡板，使 B、C 制粉系统可单独或同时向 1、2 号粉仓输粉，其示意图如图 5-36

所示。输粉裤衩管装置能较好地实现不同制粉系统所制煤粉的仓内掺混，并保证混合基本均匀。此外，通过调节挡板位置，还可实现粉位调节，避免频繁启停磨煤机。

三、某电站 300MW 中储式制粉系统锅炉混煤掺烧优化

某电站 300MW 机组锅炉配中储式制粉系统。设计燃用晋东南无烟煤和黄陵烟煤的混煤。随着国内煤炭市场的紧张，实际燃用煤种严重偏离设计煤种，低位发热量和挥发分大幅降低、灰分明显升高、可磨性下降。煤质降低造成磨煤机出口煤粉细度整体偏粗且均匀性下降，锅炉效率低于设计水平。为有效控制煤粉细度和均匀性，结合该厂特有的制粉系统结构特点，进行了“分磨制粉、仓内掺混、炉内混烧”的混煤掺烧方式优化试验。

（一）某电站的仓储式制粉系统结构特点

1. 粉仓与粉仓间的连接

该站粉仓间可通过输粉库叉管调节粉位。具体为 4 套制粉系统中 B、C 制粉系统细粉分离器下分别安装调节挡板，调节挡板后有两条库叉管，根据制粉系统运行方式以及 2 个粉仓料位具体情况，可单独向任一粉仓或同时向 2 个粉仓输粉。在设计阶段，根据理论分析和数值模拟仿真结果，将细粉分离器提高约 2m，确保了调节挡板下两个库叉管内煤粉下降的畅通。经现场调试，50%挡板开度对应各有一半煤粉分别进入 2 个粉仓。

2. 粉仓与燃烧器的连接关系

该厂 1、2 号锅炉分别有 5 层 20 只煤粉燃烧器。粉仓与燃烧器采用同边连接，即 1 号粉仓对应的 10 只燃烧器全部布置于左墙，而 2 号粉仓对应的另 10 只燃烧器则全部布置于右墙，如图 5-33 所示。

与燃烧器对角布置和分层布置方式相比，同边连接的燃烧器布置方式避免了一次风管的交叉，一次风管长度较短，降低了系统阻力。

但当 2 个粉仓内煤质存在较大差异时，同边连接方式会导致锅炉半边烧好煤、另半边烧差煤的情况。炉内温度场均匀性差、燃烧稳定性减弱、烟气温度和蒸汽温度偏差大、炉内氧量分布和飞灰含碳量分布不均匀等一系列问题难以避免。

因此在燃用煤质差异较大的 2 种或多种原煤时，同边连接的布置方式只能选取“炉前掺混、炉内混烧”或“分磨制粉、仓内掺混、炉内混烧”两种，以避免炉内燃烧均匀性下降。

3. 粉仓与煤粉取样点的位置

如图 5-37 所示，该厂粉仓煤粉取样点在每个粉仓靠炉后方向中间的给粉机下，以“●”表示。位置基本在每个粉仓的中间位置，确保了煤粉取样的代表性。

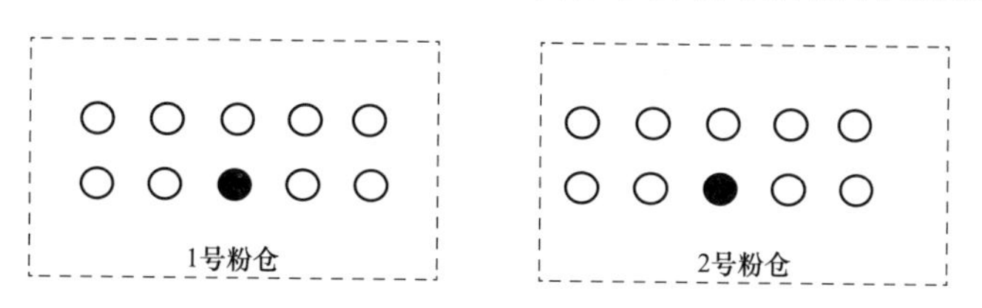

图 5-37　粉仓煤粉取样点示意图

（二）配煤掺烧方式的优化试验

1. 电站设计煤质与实际入炉煤质

电站设计燃用山西晋东南无烟煤和黄陵烟煤的混煤，试验期间，实际燃用河南郑煤

（贫煤）和巩义金鼎无烟煤。煤质工业分析数据见表5-29。

表5-29　设计煤质与实际入炉煤质

项目		单位	设计煤种	校核煤种1	校核煤种2	郑煤	金鼎无烟煤
元素分析	水分 M_t	%	8.33	7.27	9.39	8.2	5.7
	氢	%	3.09	2.97	3.21	3.63	2.50
	碳	%	63.01	65.48	60.65	54.07	57.00
	氧	%	3.95	3.62	4.29	4.01	2.01
	氮	%	0.91	0.93	0.88	0.83	0.87
	硫	%	0.83	0.64	1.03	0.91	0.96
工业分析	水分 M_t	%	8.33	7.27	9.39	8.2	5.7
	挥发分 V_{daf}	%	14.5	10.9	19.6	15.42	7.67
	灰分 A_{ar}	%	19.82	19.09	20.55	28.35	31.1
	低位发热量 $Q_{net,ar}$	kJ/kg	23 632	24 394	22 868	22 300	19 300

由表5-29可知，巩义金鼎无烟煤挥发分较低，根据有关规程要求，对应经济细度为5%～7%。

2. 试验过程概述

(1) 分磨制粉、仓内掺混、炉内混烧。为有效控制巩义金鼎无烟煤煤粉细度，降低灰渣可燃物含量，提高锅炉燃烧经济性，在郑煤与金鼎无烟煤掺配时，采取B制粉系统单独磨制金鼎无烟煤、C制粉系统磨制郑煤；当粉位下降时，启动A或D制粉系统，磨制郑煤。“分磨制粉、仓内掺混、炉内混烧”制粉系统运行参数及煤粉细度、工业分析数据见表5-30。

表5-30　“分磨制粉、仓内掺混、炉内混烧”制粉系统运行参数及煤粉细度、工业分析数据

项目		单位	分磨制粉、仓内掺混、炉内混烧			
			工况1	工况2	工况3	工况4
制粉系统运行方式			B+C	B+C	B+C	B+C
B制粉系统	挥发分 V_{daf}	%	7.74	7.72	7.67	9.53
	煤粉细度 R_{90}	%	11.2	16.0	5.6	4.8
	磨煤机差压	kPa	1.73	1.61	1.68	1.78
	排粉机入口挡板	%	85.2	85.6	82	82
	库叉管调节挡板开度	%	53.1	53.1	53.5	53.6
C制粉系统	挥发分 V_{daf}	%	14.23	17.91	15.2	14.88
	煤粉细度 R_{90}	%	16.4	20.0	20.0	14.4
	磨煤机差压	kPa	1.57	1.56	1.65	1.56
	排粉机入口挡板	%	99.3	99.2	99.1	99.2
	库叉管调节挡板开度	%	52.2	52.1	49.0	51.1
1号粉仓	挥发分 V_{daf}	%	10.58	13.08	11.64	12.34
	煤粉细度 R_{90}	%	11.8	17.6	10.0	8.8
2号粉仓	挥发分 V_{daf}	%	11.37	14.1	9.91	10.85
	煤粉细度 R_{90}	%	12.0	17.6	9.2	9.6
飞灰可燃物		%	3.3	2.83	2.7	2.21
炉渣可燃物		%	4.86	4.74	2.16	1.45

在“分磨制粉、仓内掺混、炉内混烧”试验初期，单独磨制无烟煤制粉系统正常运行，未采取对应降细度措施，无烟煤成粉细度偏高。对应表5-30中工况1、工况2。

后通过调整粗粉分离器挡板开度、关小排粉风机入口挡板等措施，将无烟煤R_{90}煤粉细度降至6%以下。郑煤控制R_{90}细度为14%～20%。对应表5-30中工况3、工况4。

为确定“炉前掺混、炉内混烧”时金鼎煤和郑煤的掺混比例，测试“分磨制粉”下金鼎煤和郑煤的出力，见表5-31。

表5-31　“分磨制粉、仓内掺混、炉内混烧”方式的制粉系统出力与单耗

名　称	单位	B制粉系统（金鼎无烟煤）			C制粉系统（郑煤）		
		工况3	工况4	平均	工况3	工况4	平均
煤层堆积密度	t/m^3	0.992	0.989	0.991	0.925	0.927	0.926
煤层平均断面面积	m^2	0.227	0.227	0.227	0.227	0.227	0.227
给煤机转速	r/m	152	188	—	640	618	—
刮板行走速度	m/s	0.0458	0.0503	0.0481	0.071	0.0708	0.0709
制粉系统出力	t/h	37.13	40.65	38.89	53.67	53.63	53.65
磨煤机功率	kW	972	1008	990	936	936	936
排粉机功率	kW	420	384	402	408	420	414
制粉单耗	kW·h/t	37.48	34.24	35.79	25.04	25.28	25.16
煤粉细度R_{90}	%	5.6	4.8	—	20.0	14.4	—
平均入炉煤比例	%	40			60		
按入炉煤量加权平均制粉单耗	kW·h/t	29.41					

经测算磨煤机出力，郑煤与金鼎无烟煤入炉煤量比例为其出力之比53.65∶38.89，约等于6∶4。按入炉煤量比例，“分磨制粉、仓内掺混、炉内混烧”方式下锅炉的整体平均制粉单耗为29.41kW·h/t。

（2）炉前掺混、炉内混烧。为说明“分磨制粉、仓内掺混、炉内混烧”的掺配优化效果，按“分磨制粉、仓内掺混、炉内混烧”方式下郑煤与金鼎无烟煤入炉煤量6∶4的比例，在进磨煤机前通过皮带掺混，郑煤和金鼎煤在磨煤机内同时磨制，进行“炉前掺混、炉内混烧”对比试验。试验主要数据见表5-32、5-33。

表5-32　“炉前掺混、炉内混烧”方式制粉系统运行参数及煤粉细度、工业分析数据

项　目		单位	炉前掺混、炉内混烧	
			工况1	工况2
制粉系统运行方式			A+C+D	C+D
1号粉仓	挥发分V_{daf}	%	9.02	13.97
	煤粉细度R_{90}	%	17.2	12.0
2号粉仓	挥发分V_{daf}	%	8.77	13.27
	煤粉细度R_{90}	%	16.4	12.0

表 5-33　　“炉前掺混、炉内混烧”方式的制粉系统出力与单耗

项目	单位	工况 1（60%金鼎+40%郑煤）			工况 2（60%金鼎+40%郑煤）	
		A 制	C 制	D 制	C 制	D 制
煤层堆积密度	t/m^3	0.958	0.961	0.949	0.961	0.955
煤层平均断面面积	m^2	0.227	0.227	0.227	0.227	0.227
给煤机转速	r/m	380.15	529.8	564	550	610
刮板行走速度	m/s	0.0346	0.0511	0.0523	0.0541	0.0585
制粉系统出力	t/h	27.09	40.13	40.56	42.48	45.65
磨煤机功率	kW	888	888	864	864	852
排粉机功率	kW	408	344	288	360	316
制粉单耗	kW·h/t	47.84	30.70	28.40	28.81	25.59
煤粉细度 R_{90}	%	16.8（平均）			12.0（平均）	
加权平均制粉单耗	kW·h/t	34.14			27.14	

“炉前掺混、炉内混烧”方式下，2 套制粉系统运行时平均制粉单耗为 27.14kW·h，比“分磨制粉”方式下降低 2.27kW·h/t。

3. 试验运行经济指标对比

由表 5-30 灰、渣可燃物数据可知，在没有有效控制无烟煤煤粉细度条件下，煤粉燃尽性能仍然较差，飞灰可燃物平均偏高约 0.6%，炉渣可燃物平均偏高 3%，“分磨制粉”的目的没有达到。

表 5-30 中的工况 1、工况 2 不能很好地代表“分磨制粉、仓内掺混、炉内混烧”混煤掺烧方式的优化效果。在对比两种掺烧方式的效果时，以进行分离器挡板调节和排粉风机入口挡板关小后数据为依据。不同掺烧方式的试验运行经济指标对比见表 5-34。

表 5-34　　不同掺烧方式的试验运行经济指标对比

项目	单位	炉前掺混、炉内混烧			分磨制粉、仓内掺混、炉内混烧		
		工况 1	工况 2	平均	工况 3	工况 4	平均
负荷	MW	300	300	—	300	300	—
左一次风压	kPa	2.11	2.13	—	1.90	2.02	—
右一次风压	kPa	2.32	2.21	—	2.33	2.44	—
一减流量	t/h	51.2	46.2	48.7	43.3	45.5	44.4
二减流量	t/h	14.5	14.2	14.35	16	14.5	15.3
再热汽减温	t/h	0	0	0	0	0	0
排烟温度	℃	139.6	138.1	138.9	127.2	129.6	128.4
排烟氧量	%	4.97	5.35	5.16	4.6	4.4	4.5
排烟温度与环境温度差	℃	112.6	109.9	111.3	113.2	117.0	115.1
飞灰可燃物	%	6.86	3.74	5.35	2.7	2.21	2.45
炉渣可燃物	%	4.61	4.47	4.55	2.16	1.45	1.81
排烟损失 q_2	%	5.39	5.44	5.43	5.42	5.62	5.52
机械不完全燃烧损失 q_4	%	3.53	1.97	2.76	1.35	1.08	1.21
锅炉效率	%	90.42	91.93	91.14	92.56	92.63	92.59

（三）试验结果分析

1.“分磨制粉、仓内掺混、炉内混烧”的掺混均匀性的分析

对电站而言，其独特的库叉管设计，是保证不同煤粉仓内煤质基本均匀的重要保证。煤粉仓的煤粉取样位置在煤粉仓横断面的中央，也基本保证了取样点在空间上具有较强代表性。

从表5-30试验结果可以看出，4个试验工况，在B、C磨煤机磨制不同原煤，其挥发分、煤粉细度控制差异较大的条件下，1、2号煤粉仓内煤粉挥发分、煤粉细度却基本相当。煤粉细度差异最大的是工况3和工况4，R_{90}煤粉细度最大相差均只有0.8%。试验工况3对应粉仓煤粉挥发分差异最大，为1.73%；但相对于该工况下B制粉系统成粉R_{90}细度为5.6%，C制粉系统成粉R_{90}细度为20%，未掺混前煤粉细度差高达14.4%的初始条件，通过库叉管掺混的均匀性是令人相当满意的。

2. 煤粉细度控制的比较

“分磨制粉”的最终目的是控制不同煤质煤粉有不同的经济细度。由表5-30和表5-32的对比数据可以清楚地看出，“炉前掺混”方式，工况1和工况2下，平均煤粉细度分别为16.8%和12%；“分磨制粉”试验工况3和工况4，却能有效控制金鼎无烟煤磨煤机出口煤粉细度至5.6%和4.8%，大大改善了无烟煤的着火条件。

同时还应注意到，“炉前掺混”方式下的煤粉细度是已经混合的混煤的煤粉细度，鉴于无烟煤可磨性劣于优质贫煤，混煤中无烟煤的煤粉细度应大大超出其综合平均细度。这是两种不同掺混方式下，灰渣含碳量差异较大的根本原因。

3. 不同掺烧方式灰渣可燃物的分析比较

对特定锅炉和煤种而言，影响煤粉燃尽度的主要因素有炉型、炉膛尺寸、煤质（挥发分、灰分等）、炉膛温度、一次风率、配风方式、一次风温、一次风速以及煤粉细度。煤粉越细，其着火距离越短、反应面积越大、燃尽时间越短。

煤粉细度，尤其是无烟煤煤粉细度的可控制性差异，使得“炉前掺混”与“分磨制粉”两种方式下灰、渣可燃物有较大差距。由表5-6数据可直观看出，同样锅炉、同样煤质、同样负荷下，由于掺配方式不同，“分磨制粉”下飞灰可燃物平均比“炉前掺混”下飞灰可燃物偏低2.90%，机械不完全燃烧损失相应降低2.74%。

4. 火焰中心及排烟温度的变化

理论研究和试验结果都证明，煤粉细度显著下降时，煤粉着火提前，火焰中心可有一定下移。炉膛中心温度可以由减温水量和排烟温度看出。

由表5-34数据可知，“分磨制粉”下，过热器减温水量比“炉前掺混”减少约3t/h，减幅近10%。但从排烟温度看，考虑到环境温度差异较大，影响了排烟温度对比的直观性。“分磨制粉”时排烟温度与环境温度差反而偏高约3.8%，对应排烟损失却仅偏高0.09%，可忽略不计。

典型贫煤的郑煤与典型无烟煤的金鼎煤采用不同的混煤掺烧方式时，对灰渣可燃物的影响要大于对排烟温度的影响。总的锅炉效率有比较明显的差别。从平均锅炉效率看，“分磨制粉、仓内掺混、炉内混烧”方式下，平均锅炉效率比“炉前掺混、炉内混烧”高出约1.5%。相应可降低供电煤耗约5g/(kW·h)。

四、某电站300MW中储式制粉系统劣质无烟煤燃烧稳定性试验研究

（一）某电站制粉系统结构特点及主要锅炉设计运行参数

1. 粉仓与粉仓的连接

某电站A、B制粉系统对应1号粉仓，C、D制粉系统对应2号粉仓。1、2号粉仓间通过输粉机调节粉位。

2. 粉仓与燃烧器的连接关系

该厂1、2号锅炉分别有5层20只煤粉燃烧器。粉仓与燃烧器分层连接，即1号粉仓对应的10只燃烧器接入A、D层燃烧器和E1、E3燃烧器；2号粉仓对应的另10只燃烧器则接入B、C层燃烧器和E2、E4燃烧器。见示意如图5-38所示。

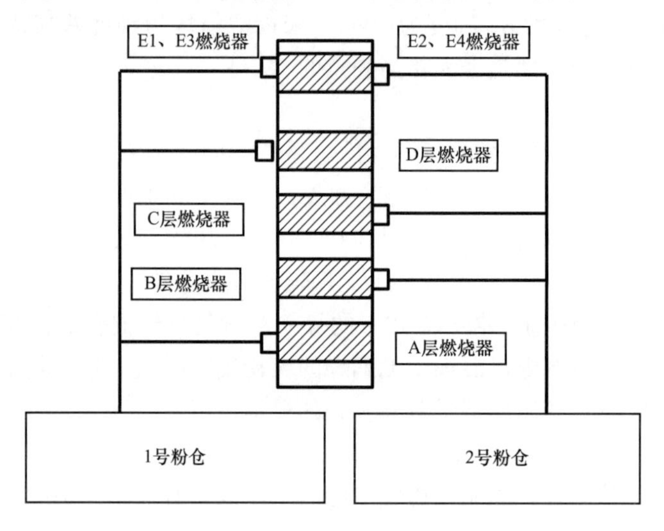

图5-38　某电站1、2号锅炉粉仓与燃烧器的连接关系示意图

此种燃烧器的布置方式，采用“分磨制粉、炉内掺烧”，对于燃用燃烧特性差异较大的煤种是较为有利的。

在实际操作中，兼顾燃烧安全性和经济性，可将燃烧特性好的煤种包夹在燃烧特性较差的煤种外，即1号粉仓燃用好煤，2号粉仓燃用差煤。

3. 锅炉设计煤质以及主要设计运行参数及经济指标（见表5-35、表5-36）

表5-35　　锅炉设计煤质

项目		单位	设计煤种	校核煤种1	校核煤种2
元素分析	水分 M_t	%	8.2	7.35	8.5
	氢	%	56.18	2.84	2.16
	碳	%	2.7	60.98	51.91
	氧	%	4.34	3.62	4.06
	氮	%	1.2	1.14	1.3
	硫	%	0.48	0.47	1.2
工业分析	水分 M_t	%	8.2	7.35	8.5
	分析基水分	%	1.09	1.25	1.06
	挥发分 V_{daf}	%	13.55	16.72	10.1
	灰分 A_{ar}	%	26.9	23.6	30.87
	低位发热量 $Q_{net,ar}$	kJ/kg	21 401	23 282	19 687

续表

项　目		单位	设计煤种	校核煤种 1	校核煤种 2
哈氏可磨系数			66	65.2	57.6
点熔灰	变形温度	℃	1355	1320	1320
	软化温度	℃	1365	1345	1340
	流动温度	℃	1420	1405	1400

表 5-36　　锅炉主要设计运行参数及经济指标

项　目	单位	BMCR	91%MCR (300MW)	定压 64%MCR	滑压 65%MCR
主蒸汽流量	t/h	1025	935	657	662
给水温度	℃	274	269	248	249
过热蒸汽出口温度	℃	540	540	540	540
过热蒸汽出口压力	MPa	17.46	17.31	16.94	14.38
再热蒸汽流量	t/h	851.5	780.8	558.9	564.5
再热蒸汽出口温度	℃	540	540	540	540
再热蒸汽进口温度	℃	329.4	320	299	317
再热蒸汽进口压力	MPa	3.83	3.51	2.50	2.52
再热蒸汽出口压力	MPa	3.62	3.31	2.36	2.38
进入空气预热器烟气温度	℃	418	—	382	388
排烟温度（修正前/后）	℃	133/125	128/121	117/108	118/109
空气预热器出口空气温度（一次风/二次风）	℃	385/374	376/366	356/348	360/353
锅炉效率	%	91.6	91.82	92.15	92.03

（二）电站燃煤库存及煤质概况

随着电煤市场的持续紧张，某电站进入 2008 年以来，原煤消耗与采购比例长期不如人意。煤场库存总量 11 万 t，但煤场中以无烟煤（类）为主，总量占全部库存约 65%，烟煤（低热值）占 5%左右，省内煤占 20%左右，郑煤等贫煤占 5%，其他煤占 5%。这种掺烧方式虽然确保了锅炉燃烧的稳定，但与煤场库存结构极不适应。

（三）燃烧稳定优化试验原则

(1) 鉴于当时原煤采购形势，以及煤场库存、原煤结构，混煤原则首要是有效利用现有库存，避免过度消耗优质煤和高热值原煤，积极采取措施多燃用预混煤等低热值无烟煤。

(2) 低热值无烟煤的使用应优先考虑“分磨制粉”方式。合适的无烟煤细度可大大降低局部黑火、甚至炉膛灭火风险。“分磨制粉”是保证无烟煤细度的可靠手段。

(3) 在安全条件下，可尝试将志成公司预混煤单独送入 C（D）制粉系统。如稳定性较好，可适当增加一台磨煤机以“单独制粉”。保证高比例无烟煤燃烧稳定性的主要条件之一是确保无烟煤煤粉细度。配风方式也应加以适当调整，低一次风速、低二次风量，磨煤机出口温度尽可能提高。

（4）一期北区志成公司预混煤热值基本在12 000kJ/kg左右，热值偏低。如燃烧稳定性难以保证，可以30%晋城煤+70%志成公司预混煤方式，合成热值约为15 000kJ/kg无烟煤，单独送入2号炉一台制粉系统单独磨制。

（5）其余制粉系统入磨煤机原煤也应适当增加无烟煤比例，以适应当前煤场原煤结构。

（6）为避免灭火、黑火等障碍，检修人员应确保燃油系统投退可靠；运行人员应密切注意负压、火焰检测等热工信号，果断投油稳燃。

（四）“分磨制粉”现场优化试验

1. 试验方案

（1）选定志成公司预混煤（无烟煤类）、晋城煤（无烟煤）、郑煤（水运煤）等贫煤、省内劣质烟煤及平顶山烟煤等作为掺配试验煤种。

（2）“分磨磨制、炉内混烧”：选一套可靠性较好、出力较大制粉系统单独磨制无烟煤（志成公司预混煤），严格控制细度为6%～8%（根据电站建议选C磨煤机）；其余制粉系统磨制平顶山烟煤和郑煤混煤及无烟煤，掺混比例以热值不低于16 000kJ/kg、分析基挥发分不低于16%以基础，煤粉细度控制在14%左右。为避免2号粉仓内只有志成公司预混煤种，在C磨煤机运行时间内，应保证D磨煤机同时运行；如D磨煤机故障或负荷要求，应启动输粉机将1号粉仓煤粉送入2号粉仓；2号粉仓粉位过高时，停运C、D制粉系统及输粉机。

（3）如单独磨制志成公司预混煤时，锅炉燃烧有不稳倾向，添加30%晋城煤与志成公司预混煤单独磨制。其余制粉系统维持原掺烧比例。

（4）根据试验效果，如果燃烧稳定，可进一步试验在另一个粉仓对应制粉系统中选择一套磨制志成公司预混煤等无烟煤。

2. 试验过程及效果

根据电站实际情况，A、B、D三台磨煤机磨制相同煤种：志成公司预混煤20%+省内劣质烟煤20%+郑煤60%；C磨煤机单独磨制志成公司预混煤。

考虑到志成公司预混煤燃烧稳定性试验需要，结合当天机组实际负荷，选定220MW负荷作为试验负荷点。

完成一个工况后，D磨煤机出现故障退出运行，与电站临时商定，增加2号粉仓单独为志成公司预混煤种燃烧稳定性试验。

工况1：A、B、C、D磨煤机运行，其中C磨煤机单独磨制志成公司预混煤。

工况2：A、B、C磨煤机运行，C磨煤机单独磨制志成公司预混煤。

（1）燃烧经济性。两个工况下机组煤质工业分析及发热量数据见表5-37，运行基本参数及锅炉效率测试结果见表5-38。

表5-37　两个工况下机组煤质工业分析及发热量数据

工况	全水分（%）	分析水分（%）	挥发分 V_{ad}（%）	灰分 A_{ad}（%）	发热量（kJ/kg）	煤粉细度（%）			
						A磨煤机	B磨煤机	C磨煤机	D磨煤机
工况1	6.2	0.55	11.33	49.3	16 100	12.0	13.6	4.8	15.2
工况2	6.4	0.58	9.37	52.3	15 500	14.4	14.8	6.4	—

表 5-38　　运行基本参数及锅炉效率测试结果

项　　目	单位	工况 1	工况 2
负荷	MW	220MW	220MW
志成公司预混煤掺量	%	36	42
煤种二（省内劣质烟煤）掺量	%	16	22
煤种三（郑煤）掺量	%	48	36
空气预热器入口氧量	%	4.2	3.4
排烟温度	℃	141.2	145.3
排烟氧量	%	5.65	5.23
环境温度	℃	28.1	26.4
飞灰可燃物	%	4.33	5.65
炉渣可燃物	%	6.13	8.08
排烟损失 q_2	%	5.06	5.26
机械不完全燃烧损失 q_4	%	4.60	6.72
锅炉效率	%	89.35	86.98

由表 5-38 可知，在 220MW 负荷下，志成公司预混煤掺烧比例达到 36%时，锅炉效率可达 89.35%；当志成公司预混煤比例进一步提高，2 号粉仓全部为志成公司预混煤时，锅炉效率为 86.98%。

应当说，两个工况下的锅炉效率均比设计效率（与表 5-36 中 64%MCR 工况相当）92.15%偏低较多。但应注意到这两种工况下入炉煤质严重偏离设计煤质。以发热量为例，试验工况下热值较设计煤质热值低近 5000kJ/kg。这是造成锅炉效率明显偏低的根本原因。以设计煤种修正，工况 1 锅炉效率可达 93.22%，工况 2 锅炉效率可达 92.33%，均可超过设计水平。

（2）运行稳定性。220MW 负荷下，志成公司预混煤掺烧比例分别在 36%和 42%条件下，从运行情况看，炉膛负压稳定，波动在±100Pa 以内，蒸汽温度、蒸汽压力平稳；各投运燃烧器火焰检测强度较高。各燃烧器平均火焰检测强度见表 5-39。

表 5-39　　两个试验工况下投运燃烧器火焰检测平均强度

燃烧器	A1	A2	A3	A4	B1	B2	B3	B4	C1	C2
工况 1 火焰检测强度	85	80	75	80	70	65	70	70	75	—
工况 2 火焰检测强度	85	75	80	80	—	—	70	75	70	65
燃烧器	C3	C4	D1	D2	D3	D4	E1	E2	E3	E4
工况 1 火焰检测强度	—	75	—	85	—	90	80	75	80	80
工况 2 火焰检测强度	70	65	—	—	90	85	75	75	80	75

注　—表示该燃烧器未投运。

应当指出，当 D 磨煤机退出运行，2 号粉仓内全部为志成公司预混煤，机组负荷进一步下降时，锅炉燃烧出现不稳定迹象。负压波动增大，火焰检测闪烁，当负荷低至 180MW 时，B、C 层燃烧器火焰检测经常低于 40%时，燃烧明显趋于不稳定。

3. 试验结果及分析

（1）从以上试验结果看，试验煤质下，采用“分磨制粉、炉内掺烧”方式能较好地保证锅炉燃烧经济性，按设计煤质修正锅炉效率均能超过设计水平。

(2) 在负荷率较高条件下，采用“分磨制粉”方式大比例掺烧志成公司预混煤能保证锅炉运行的稳定性和安全性。但当负荷下降至60%额定负荷时，锅炉燃烧出现不稳趋势。

(3)“分磨制粉”的掺混方式由于有效控制了志成公司预混煤的煤粉细度，能大幅度提高志成公司预混煤的掺混比例而保证锅炉燃烧的安全性并兼顾经济性，可有效利用电站现有煤场库存。

五、小结

本节主要阐述了“四角切圆”锅炉的制粉系统粉仓与燃烧器的对应关系，粉仓与粉仓联络方式。

介绍了某电站“分磨制粉、仓内掺混、炉内混烧”与传统掺烧方式的优化对比试验，以及出于有效利用某电站现有库存，确保劣质志成公司预混煤燃烧稳定性和经济性的“分磨制粉、炉内混烧”试验。试验结果表明：

(1) 两种燃烧特性差异较大的煤种不适宜采用“炉前掺混、炉内混烧”的方式。对于中储式制粉系统，“分磨制粉、炉内混烧”或者“分磨制粉、仓内掺混、炉内混烧”是比较好的优化混煤掺烧方式。

(2)“分磨制粉”能够根据入磨煤机煤质的不同，有效地分别控制磨煤机出口煤粉细度，“仓内掺混”能将不同煤粉细度的煤粉混合起来，在炉膛内实现均匀混烧。“仓内掺混”的关键是不同煤粉细度、不同煤质煤粉混合的均匀度。

(3) 对于粉仓与燃烧器为分层对应的布置方式，应综合考虑燃烧的稳定性和经济性选择不同的分磨方式。

(4) 具有库叉管的中间储仓式制粉系统能够方便地实现两个粉仓煤质基本均匀。库叉管的挡板位置应进行科学调试，以确保开度与落粉比例相一致。对于没有库叉管的制粉系统，当制粉出力差异导致其中一个粉仓粉位下降时，可考虑启动输粉机调节粉位。如输粉机操作灵活、控制可靠，可尝试“仓内掺混”。

(5) 燃烧特性极差煤种在机组运行负荷较低时不宜单独进入粉仓，应启动对应粉仓另一制粉系统以改善混煤着火特性。如对应磨煤机出现故障，应启动输粉机控制该粉仓煤粉煤质参数。

第四节 W型火焰锅炉混煤掺烧方式优化试验实例

一、国内常见的W型火焰锅炉及技术特点

W型火焰锅炉是特意针对无烟煤燃烧而设计开发的，由于火焰行程长，拱部区域炉膛温度高，特别适于无烟煤电站锅炉。目前，国内主要的W型火焰锅炉有三个厂家，属于三种流派，即英国巴布科克公司、东方锅炉有限公司、北京巴布科克·威尔科克斯公司（以下简称北巴公司）等。

英国巴布科克公司的W型火焰锅炉，一般采用双进双出正压直吹式制粉系统、直流下射狭缝式喷燃器。

东方锅炉有限公司制造的W型火焰锅炉，其技术特点属于美国Foster Wheeler（福斯特·惠勒）公司流派。对FW流派的W型火焰锅炉而言，锅炉燃烧主要通过调节A～F挡板、乏气风挡板和消旋叶片的开度进行，以适应煤种和负荷变化的需要。其中A、B、D、E挡板为手动，一般不经常变动，只有F挡板和C挡板要经常调整，由于沿炉膛宽度方向采用前后大风箱结构，而且炉膛宽度大，在F挡板的操作过程中必须保证沿炉膛宽度方向各投运的F风喷口风速均匀一致。FW流派W型火焰锅炉的风门挡板布置方式如图5-39所示。

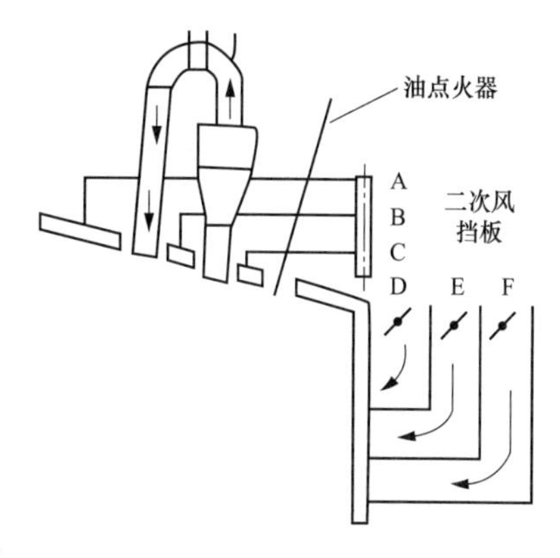

图5-39　FW流派W型火焰锅炉的风门挡板布置方式

北巴公司的W型火焰锅炉，引进的是美国Babcock&Wilcox（巴布科克·威尔科克斯）公司技术。其特点是燃烧所需的空气除了从拱上通过燃烧器内、外二次风引入炉膛外，在下炉膛前、后墙适当位置还布置了分级风，分级风采用风墙的形式引入炉膛，形成水冷壁四周的富氧气氛，分级风的控制与对应燃烧器的投停相联系，实现分级燃烧，既可有效地抑制NO_x的生成，并能防止水冷壁的结焦。

二、某电站300MW容量W型火焰锅炉无烟煤掺烧优化研究

某电站W型火焰锅炉设计燃用耒阳当地无烟煤，矿点多，汽车煤比重大。虽然各无烟煤低位发热量、灰分、挥发分等数据相差不大，但个别煤种可磨性差异较大。且由于煤炭市场紧张，当地煤不能满足电站生产需要。电站大量采购晋城无烟煤，该煤种与当地主要无烟煤种可磨性存在较大差异。为探索可磨性差异与混煤掺烧方式的对应关系，进行了理论数值模拟计算和现场对比试验。

（一）设备概述

某电站3号锅炉是北京巴布科克·威尔科克斯有限公司生产的B&WB-1025/17.2-M型亚临界中间再热自然循环汽包锅炉，平衡通风、露天布置。燃烧器布置在下炉膛前后拱上，采用正压直吹式制粉系统、W型火焰锅炉燃烧方式，尾部为双烟道结构，采用挡板调节再热蒸汽温度。每台炉共配有16个浓缩型EI—XCL低NO_x双调风旋流煤粉燃烧器，与之配套的是4套metso minerals公司生产的14′-0″×18′-0″双进双出磨煤机，设计出力为45.6t/h。设计燃用耒阳无烟煤。

1. 3、4号锅炉额定工况下主要设计参数（见表5-40）

表5-40　3、4号锅炉额定工况下主要设计参数

项　　目	单位	BMCR	PHO
主蒸汽流量	t/h	971	803
主蒸汽压力	MPa	17.15	16.95
主蒸汽温度	℃	540	540
再热蒸汽流量	t/h	802	789
再热器进/出口压力	MPa	3.613/3.475	3.531/3.4
再热器进/出口温度	℃	323/540	303/540
给水温度	℃	276	203
修正前排烟温度	℃	114	113

2. 3、4号锅炉额定工况下燃料特性（见表5-41）

表5-41 设计燃料特性

项目	单位	设计煤质	煤质变化范围
碳 C_{ar}	%	62.29	
氢 H_{ar}	%	1.08	
氮 N_{ar}	%	0.42	
氧 O_{ar}	%	2.83	
硫 S_{ar}	%	0.38	+0.1，−0.05
灰分 A_{ar}	%	24.89	+4.5，−4.5
水分 M_t	%	8.11	+1，−2
水分 M_{ad}	%	2.20	
挥发分 V_{daf}	%	6.19	+1.5，−1
低位发热值 $Q_{net,ar}$	kJ/kg	21 248	+1254，−2091
煤粉细度 R_{90}	%	6	
哈氏可磨性系数		68	+6，−5
变形、软化、熔化温度：1260、1315、1415℃			

（二）实际燃用煤种基本煤质参数

试验选定某电站库存较多、每年采购量较大的当地白沙煤和山西晋城无烟煤作为试验煤种。该两种煤种主要煤质参数见表5-42。

表5-42 试验实际燃用煤种基本煤质参数

项目	M_t	M_{ad}	A_{ad}	V_{ad}	$Q_{net,ar}$	可磨性
	%	%	%	%	kJ/kg	—
晋城煤	6.0	1.38	28.49	6.66	22 620	43
耒阳当地白沙煤	6.0	1.17	32.82	6.97	21 110	71

（三）燃烧器布置形式

锅炉燃烧设备主要由煤粉燃烧器、风箱、油枪及油点火器、风门控制装置等组成。锅炉共配有16个B&W专门用于燃用低挥发分燃料的双调风旋流燃烧器，错列布置在锅炉下炉膛的前、后拱上。燃烧器与磨煤机的连接关系如图5-40所示。

后　拱

D3	D4	C3	C4	B1	B2	A1	A2
B4	B3	A4	A3	D2	D1	C2	C1

前　拱

图5-40　燃烧器与磨煤机的连接关系

（四）W型火焰锅炉无烟煤混煤掺烧数值模拟

1. 网格划分及模拟条件

（1）网格划分。为了得到更精确的模拟结果，计算使用较为细密的网格，为63×

137×79，并在旋流燃烧器区域进行了细化，以便准确地描述燃烧器区域的空气动力特性，其中 x 坐标为深度方向，y 坐标为宽度方向，z 坐标为高度方向。

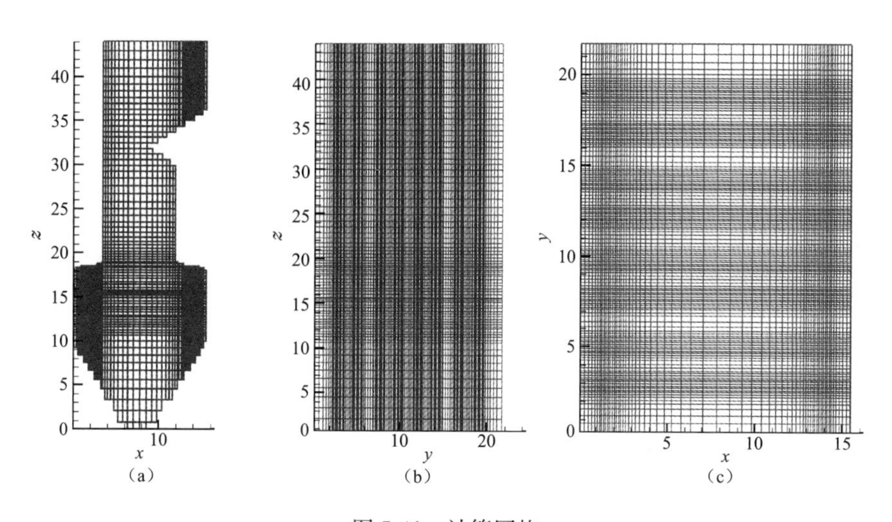

图 5-41　计算网格

（a）纵剖面；（b）横剖面；（c）截面

根据残差判断收敛，以所有计算量（如 u、v、w、k、ε 等）的相对误差都必须小于 1.0×10^{-3} 作为收敛准则。选择松弛因子见表 5-43。

表 5-43　　松弛因子列表

u	*v*	*w*	*p*	*te*	*ed*	*f*	*g*	*h*
0.7	0.7	0.7	0.8	0.3	0.3	1.00	0.30	1.0
visc	sup	svp	swp	smap	shp	srh	fhcn	fno
0.1	0.3	0.3	0.3	0.2	0.3	0.2	0.8	0.8

（2）壁面边界条件。对于炉膛水冷壁的边界条件设置而言，在此采用温度壁面边界条件，根据水冷壁内的工质温度并考虑水冷壁的安全裕度形成温度壁面边界设置条件：冷灰斗出渣口设置为 373K；燃烧器区域铺设了卫燃带，温度设定在 1300K；炉膛除燃烧器以外的其他壁面，根据水冷壁介质温度，大致取一个温度级别，定义温度为 980K。

由于炉膛出口为烟气出口，因此根据出口烟气的大致温度进行设定，定义温度为 1300K。

（3）入口条件。选 24 只燃烧器全部投运的满负荷状态进行数值计算。燃烧器的喷口截面作为计算区域的入口边界。入口边界上气相的速度、温度以及煤粉颗粒流量、温度、粒径根据锅炉的运行参数直接给定，表 5-44 为入炉风量条件。

表 5-44　　入炉风量条件

项　目	数　值
一次风温（混合后,℃）	150
二次风温（℃）	342.6

续表

项　　目	数　　值
二次风速（内环，m/s）	19.2
二次风速（外环，m/s）	37.5
分级风速（m/s）	38.8
一次风速（喉口，m/s）	20
乏气风速（m/s）	21.5
一次风率（喷口处，%）	7.86
二次风率（%）	58.55
分级风率（%）	22.0

（4）模拟工况。

1）工况 1：炉前掺混。

2）工况 2：A、B 磨煤机采用晋城煤、C、D 磨煤机采用白沙煤。

3）工况 3：A、D 磨煤机采用晋城煤，B、C 磨煤机采用白沙煤。

4）工况 4：B、C 磨煤机采用晋城煤，A、D 磨煤机采用白沙煤。

2. 数值计算模拟结果（如图 5-42～图 5-48 所示）

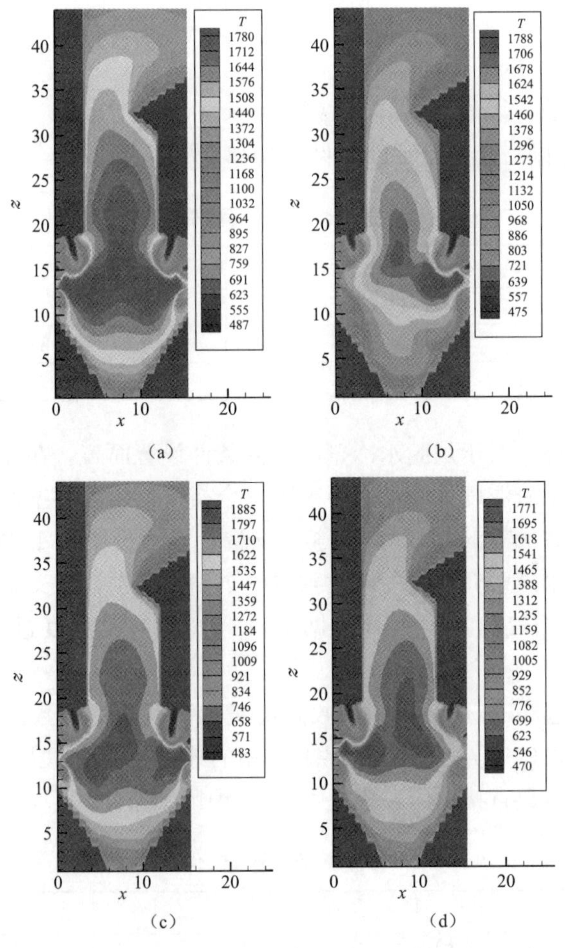

图 5-42　炉膛纵剖面温度场（A1、C2 燃烧器截面）

（a）工况 1；（b）工况 2；（c）工况 3；（d）工况 4

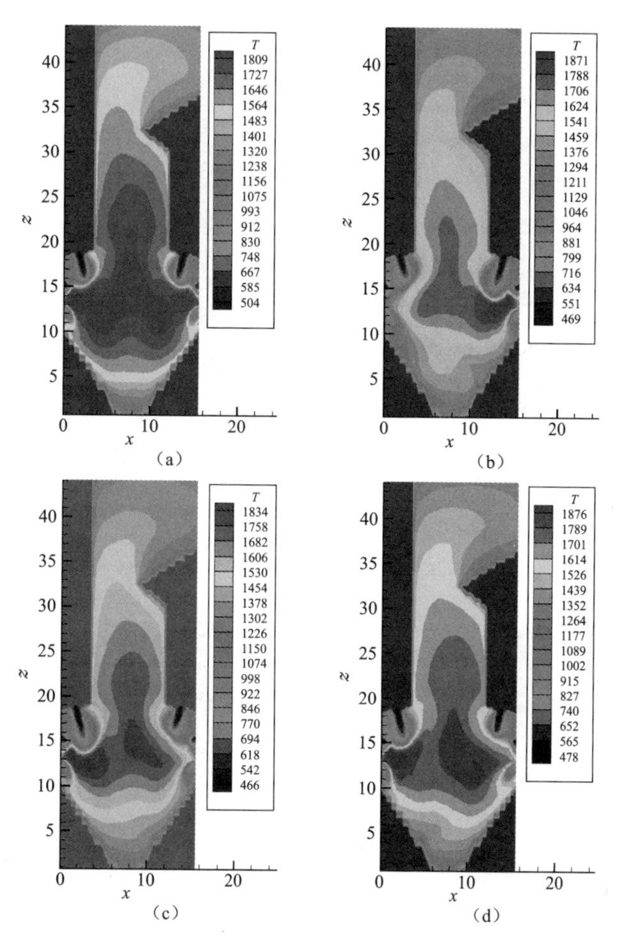

图 5-43　炉膛纵剖面温度场（D4、B3 燃烧器截面）

（a）工况 1；（b）工况 2；（c）工况 3；（d）工况 4

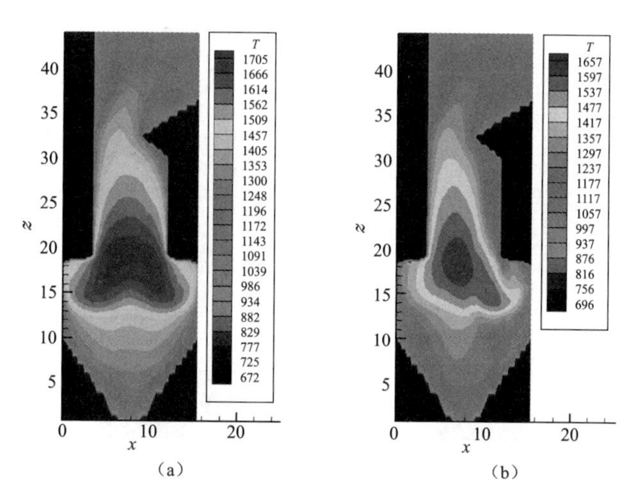

图 5-44　炉膛左墙剖面温度场（一）

（a）工况 1；（b）工况 2

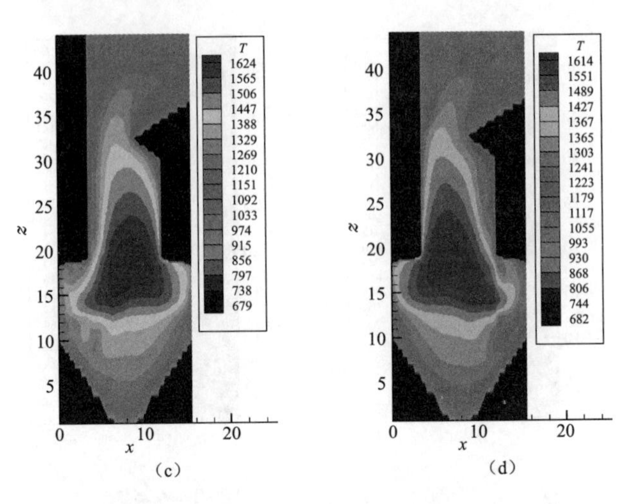

图 5-44　炉膛左墙剖面温度场（二）

（c）工况 3；（d）工况 4

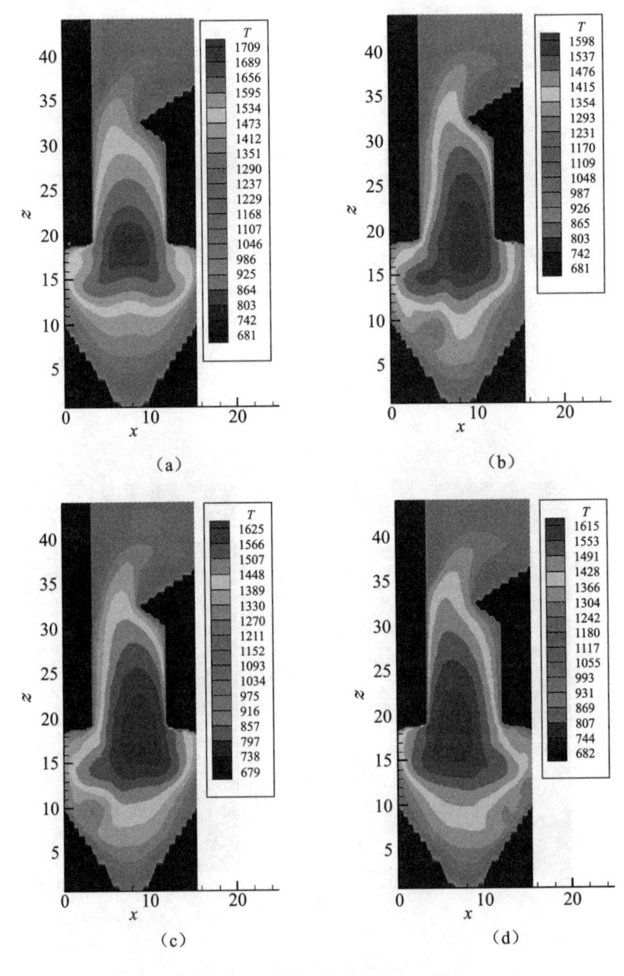

图 5-45　炉膛右墙剖面温度场

（a）工况 1；（b）工况 2；（c）工况 3；（d）工况 4

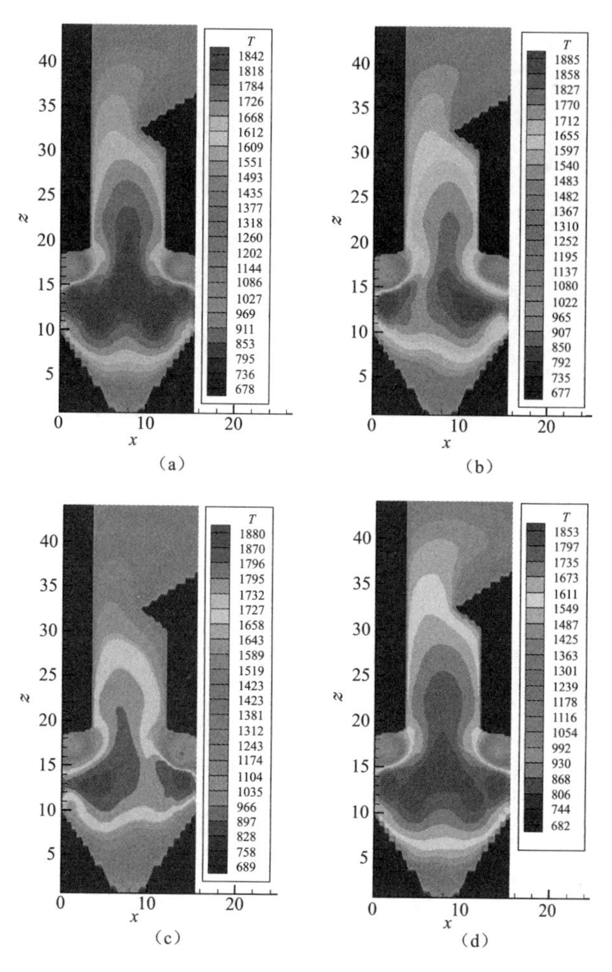

图 5-46　炉膛中心纵剖面温度场

(a) 工况 1；(b) 工况 2；(c) 工况 3；(d) 工况 4

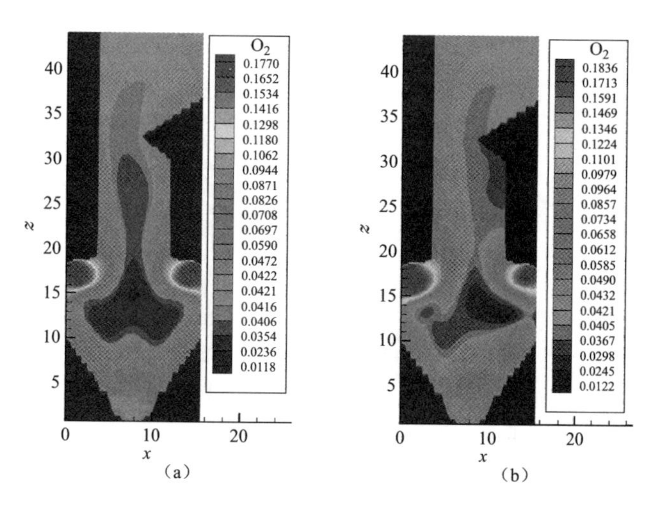

图 5-47　炉膛中心纵剖面氧量场（一）

(a) 工况 1；(b) 工况 2

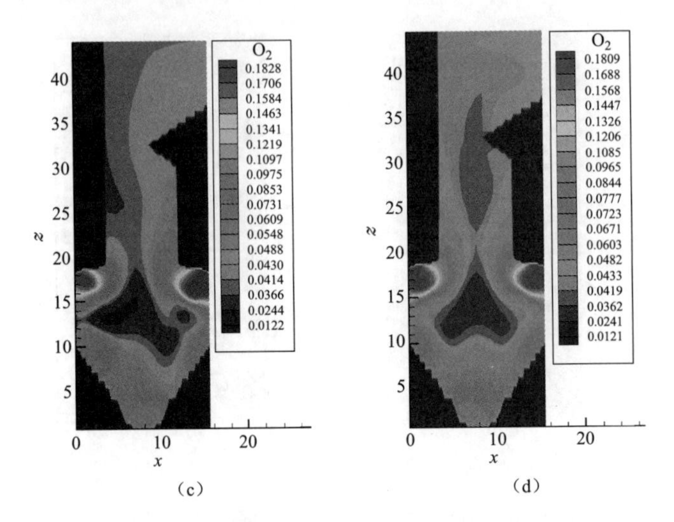

图 5-47　炉膛中心纵剖面氧量场（二）

（c）工况 3；（d）工况 4

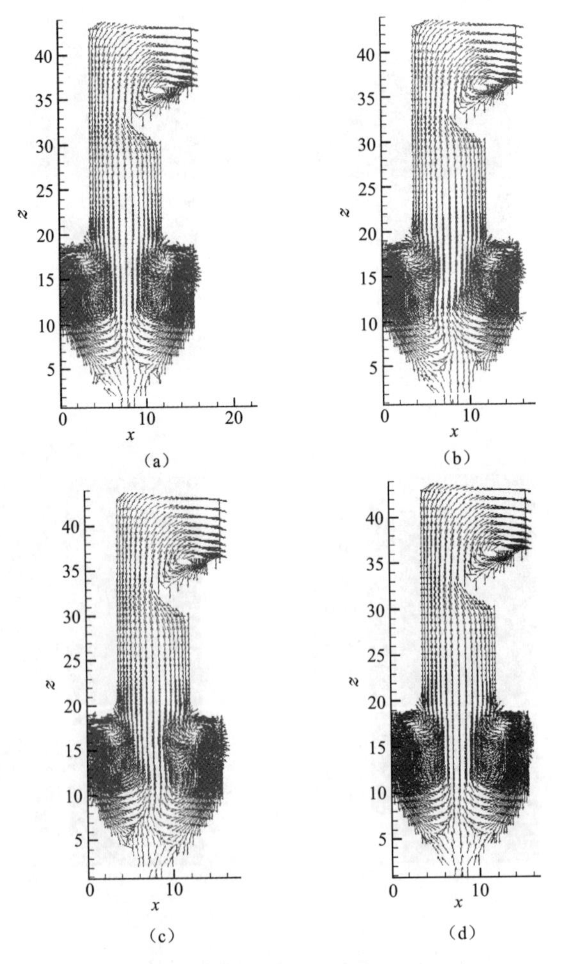

图 5-48　炉膛中心纵剖面速度场

（a）工况 1；（b）工况 2；（c）工况 3；（d）工况 4

炉膛出口参数比较见表 5-45。

表 5-45　　炉膛出口参数比较

工况	过量空气系数	出口平均含氧量（%）	燃尽率（%）	出口平均温度（℃）
1	1.19	4.21	94.5	1293.9
2	1.19	4.01	95.9	1286.2
3	1.19	4.10	95.1	1288.0
4	1.19	3.89	96.5	1283.8

燃尽率为已燃炭和可燃气体占煤粉可燃成分的比例，即

$$\eta_r = 100 - (q_3 + q_4)$$

式中　q_3——化学不完全燃烧热损失，%；

q_4——机械不完全燃烧热损失，%。

3. 结果分析

（1）煤粉气流自拱顶燃烧器出口进入炉膛后斜向下俯冲一定深度后着火燃烧，释放大量的热在乏气风和分级风之间高度炉膛区域形成高温区，温度在 1700～1900K 之间，有利于煤粉的着火、稳燃和燃尽。从温度、氧浓度和流场分布都可以很清晰地观察到在下炉膛形成了 W 型状，正确地体现了 W 型火焰锅炉炉内火焰的空气动力特性。

（2）从炉膛纵剖面温度场可以看出，前、后墙两个燃烧器燃用相同的煤种时，下炉膛形成了对称的 W 型状，前、后墙两个燃烧器燃用不同的煤种时，下炉膛形成了不对称的 W 型状，燃用晋城无烟煤的燃烧器气流下冲较深，着火距离较长。炉膛左、右墙剖面温度场显示，燃用晋城无烟煤的燃烧器附近的左、右墙温度较低。

（3）通过对工况 1、工况 2、工况 3 和工况 4 的对比可以看出，工况 4 燃尽率最高，炉膛出口温度最低；炉前掺混的工况 1 燃尽率最低，炉膛出口温度最高。建议实际运行中，不采用炉前掺混。

（五）混煤掺烧方式优化试验

通过试验，确认不同掺配煤种下，“分磨制粉、炉内掺烧”与“炉外掺混、炉内混烧”的优劣以及可磨性差异较大煤种的进仓模式。在燃用库存煤的前提下，寻找既保证高负荷带得起、低负荷稳得住，又能提高锅炉运行经济性的合理掺配模式。

1. 试验过程

（1）首先进行预备性试验。维持当前配煤上煤方式，取样化验煤粉细度、飞灰可燃物、炉渣可燃物，测算制粉出力（以给煤机转速为依据）、排烟温度、排烟氧量、炉膛温度，记录减温水量，计算锅炉效率。

（2）试验期间，每晚 22 点后根据第 2 天试验要求由燃运部门上不同煤种（或混煤或单煤），确保白天试验期间燃用试验煤种且煤质均匀。

（3）炉外掺混、炉内混烧。选定煤场内存量较多、可磨性差异较大的两种无烟煤：山西晋城煤和白沙煤。按 1∶1 混合，混煤进入磨煤机制粉。对每台磨煤机煤粉化验细度（每隔 10min 取样一次，混合样作为一个试验工况的煤粉样）进行取样、在满足机组带满负荷的前提下，控制煤粉细度 R_{90} 在 6%左右，按 GB 10184—1988《电站锅炉性能试验规程》要求测算锅炉效率并记录有关运行参数。

（4）分磨制粉、炉内掺烧。对可磨性差异较大的山西晋城无烟煤和白沙煤进行炉内掺烧试验。

1）选A、B磨煤机磨制晋城无烟煤，C、D磨煤机磨制白沙本地煤，分别测定煤粉细度，晋城煤煤粉细度控制在5%左右，白沙煤煤粉细度控制在7%左右，测试锅炉效率；

2）再进行A、D磨煤机磨制晋城无烟煤，B、C磨煤机磨制白沙本地煤，分别测定煤粉细度，制粉细度控制同上，测试锅炉效率；

3）再进行B、C磨煤机磨制晋城无烟煤，A、D磨煤机磨制白沙本地煤，分别测定煤粉细度，制粉细度控制同上。

本组对比试验的目的是确定可磨性极低无烟煤的进仓模式。

（5）所有试验在300MW负荷左右下进行。试验期间保证试验锅炉只燃用晋城煤和白沙煤。

2. 试验结果对比

在试验过程中，试验包括如下内容：

（1）记录各主要运行参数。

（2）按照GB 10184—1988进行锅炉效率测试。

（3）记录不同掺配方式下锅炉炉膛温度。

各测试数据分别见表5-46～表5-48。

表5-46　　不同混配方式下试验煤质参数及煤粉细度

工况	负荷（MW）	全水分（%）	分析水分（%）	挥发分（%）	灰分（%）	发热量（kJ/kg）	煤粉细度（%）			
							A磨煤机	B磨煤机	C磨煤机	D磨煤机
先混后磨	305	6	1.12	4.53	28.65	22 080	2.4	3.2	18.4	8
先磨后混1	305	6	0.99	4.73	32.9	20 600	6	10.4	19.2	13.6
先磨后混2	305	6	0.67	4.58	31.54	21 110	5.6	4	12	16.4
先磨后混3	300	6	0.71	5.58	26.43	21 640	3.6	0.8	6	6

表5-47　　不同掺混方式下机组运行参数及经济性指标对比

方式（工况）	单位	炉前掺混	分磨制粉、炉内混烧			
			工况1	工况2	工况3	平均
负荷	MW	305	305	305	300	303
一次风压	kPa	7.96	8.56	8.69	8.38	—
一次风温	℃	381.0	381.6	388.3	376.2	—
二次风压	kPa	2.01	1.81	2.11	1.74	—
二次风温	℃	364.5	364.6	367.7	362.0	—
一减流量	t/h	29.12	33.2	39.7	37.3	—
二减流量	t/h	6.51	6.91	7.37	6.72	—
再热汽减温	t/h	0	0	0	0	—
排烟温度	℃	154.7	153	154	151.2	152.7
排烟氧量	%	4.26	4.51	4.71	4.32	4.51
环境温度	℃	38.4	32.0	32.7	37.0	33.9
飞灰可燃物	%	11.28	6.6	8.1	4.75	6.48

续表

方式（工况）	单位	炉前掺混	分磨制粉、炉内混烧			
			工况 1	工况 2	工况 3	平均
炉渣可燃物	%	21.12	11.84	15.69	3.6	10.38
排烟损失 q_2	%	4.59	5.37	5.23	4.86	5.14
机械不完全燃烧损失 q_4	%	6.17	4.07	4.95	2.00	3.69
锅炉效率	%	88.69	89.98	89.25	92.61	90.60

表 5-48　　不同掺配方式下各层炉膛温度对比

方式（工况）	测温位置	炉前掺混	分磨制粉、炉内混烧		
			工况 1	工况 2	工况 3
第三层燃烧器层 29m	左前	1449	1428	1410	1435
	左后	—	—	—	—
	右前	—	—	—	—
	右后	1422	1444	1414	1443
第二层燃烧器层 17m	左前	1492	1450	1454	1519
	左后	1599	1517	1465	1615
	右前	1525	1580	1505	1572
	右后	1626	1477	1549	1623
第一层燃烧器层 13m	左前	—	—	—	—
	左后	1252	1238	1221	1315
	右前	1219	1101	1158	1258
	右后	1202	—	1240	1331

注　—表示无观测孔或观察孔被焦完全堵严。

（六）试验结论与分析

（1）对于基本工业分析煤质如热值、挥发分接近的无烟煤种，其燃烧特性、可磨性、焦渣特性有较大差异。

（2）对不同无烟煤种，尤其是可磨性、燃烧特性差异较大的无烟煤种，采用“分磨制粉、炉内掺烧”方式能有效提高锅炉的运行效率。

（3）由于各无烟煤种焦渣特性不同，通过不同磨煤机磨制不同煤种，可有针对性地控制局部炉膛温度改善结焦现象，有利于锅炉稳定、安全运行。

三、某电站 W 型火焰锅炉“分磨制粉”与“半仓上煤”对比试验

某电站 300MW 直吹式制粉系统 W 型火焰锅炉在 168h 试运前三天燃烧发热量较高的山西长治贫煤，锅炉燃烧稳定正常。受煤炭市场的影响，无法保证山西长治贫煤的供应，必须掺烧 50%发热量偏低的耒阳无烟煤。

实施掺烧后，发生了锅炉后墙火焰检测器闪烁，强度弱，炉膛负压波动大，现场观察前墙燃烧器大部分接火延迟，下炉膛温度测量显示后半炉膛温度低于前半炉膛温度。调试人员初步判断，发生这一现象的原因是前、后墙燃烧器燃用的煤种不一致、混煤掺配环节出现了问题。经调查，该厂燃运部门从输煤方便、节约厂用电出发，采用“分半仓上煤、磨内掺混”的混煤掺烧方式。

为确认“磨内掺混”效果，对双进双出磨煤机“磨内掺混”进行了“掺混均匀性”试验，结果显示，两种煤在磨煤机内基本上没有掺混，前墙、后墙实际燃用煤种分别接近长

治贫煤、耒阳无烟煤的单煤，且难磨难燃尽的无烟煤煤粉细度明显偏粗。

混煤掺烧方式改为“分磨制粉、炉内掺烧”后，煤粉细度控制合理，炉膛温度均匀，锅炉燃烧稳定，锅炉效率比“分（半）仓上煤、磨内掺混、炉内混烧”提高1.65%。

（一）设备概述

某厂3号锅炉为东方锅炉有限公司引进美国FW（Foster Wheeler，福斯特·惠勒）公司的W型火焰燃烧技术设计制造的亚临界、中间一次再热自然循环煤粉炉，锅炉型号为DG1025/17.4-Ⅱ14，设计燃用河南永城无烟煤，设计煤质特性见表5-49。

表5-49　设计煤质特性

煤种	工业分析（%）			元素分析（%）					低位发热量（kJ/kg）
	V_{daf}	M_{ar}	A_{ar}	C_{ar}	H_{ar}	O_{ar}	N_{ar}	S_{ar}	$Q_{net,ar}$
数据	10.94	8.26	20.84	65.22	2.36	1.99	0.95	0.39	24 060

该锅炉燃烧系统采用分级送风的双拱绝热炉膛，从空气预热器来的二次风经锅炉两侧风道送入前、后墙大风箱，安装在拱上的燃烧器穿过大风箱，大风箱被分成24个单元，每个单元对应1个燃烧器。风箱每个燃烧器单元均布置有6个二次风道及挡板，A～C挡板控制拱上的二次风量，D～F挡板控制拱下部（前、后墙）二次风量。锅炉共配有24个按FW技术设计制造的双旋风分离式煤粉浓缩型燃烧器，错列布置在锅炉下炉膛的前、后墙拱上，进入燃烧器的一次风粉混合物通过旋风筒的分离作用，将一次风分离成浓淡两部分，该燃烧器还布置有乏气挡板和消旋叶片，可根据煤质的不同，调整乏气挡板及消旋叶片的位置，以获得最佳的燃烧效果。燃烧器布置方式如图5-49所示。

后墙（对应非驱动端）

B3	A3	B2	A2	B1	A1	D1	C1	D2	C2	D3	C3
C6	D6	C5	D5	C4	D4	A4	B4	A5	B5	A6	B6

前墙（对应驱动端）

图5-49　燃烧器布置图

该锅炉配有4套正压直吹式制粉系统，每套制粉系统由1台BBD4060型双进双出钢球磨煤机、2台电子称重式给煤机（分别对应磨煤机驱动端与非驱动端）、1个原煤斗（分两个半仓，出口对应两台给煤机，进口对应甲、乙两条输煤皮带）组成，非驱动端一次风管对应后墙燃烧器，驱动端一次风管对应前墙燃烧器。

（二）实际燃用煤质基本参数

调试初期，锅炉全部燃用山西长治贫煤。后受运输及采购影响，掺烧耒阳无烟煤，两种煤的基本工业分析数据见表5-50。

表5-50　两种煤的基本工业分析数据

煤　种	M_{ad}	M_{ar}	A_{ar}	V_{daf}	R_{90}	$Q_{net,ar}$
	%	%	%	%	%	kJ/kg
山西长治贫煤	1.08	7.6	25.20	14.51	—	23 319
耒阳无烟煤	0.90	8	35.62	7.82	—	19 245

（三）“半仓上煤、磨内掺混”方式及锅炉燃烧基本状况

调试初期，锅炉全部燃用山西长治贫煤时，炉膛负压基本在－60～－30Pa内波动，前、后墙火焰检测器平均亮度大于80%，锅炉燃烧稳定。当采用“磨内掺混”的掺烧方式，即一根皮带输送山西长治贫煤进入磨煤机驱动端的半个煤仓，另一根皮带输送耒阳无烟煤进入磨煤机非驱动端的半个煤仓，使两种煤在磨内得到掺混。当掺烧50%的耒阳无烟煤后，炉膛负压波动变大，为－150～＋50Pa，前墙火焰检测器平均亮度大于80%，后墙火焰检测器平均亮度小于40%，从现场看火孔观察火焰，后墙大部分燃烧器不接火，火焰呈暗红色。对下炉膛温度进行了测量，对飞灰、炉渣进行了采样，并进行了锅炉效率计算，有关数据见表5-51。在对仓内掺混不均匀引起怀疑后，进行了专门的试验，有关试验数据见表5-52。

表5-51　“磨内掺混、炉内混烧”稳定性和经济性数据

名　　称	单位	磨内掺混
前墙下炉膛最高温度	℃	1410
后墙下炉膛最高温度	℃	1300
炉膛负压波动范围	Pa	－150～＋50
火焰检测器平均亮度	%	后墙<40，前墙>80
飞灰含碳量	%	8.86
排烟损失	%	6.15
机械不完全燃烧损失	%	3.90
锅炉效率	%	89.45

表5-52　磨内掺混均匀性试验数据

煤　　种		M_{ad} (%)	M_{ar} (%)	A_{ar} (%)	V_{daf} (%)	R_{90} (%)	$Q_{net,ar}$ (kJ/kg)
山西长治贫煤		1.08	7.6	25.20	14.51	—	23 319
耒阳无烟煤		0.90	8	35.62	7.82	—	19 245
磨内掺混	非驱动端煤粉	0.94	8	33.63	8.12	12.1	20 000
	驱动端煤粉	0.87	8	26.59	13.09	10.1	22 810

测量及试验结果表明：

1. 后墙火焰温度明显低于前墙

左、右侧墙看火孔温度测量显示，后墙下炉膛火焰温度最高为1300℃，比前墙下炉膛最高火焰温度1410℃低110℃，后墙火焰温度明显低于前墙。

2. “磨内掺混”达不到预期的均匀掺混效果

从表5-52成粉样的热值、挥发分等数据来看，非驱动端出口煤质基本接近耒阳无烟煤，驱动端出口煤质基本接近山西长治贫煤，可见“磨内掺混”达不到预期的均匀掺混效果，致使锅炉后墙基本烧无烟煤，前墙烧贫煤，后墙无烟煤燃烧器失去贫煤火焰的支持，导致出现不接火、火焰检测器信号弱的现象。

3. “磨内掺混”难磨、难燃尽的耒阳无烟煤煤粉细度难以控制

为了保证燃烧的稳定性和经济性，要尽量控制难磨、难燃尽的无烟煤煤粉细度，而易着火易燃尽的贫煤煤粉细度可粗一些。而“磨内掺混”时，难磨的耒阳无烟煤煤粉细度

R_{90}达 12.1%，远远低于山西长治贫煤煤粉细度 R_{90} 细度 10.1%，可见“磨内掺混”很难保证难磨、难燃尽煤种的煤粉细度。

4. 锅炉效率偏低

由于无烟煤煤粉粗，燃用无烟煤的后半炉膛温度低，导致灰渣含碳量偏高，达 8.86%，锅炉效率仅为 89.45%。

5. 存在锅炉灭火隐患

(1) 后墙局部不接火，可能导致局部灭火，如果处理不正确，将导致全炉膛灭火。

(2) 采用半仓上山西长治贫煤、另半仓上耒阳无烟煤，如果山西长治贫煤煤位低，将有可能发生耒阳无烟煤向另半仓的垮塌，混煤掺烧比例将发生变化，增加了对燃烧的扰动，可能导致灭火。

(3) 从热工逻辑上看，每台磨煤机 6 个火焰检测器如果有 4 个火焰检测器无火，延迟数秒后将跳磨煤机，后墙不接火、任何一台磨煤机后墙的三个火焰检测器强度弱甚至无火，如果该磨煤机前墙的某个火焰检测器故障无火，就可能发生跳磨煤机，给本来就燃烧不稳定的炉膛带来不利的影响。

事实上，在“磨内掺混“期间，3 号锅炉后墙多次投油稳燃，才防止了锅炉灭火事故的发生。

综上所述，“仓内掺混”的不均匀、无烟煤煤粉细度的不可控制，燃用无烟煤、贫煤掺混的燃烧器非均匀、间隔投运是导致后墙煤粉不接火、炉膛温度低、火焰检测器强度弱、锅炉效率低的根本原因。

(四)“分磨制粉”方式及对比

1. “半仓上煤、磨内掺混”燃烧均匀性差分析及解决思路

要解决燃烧均匀性差、不接火的问题，就要保证燃用无烟煤、贫煤的燃烧器均匀、间隔投运，同时要降低难磨、难着火、难燃尽的耒阳无烟煤煤粉细度，为此提出“分磨制粉、炉内掺烧”的掺烧措施。

A、C 磨煤机上耒阳煤无烟煤，B、D 磨煤机上山西长治煤贫煤。为保证耒阳无烟煤细度，降低了 A、C 磨煤机通风量。此外，对二次风配风方式、燃烧器消旋叶片、乏气风挡板等也进行了针对性调整，具体方式见表 5-53，有关测试试验数据见表 5-54。

表 5-53　“分磨制粉、炉内掺烧”配风调整方式

名　称	单位	分　磨　制　粉	
		山西长治贫煤燃烧器	耒阳无烟煤燃烧器
A 挡板开度	%	30	15
B 挡板开度	%	60	20～30
C 挡板开度	%	5～10	0
D 挡板开度	%	20	10
E 挡板开度	%	30	15
F 挡板开度	%	35	30
乏气风挡板开度	%	25	50
消旋叶片位置	格	4～6	8～10
分磨煤机制粉时一次风速	m/s	27	23

表 5-54　“分磨制粉、炉内掺烧”稳定性和经济性数据

名　称	单位	炉　内　掺　烧
前墙下炉膛最高温度	℃	1400
后墙下炉膛最高温度	℃	1380
炉膛负压波动范围	Pa	－80～－30
火焰检测器平均亮度	%	普遍＞80
飞灰含碳量	%	6.19
排烟损失	%	6.13
机械不完全燃烧损失	%	2.19
锅炉效率	%	91.1

2. 对比试验效果

测量及试验结果表明：

（1）“分磨制粉”无烟煤煤粉细度得到有效控制。

难磨的耒阳无烟煤煤粉细度 R_{90} 为 9.3%，比山西长治贫煤煤粉（R_{90} 细度 10.5%）细，比“仓内掺混”耒阳无烟煤煤粉细度（R_{90} 细度 12.1%）更是有很大改善。

（2）锅炉燃烧稳定，火焰检测器亮度强。

从图 6-46 可见，采用 A、C 磨煤机上耒阳煤无烟煤，B、D 磨煤机上山西长治贫煤的“分磨制粉、炉内掺烧”后，燃用无烟煤和贫煤的燃烧器均匀、间隔投运，保证了贫煤火焰对无烟煤的火焰支持，炉膛负压波动小，为－80～－30Pa，前、后墙燃烧器火焰检测器平均强度大于 80%，锅炉燃烧稳定。

前墙下炉膛火焰最高温度为 1400℃，后墙下炉膛火焰最高温度为 1380℃，仅相差 20℃，可见前、后墙煤粉火焰燃烧均匀。且后墙炉膛温度较“磨内掺混”方式提高达 80℃，有效改善了煤粉着火条件。

（3）“分磨制粉、炉内掺烧”方式时的锅炉效率。同样混煤掺烧比例下，采用“分磨制粉、炉内掺烧”方式的灰渣含碳量为 6.19%，明显低于“磨内掺混”的 8.86%。由于飞灰可燃物下降，机械不完全燃烧损失由 3.90%下降至 2.19%。

“分磨制粉、炉内掺烧”下锅炉效率为 91.10%，比“磨内掺混”的锅炉效率高 1.65%，可降低供电煤耗约 8g/(kW·h)。

（五）试验结论与分析

1. 试验结论

（1）造成后墙火焰检测器亮度弱、煤粉气流不接火的根源在于实施了“磨内掺混”的混煤掺烧方式。在这种方式下，锅炉燃烧稳定性和经济性都受到影响，因为：

1）掺混效果差，从不同端进入磨内的煤粉不能做到均匀掺混；

2）这种掺混方式，无法保证难磨、难燃尽煤种的煤粉细度，造成飞灰、炉渣偏高；

3）试验中采取驱动端和非驱动端进不同的煤，使前、后墙燃烧的煤种差异很大，无烟煤缺少贫煤火焰的支持，给燃烧的安全性带来隐患。

（2）“分磨制粉、炉内掺烧”的掺烧方式，无论在掺混管理的难易度方面、燃烧的稳定性、经济性方面都较为出色，避免了后墙火焰检测器亮度弱、不接火等不利现象，因为：

1）在“分磨制粉、炉内掺烧”的掺混方式下，燃用劣质煤和优质煤的燃烧器交叉布置，优质煤的燃烧对劣质煤的燃烧起到了很好的支持作用；

2）通过针对不同煤种采用不同的配风、一次风速，保证了劣质煤的着火、稳燃、燃尽；

3）分磨制粉，可以对不同煤质控制不同煤粉的细度，对难磨、难燃煤种的燃尽起到很好的效果。

某电站W型火焰锅炉“分磨制粉”和“磨内掺混”的对比，证明了双进双出磨煤机不能实现不同煤种在磨煤机内的均匀混合。

2. 试验结果

(1) 即便热值、挥发分相当的无烟煤，当燃烧特性、可磨性等参数有较大差异时，“分磨制粉”可有效提高锅炉运行效率。

(2) 对于正压直吹式双进双出制粉系统，采用“半仓上煤、磨内掺混”方式不能达到混合均匀的目的。驱动端和非驱动端一次风管出口煤质基本为该侧给煤机送入煤种。

(3) 对于W型火焰锅炉，“分磨制粉、炉内掺烧”能根据各煤种焦渣特性和燃尽轨迹，合理控制局部炉膛温度，获得改善锅炉结焦的效果。

四、超临界W型火焰锅炉分磨掺烧晋城无烟煤的应用研究

直吹式制粉系统电站锅炉，传统的混煤掺烧方式是“炉前掺混、炉内混烧”，这种掺混方式对煤质特性差异相近的燃料比较适用，但当入炉煤的可磨性、燃烧特性、结焦特性等差异较大时，往往导致锅炉燃烧稳定性下降、飞灰可燃物异常升高等问题。“分磨磨制、炉内掺混”掺混方式，则是综合考虑了掺煤煤种的相关煤质参数，通过分别控制合理的煤粉细度，通过不同煤种采用不同的配风和燃烧方式，同时兼顾了易燃煤种的着火性能和难燃尽煤种的燃尽性。

晋城无烟煤属于典型的“三难”（难磨、难着火、难燃尽）煤种，但是热值较高，价格相对便宜，如何取其长避其短，提高入炉煤的平均发热量及机组的带负荷能力，同时控制飞灰可燃物含量，确保锅炉燃烧经济性，是掺烧晋城无烟煤的电站普遍面对的问题。在W型火焰锅炉超临界参数锅炉进行的“分磨磨制、炉内掺混”试验研究，较好地解决了该问题。

（一）某电站3号超临界锅炉设备概况

某电站3号炉为北京B&W公司生产的B&WB-1900/25.4-M型超临界参数变压直流本生锅炉，垂直炉膛、一次中间再热、平衡通风、固态排渣、全钢构架、露天布置，配有带循环泵的内置式启动系统。锅炉采用双进双出正压直吹制粉系统，W型火焰锅炉燃烧方式，配置24只浓缩型EI-XCL低NO_x双调风旋流燃烧器，对称布置在锅炉的前、后拱上，与之配套的是6台上海重型机器厂生产的BBD4366型双进双出钢球磨煤机。锅炉设计煤种参数及主要设计运行参数分别见表5-55和表5-56。

表5-55　　煤质分析表

项目	C_{ar}	H_{ar}	O_{ar}	N_{ar}	$S_{t,ar}$	A_{ar}	M_t	V_{daf}	$Q_{net,ar}$
单位	%	%	%	%	%	%	%	%	kJ·kg
设计值	49.6	1.71	1.53	0.58	1.2	35.99	9.39	7.00	18 843.7

表 5-56　　锅炉主要设计参数

名　称	单位	B-MCR（VWO）	BRL（THA）
锅炉最大连续蒸发量（BMCR）	t/h	1900	1677
过热器出口蒸汽压力	MPa	25.4	25.11
过热器出口蒸汽温度	℃	571	571
再热蒸汽流量	t/h	1613	1433
再热器进口蒸汽压力	MPa	4.632	4.119
再热器出口蒸汽压力	MPa	4.442	3.952
再热器进口蒸汽温度	℃	320	308.1
再热器出口蒸汽温度	℃	569	569
空气预热器出口烟气修正前温度	℃	125	119
空气预热器出口烟气修正后温度	℃	118	114
锅炉保证热效率（按低位发热量）	%	—	91.1

（二）炉前掺烧晋城无烟煤经济性及安全性分析

某电站 3 号炉 2010 年 6 月大修结束开机后通过“炉前掺混、炉内混烧”的掺混方式，在本地无烟煤中掺烧约 15%的晋城煤。锅炉出现了飞灰可燃物长期偏高的现象，2011 年 6 月 24、27、28 日取飞灰样，化验含碳量的结果分别为 15.99%、12.49%、11.03%。在高负荷时，锅炉燃烧不稳，负压波动大，多次负压波动为+1500Pa。

由于本地煤及晋城煤在可磨性上相差较大（见表 5-57），可磨性差异较大的两种煤混合时，其可磨性不具有“加和性”，而是趋于难磨煤种，这两种混煤在磨煤机内一起磨制时，可磨系数低的煤“欠磨”，而可磨系数高的煤“过磨”，煤粉均匀性差，难燃尽的晋城煤煤粉颗粒偏粗，造成飞灰可燃物偏高。随着负荷的增加，磨煤机出力增大，一次风速增加，煤粉细度更加得不到保证，本地无烟煤的着火也相应推迟，对晋城煤的燃烧支持也相应下降。煤粉着火的整体推迟，势必会造成脱火，加上掺混并不一定完全均匀，难免局部会出现灭火，导致炉膛负压波动较大。

表 5-57　　本地煤与晋城煤的煤质参数对比

项　目	M_t	M_{ad}	A_{ad}	V_{ad}	$Q_{net.ar}$	哈氏可磨性 HGI
单位	%	%	%	%	kJ/kg	—
晋城煤	6.00	1.38	28.49	6.66	22 620	43
本地无烟煤	8.00	1.02	42.93	8.04	16 339	81

（三）分磨掺烧试验研究

燃用无烟煤的关键是控制煤粉细度，为保证晋城煤煤粉的细度及均匀性，“分磨磨制、炉内掺混”的掺烧方式是解决问题的有效手段。3 号炉采用的是 6 台 BBD4366 型双进双出钢球磨煤机，裕量大，将晋城煤单独磨制，煤粉细度不难控制，这是燃烧晋城煤的优势。根据经验公式无烟煤的最佳煤粉细度 $R_{90}=V_{daf}/2$，因此，晋城煤的细度控制在 4%以下比较合理。通过试验找出煤粉细度在 4%左右时磨煤机的出力，并合理控制磨煤机的钢球装载量，调整分离器折向挡板，找出最佳的掺混工况。

1. 选取合适的磨煤机单独上晋城煤

根据炉内火嘴的布置（如图 5-50 所示），选取 F 磨煤机单独上晋城煤，F 磨煤机的四个火嘴布置相对靠中间，都有相邻火嘴的火焰支持，周围温度相对较高，有利于晋城煤的着火及燃尽。2011 年 6 月 30 日晚班 F 磨煤机单独上晋城煤，2011 年 7 月 1 日下午取飞灰化验的含碳量为 8.5%，晋城煤的掺混比例为 15%左右，跟炉前掺混时的比例相当，分磨掺烧伊始飞灰下降，经济性显著提高。

D1	E1	F1	D2	E2	F2	A1	B1	C1	A2	B2	C2
C3	B3	A3	C4	B4	A4	F3	E3	D3	F4	E4	D4

图 5-50　火嘴布置图

2. 磨煤机钢球装载量优化

燃用本地煤时，磨煤机电流为 165～167A，单台磨煤机出力在 60t/h 左右，煤粉细度能控制在 3%以下，将 F 磨煤机换成晋城煤后，未做任何调整，磨煤机的出力只能维持在 40t/h 左右，且细度为 6%～8%，更加体现了晋城煤难磨的特性。试验期间通过提高磨煤机的钢球装载量，磨煤机电流由 168A 升至 173A，提高了磨煤机的碾磨出力。不调整分离器挡板等条件下，磨煤机出力可达 45t/h。

3. 分离器折向挡板的调整

F 磨煤机增加钢球后，将分离器折向挡板由原来的 3.5 格关小至 4.2 格（共 6 格）。在调整的过程中，F 磨煤机出力由 40t/h 降至 36t/h，细度控制在了 4%以下。

4. 磨煤机出力与细度调整

通过逐步增加磨煤机的出力，测试不同出力下的煤粉细度及一次风管的风速，找出合适的磨煤机出力。

磨煤机出力从 32t/h 开始增加，一次风管平均风速为 25m/s，细度为 R_{90} 为 1.8%；当磨煤机出力增加到 36t/h 时，一次风管平均风速增至 30m/s，细度 R_{90} 为 3.5%；增加至 40t/h 时，一次风管平均风速增至 33m/s，细度为 4.5%。一次风速偏高会影响煤粉着火的稳定性，因此建议磨煤机出力控制在 36t/h 左右，以提高锅炉的经济性及稳定性。

5. 不同负荷工况下锅炉的飞灰含碳量及效率

晋城无烟煤与金竹山本地汽车煤在分磨掺烧模式下，在 480、540、600MW 三个工况下进行了锅炉效率测试，试验结果见表 5-58。

表 5-58　不同负荷工况下锅炉的飞灰含碳量及效率

工况编号	单位	T-1	T-2	T-3
试验负荷	MW	473.4	540.1	590.4
炉渣可燃物	%	6.7	7.4	5.4
飞灰可燃物	%	5.02	5.64	6.33
排烟温度	℃	136.93	135.93	141.79
锅炉效率	%	90.43	90.58	90.21
折算设计煤质锅炉效率	%	91.09	90.86	90.58

第五节 对冲燃烧锅炉混煤掺烧方式优化试验实例

一、某电站对冲燃烧锅炉设备概述及设计参数

（一）某电站对冲燃烧超临界锅炉设备概述

某电站 3、4 号锅炉是东方锅炉有限公司生产的 DG1900/25.4-Ⅱ1 型超临界参数变压直流本生锅炉，一次再热、单炉膛、尾部双烟道结构、采用烟气挡板调节再热蒸汽温度，固态排渣，全钢构架、全悬吊结构，平衡通风、露天布置，前、后墙对冲燃烧。每台炉共配有 24 个 BHDB 公司生产的 HT-NR3 型旋流煤粉燃烧器，与之配套的是 6 台沈阳重型机械厂生产的 BBD4060 双进双出磨煤机。每台磨煤机对应 4 个燃烧器。其布置方式如图 5-51 所示。

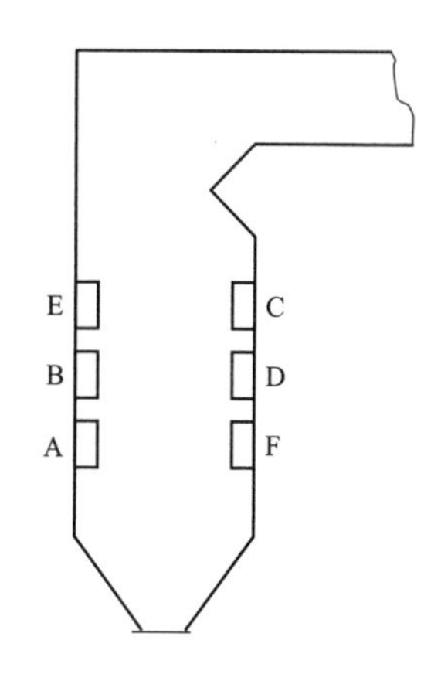

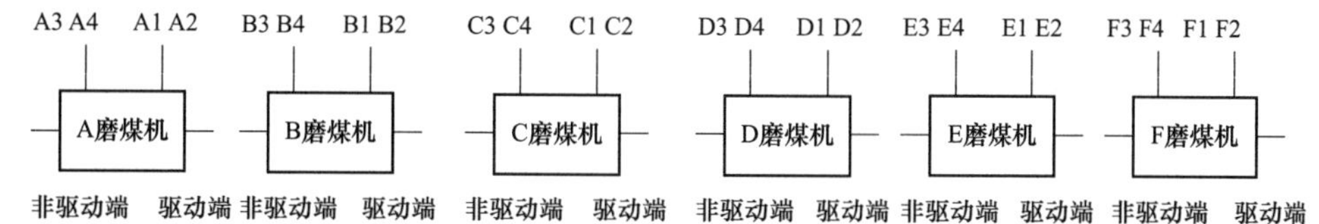

图 5-51 对冲燃烧锅炉燃烧器布置示意图

（二）某电站对冲燃烧锅炉设计煤质及设计运行参数

某电站 3、4 号锅炉是对冲燃烧超临界锅炉。设计燃用烟煤与贫煤的混煤。设计煤质参数见表 5-59。锅炉设计运行参数见表 5-60。锅炉热损失见表 5-61。

表 5-59 某电站 3、4 号锅炉设计煤质参数

项 目		单位	设计煤种	校核煤种 1	校核煤种 2
元素分析	水分 M_t	%	8.23	8	8.56
	氢	%	2.52	3.2	2.16
	碳	%	60.06	52.3	66.52
	氧	%	3.49	5.3	2.29
	氮	%	1.11	1.4	0.95
	硫	%	0.98	0.5	1.43

续表

项目		单位	设计煤种	校核煤种1	校核煤种2
工业分析	水分 M_t	%	8.23	8	8.56
	分析基水分	%	1.38		1.38
	挥发分 V_{daf}	%	14.93	21	10.85
	灰分 A_{ar}	%	23.54	29.2	18.07
	低位发热量 $Q_{net,ar}$	kJ/kg	22 570	20 300	24 605
哈氏可磨系数			70	70	58
灰熔点	变形温度	℃	1450	1450	1230
	软化温度	℃			1380
	流动温度	℃			>1450

表5-60　　某电站3、4号锅炉设计运行参数

序号	项目	单位	B-MCR	BRL	THA	75%THA	50%THA
1	过热蒸汽流量	t/h	1913	1810.6	1664.1	1226	807.8
2	过热蒸汽出口压力	MPa	25.4	25.3	25.0	24.4	16.4
3	过热蒸汽出口温度	℃	571	571	571	571	571
4	再热蒸汽流量	t/h	1582.1	1493.5	1388.2	1040.1	700.4
5	再热蒸汽进口压力	MPa	4.336	4.087	3.802	2.852	1.9
6	再热蒸汽出口压力	MPa	4.146	3.907	3.632	2.701	1.8
7	再热蒸汽进口温度	℃	311	305	299	280	288
8	再热蒸汽出口温度	℃	569	569	569	569	569
9	给水温度	℃	281	277	272	254	232
10	过热器一减喷水量	t/h	76.5	72.4	66.6	49.0	32.3
11	过热器二减喷水量	t/h	76.5	72.4	66.6	61.4	40.4
12	再热器减温水量	t/h	0	0	0	0	0
13	炉膛出口过量空气系数		1.14	1.14	1.14	1.21	1.34
14	省煤器出口过量空气系数		1.15	1.15	1.15	1.22	1.35
15	空气预热器进口烟温	℃	385	378	369	344	324
16	一/二次风进口风温	℃	30/22	28/21	26/19	30/30	35/35
17	一次风出口风温	℃	325	321	313	297	285
18	二次风出口风温	℃	339	334	326	307	292
19	锅炉排烟温度（修正前）	℃	127	123	117	112	105
20	锅炉排烟温度（修正后）	℃	122	118	111	107	101
21	锅炉计算热效率 η	%	92.99	93.13	93.41	93.04	92.85

表5-61　　某电站3、4号锅炉热损失表（设计煤种）

项目	单位	B-MCR	BRL	THA	75%THA	50%THA
排烟热损失	%	4.80	4.65	4.36	4.68	4.77
机械未完全燃烧热损失	%	1.75	1.75	1.75	1.75	1.75
不可测量热损失	%	0.3	0.3	0.3	0.3	0.3
总热损失	%	7.01	6.87	6.59	6.96	7.15
锅炉计算热效率 η	%	92.99	93.13	93.41	93.04	92.85

二、对冲燃烧锅炉燃用不同煤种的燃烧数值模拟

由于煤炭市场原因，某电站无法燃用设计煤种，被迫大量掺烧无烟煤种。为模拟无烟煤不同掺烧比例和掺烧燃烧器选层对锅炉运行的影响，进行数值模拟计算。

（一）网格划分及模拟条件

1. 网格划分

为了计算简便，取从冷灰斗到折焰角上方水平烟道出口为计算对象。模拟过程中将流体网格的划分采用 $55\times134\times174$ （$x\times y\times z$），在燃烧器附近和折焰角处的网格进行了局部加密。辐射网格采用 $30\times20\times53$ （$x\times y\times z$）。其中 x 坐标为深度方向，y 坐标为宽度方向，z 坐标为高度方向。其中网格划分的情况如图 5-52 所示。

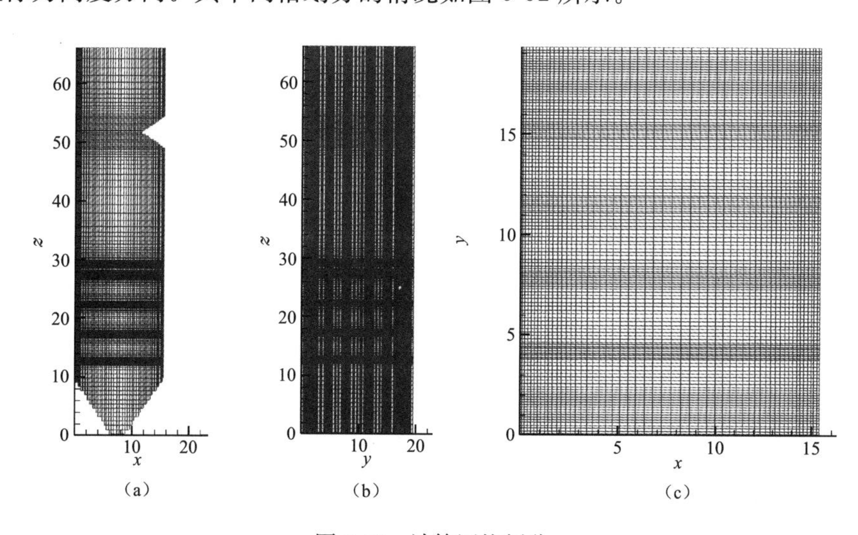

图 5-52 计算网格划分

（a）纵剖面；（b）横剖面；（c）截面

根据残差判断收敛，以所有计算量（如 u、v、w、k、ε 等）的相对误差都必须小于 1.0×10^{-3} 作为收敛准则。选择松弛因子如下表 5-62。

表 5-62 松弛因子列表

u	v	w	p	te	ed	f	g	h
0.7	0.7	0.7	0.8	0.3	0.3	1.00	0.30	1.0
visc	sup	svp	swp	smap	shp	srh	fhcn	fno
0.1	0.3	0.3	0.3	0.2	0.3	0.2	0.8	0.8

2. 壁面边界条件

对于炉膛水冷壁的边界条件设置而言，在此采用温度壁面边界条件，其中根据水冷壁内的工质温度并考虑水冷壁的安全裕度形成如下所述的温度壁面边界设置条件。冷灰斗出渣口设置为 373K；炉膛壁面温度，根据水冷壁介质温度，大致取一个温度级别，定义温度为 980K。由于炉膛出口为烟气出口，因此根据出口烟气的大致温度进行设定，定义温度为 1300K。

3. 入口条件

选 24 只燃烧器全部投运的满负荷状态进行数值计算。燃烧器的喷口截面作为计算区域的入口边界。入口边界上气相的速度、温度以及煤粉颗粒流量、温度、粒径根据锅炉的运行参数直接给定。表 5-63 为入炉风量条件表。

表 5-63　　　　入炉风量条件表

项目	风率（%）	风温（℃）	风速（m/s）
一次风	17.7	100	20.05
内二次风	14.15	339	35
外二次风	38.35	339	43.6
燃尽风	29.8	339	38.4

4. 模拟工况

工况 1：无烟煤在上层，贫煤在中、下两层。

工况 2：无烟煤在中层，贫煤在上、下两层。

工况 3：无烟煤在下层，贫煤在上、中两层。

工况 4：无烟煤在上层和中层的一侧，贫煤在下层和中层的另一侧。

工况 5：无烟煤在下层和中层的一侧，贫煤在上层和中层的另一侧。

（二）数值模拟计算结果

根据双 PDF 模型及上述边界条件、入口条件等，计算获得各工况下的炉内纵剖面温度场、炉膛纵剖面氧量场以及炉膛纵剖面速度场，如图 5-53～图 5-55 所示。

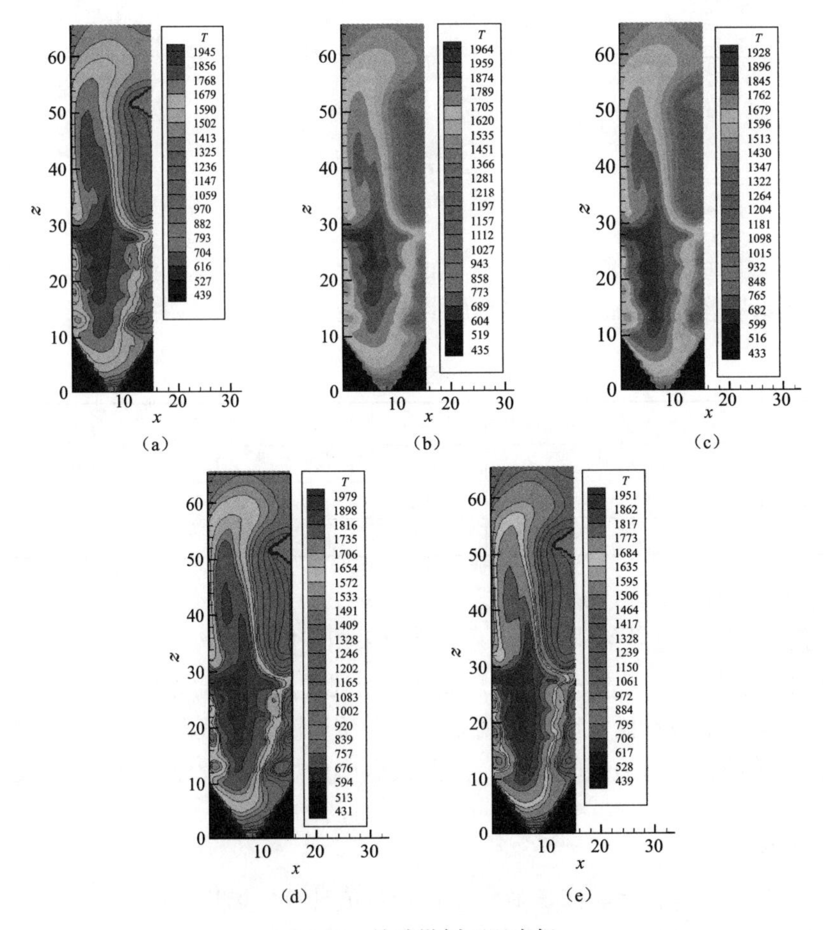

图 5-53　炉膛纵剖面温度场

(a) 工况 1；(b) 工况 2；(c) 工况 3；(d) 工况 4；(e) 工况 5

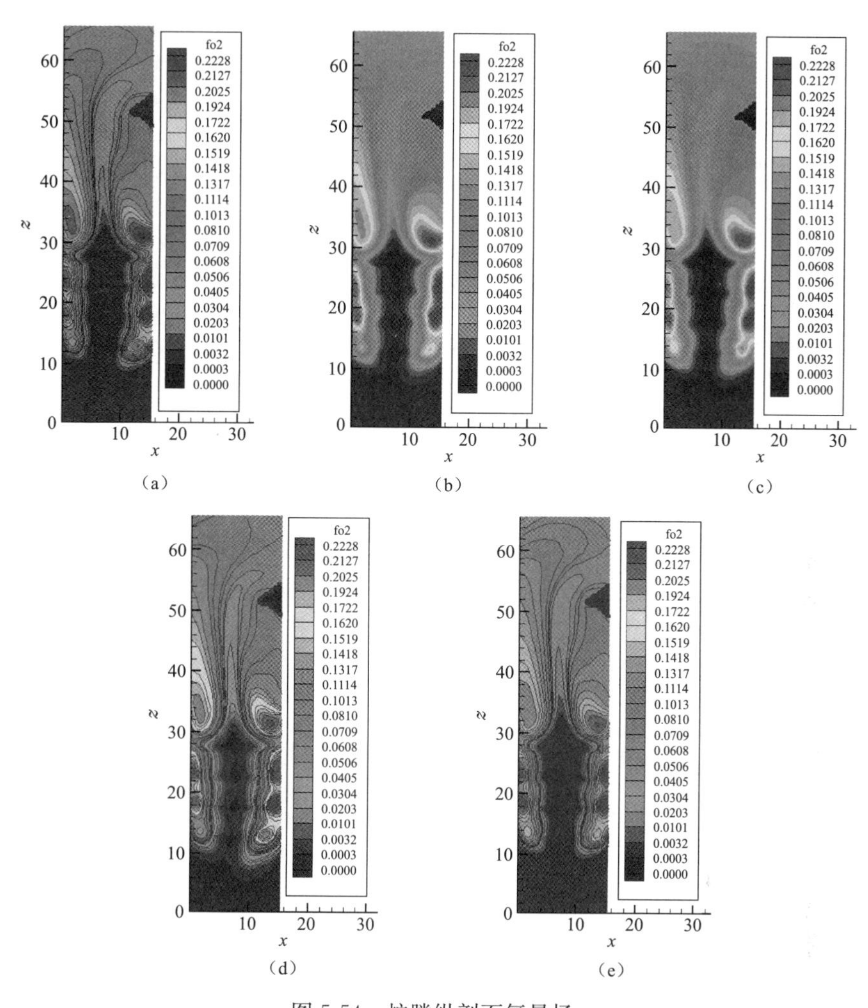

图 5-54 炉膛纵剖面氧量场

(a) 工况 1；(b) 工况 2；(c) 工况 3；(d) 工况 4；(e) 工况 5

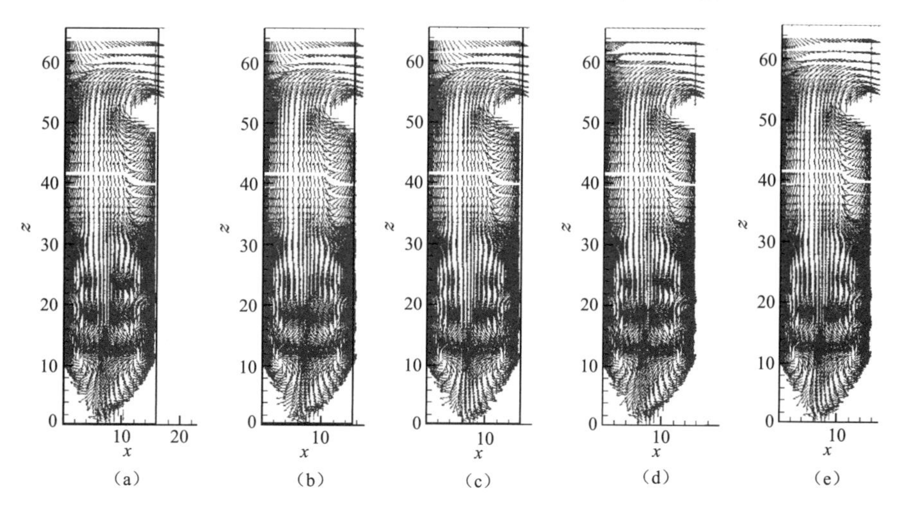

图 5-55 炉膛纵剖面速度场

(a) 工况 1；(b) 工况 2；(c) 工况 3；(d) 工况 4；(e) 工况 5

表 5-64　　炉膛出口参数的比较

工况	过量空气系数	出口平均含氧量（%）	燃尽率（%）	出口平均温度（K）
1	1.15	3.0	97.41	1420.3
2	1.15	3.07	97.85	1410.7
3	1.15	2.99	97.93	1406.6
4	1.15	2.98	96.88	1428.8
5	1.15	2.97	97.02	1415.8

燃尽率计算式为

燃尽率＝已燃炭和可燃气体占煤粉可燃成分的比例

即
$$\eta_r = 100 - (q_3 + q_4)\%$$

（三）模拟计算结果的分析

（1）二次风进入炉膛后贴向水冷壁，一次风在炉膛中具有较强的刚性，但不会出现火焰直接冲击对面水冷壁的情况，燃烧区域具有很大的回流区。气流在炉膛内充满度很好、分布合理，随着炉膛高度的增加，速度逐步增大。

（2）炉膛内温度分布合理，在燃烧器区域，上层燃烧区域由于受下层燃烧器的影响，上层燃烧器层温度高于下层燃烧器温度，在还原区域，炉膛温度达到最高。侧墙温度高于前后墙温度。

（3）通过对工况 1、工况 2 和工况 3 的对比可以看出，无烟煤在最下层的工况 3 燃尽率最高，炉膛出口温度最低，这是由于无烟煤在此工况下行程最长，同样的原因，工况 5 比工况 4 燃尽率高，炉膛出口温度低。建议实际运行中，在稳燃有保障的前提下，无烟煤放在下层燃烧。

三、对冲燃烧锅炉“分磨制粉”的劣质无烟煤混煤掺烧试验

（一）不同掺混方式的锅炉效率对比

某电站 600MW 超临界对冲燃烧锅炉设计燃用烟煤与贫煤的混煤，2007 年前首先采用“炉前掺混”方式，利用无烟煤改善热值指标，利用劣质烟煤改善挥发分指标，控制热值在 18 000kJ/kg、干燥无灰基挥发分 16%左右。由于无烟煤与烟煤的燃烧特性、可磨性差异过大，煤粉细度波动大，飞灰可燃物一般在 5%～8%，经常在 8%左右，炉渣含碳量高达 15%～20%，锅炉效率偏低。

在国网湖南省电力公司电力科学研究院的技术指导下，2007 年电站进行了“分磨制粉、炉内掺烧”方式与“炉前掺混”方式的对比试验。“分磨制粉”通过有效控制无烟煤的煤粉细度和均匀度，锅炉效率得到提升。表 5-65 所示数据为电站进行燃烧调整后，对应工况下的最佳燃烧效果，飞灰和炉渣可燃物得到有效降低。

表 5-65　　某电站 600MW 超临界对冲燃烧锅炉不同混煤掺烧方式对效率的影响

混煤掺烧方式	炉前掺混				分磨制粉、炉内掺烧		
负荷（MW）	590	530	530	410	600	560	500
V_{daf}（%）	15.99	15.43	15.60	17.40	16.98	19.73	20.47
A_{ar}（%）	34.77	33.45	33.04	35.48	33.50	36.52	37.69
$Q_{net,ar}$（kJ/kg）	17 834	18 532	18 333	17 322	18 837	17 556	17 386

续表

混煤掺烧方式	炉　前　掺　混				分磨制粉、炉内掺烧		
飞灰含碳量（%）	7.73	5.16	5.04	4.18	4.84	4.40	3.61
炉渣含碳量（%）	12.33	9.15	9.05	12.58	6.12	4.56	5.88
锅炉效率（%）	88.43	90.01	90.08	89.86	90.45	90.40	90.91

由上表可见，对于特定煤种，采用分磨制粉，通过控制无烟煤等难着火难燃尽煤种的煤粉细度，可有效提高锅炉燃烧效率 0.4%～1.8%，相应可降低机组供电煤耗 1.5～6g/(kW·h) 左右。

（二）志成公司预混煤“分磨制粉”的优化试验

1. 煤场库存及煤源结构与试验目的

（1）煤场库存及煤源结构。随着国内燃煤供应紧张势态的日益严重，电站 2008 年煤场煤量储备以及煤源结构长期不容乐观。电站大量采购湖南本地“志成公司预混煤”。该煤种从挥发分指标看属于贫煤类，但属于煤炭公司自己掺配的烟煤、无烟煤的混煤，低位热值波动极大。从 2008 年电站历次化验数据看，志成公司预混煤热值最高可达约 22 000kJ/kg，但最低只有约 8000kJ/kg，长期在 13 000kJ/kg 左右。

2008 年 8 月份，为充分了解电站煤场库存及各主要煤种煤质，8 月 13 日，电科院与电站共同对煤场原煤取样化验，结果见表 5-66。

表 5-66　　　　电站 2008 年 8 月煤场结构及主要煤种煤质

煤种及取样点	全水份	分析水分 M_{ad}（%）	灰分 A_{ad}（%）	挥发分 Vad（%）	发热量 $Q_{net,ar}$（kJ/kg）	存储量（t）
一期南一西（水运汽车煤）	5	0.5	44.87	10.17	16 640	4000
一期南二（明亮、湘煤、松木冲）	5.2	0.47	66.8	11.24	8340	13 000
一期南三（二期转运的芦茅江、明亮）	4	0.38	61.36	12.08	10 370	
一期北一区西（志城汽车煤）	6.6	0.63	54.32	6.31	12 850	17 000
一期北一区东（志城汽车煤）	7.2	1.21	55.83	6.64	12 240	
一期北二（郑煤集团）	6	0.37	39.32	10.85	18 350	4000
一期北四（资江）	4.6	0.79	51.87	7.15	14 010	8000

此外，二期煤场库存原煤约 46 000t。其中 5000t 晋城无烟煤，热值较好，平均约 22 000kJ/kg。其余在场原煤多为极低热值劣质煤，包括约 31 000t 志成公司预混煤等汽车煤；省内煤（含江西明亮）约 7000t。根据表格中所列煤场原煤取样化验结果及存储量加权平均，当时煤场平均热值不足 13 000kJ/kg。

（2）试验目的。至 2008 年 8 月 14 日，电站煤场库存总量 11 万 t，煤源结构以及整体煤质不容乐观。煤场中以无烟煤（类）为主，总量占全部库存约 65%（其中志成公司预混煤约占 55%），烟煤（低热值）占 5%左右，省内煤（含江西明亮）占 20%左右，郑煤等贫煤占 5%，其他占 5%。

志成公司预混煤的大比例库存给电站的安全稳定运行带来了严重威胁。电站日常掺配中一般控制志成公司预混煤比例 20%以下。针对当前电站库存煤中志成公司预混煤比例严重偏高、整体煤场平均热值明显过低的现状，为有效消耗志成公司预混煤库存，提高志成公司预混煤燃烧的稳定性和安全性，电科院与电站共同进行了志成公司预混煤的“分磨制粉”掺烧试验。

2. 试验方案

选定志成公司预混煤（无烟煤类）、晋城煤（无烟煤）、郑煤等贫煤、省内劣质烟煤及平顶山烟煤等作为掺配试验煤种。

（1）“分磨磨制、炉内混烧”：综合考虑3号600MW超临界锅炉燃烧稳定性及机、炉协调要求。本着稳定性优先原则，试验第一阶段选定E磨单独磨制志成公司预混煤，严格控制煤粉细度在6%～8%；其余制粉系统磨制平顶山烟煤和郑煤及无烟煤等混煤，掺混原则以热值不低于16 000kJ/kg、分析基挥发分不低于16%为基础，煤粉细度控制在12%～14%左右。如单独磨制志成公司预混煤，锅炉燃烧有不稳倾向时，燃运及时添加30%晋城煤与志成公司预混煤单独磨制。其余制粉系统维持原掺烧比例。

（2）根据（1）试验效果，如果燃烧稳定，可进一步试验在中间层，如B磨进行单独制粉试验。

（3）为全面掌握志成公司预混煤在不同位置燃烧稳定性和经济性，在（1）、（2）基础上，进行A磨单独磨制无烟煤试验。

（4）在（1）～（3）对比试验基础上，如志成公司预混煤热值控制较好，燃烧基本稳定，可以尝试在高负荷、6套制粉系统同时运行时，选择2套制粉系统单独磨制志成公司预混煤。

3. “分磨制粉”的稳定性和经济性试验

受电站机组启停以及负荷的电网调度制约，志成公司预混煤单独磨制的“分磨制粉”稳定性和经济性试验只进行了E磨单独磨制志成公司预混煤，其余磨煤机（A、B、D、F）磨制混配煤种试验。

（1）运行经济性。试验时，考虑到3E制粉系统经过了分离器改造，分离效率明显提高，煤粉细度调节能力强，确定3E制粉系统单独磨制志成公司预混煤；450MW负荷下，C磨停备，其余A、B、D、F磨煤机共4台磨煤机燃用煤种为20%志成公司预混煤+20%省内煤+60%郑煤。

根据A、B、D、E、F5台磨煤机煤粉样化验工业分析和发热量，考虑到各磨煤机出力（见表5-67）加权计算获得试验工况下入炉煤质工业分析及发热量数据见表5-68，运行基本参数及锅炉效率测试结果见表5-69。

表5-67　　志成公司预混煤掺烧试验各磨煤机出力

项目	A磨煤机	B磨煤机	D磨煤机	E磨煤机	F磨煤机	合计
出力（t/h）	41	36	41	37	43	198

表5-68　　志成公司预混煤掺烧试验煤质参数

负荷（MW）	全水分（%）	分析水分（%）	挥发分 V_{ad}（%）	灰分 A_{ad}（%）	发热量（kJ/kg）	煤粉细度（%）				
						A磨煤机	B磨煤机	D磨煤机	E磨煤机	F磨煤机
370	6.1	0.53	9.73	49.5	16 500	10.8	12.4	12.8	5.2	13.2

表 5-69　　电站对冲燃烧锅炉劣质无烟煤优化燃烧试验数据

项　　目	单位	数据
负荷	MW	450
志成公司预混煤掺量	%	37.9
煤种二（省内劣质烟煤）掺量	%	15.5
煤种三（郑煤）掺量	%	46.6
空气预热器入口氧量	%	3.8
排烟温度	℃	131.3
排烟氧量	%	4.92
环境温度	℃	25.1
飞灰可燃物	%	5.05
炉渣可燃物	%	8.13
排烟损失 q_2	%	4.64
机械不完全燃烧损失 q_4	%	5.42
锅炉效率	%	89.10

由表 5-69 可知，在 450MW 负荷下，志成公司预混煤掺烧比例达到 37.9%时，锅炉效率可达 89.10%。较设计值（对应 75%THA 工况）93.04%明显偏低。但这与入炉煤质严重偏离设计煤质直接相关。按设计煤质修正后，锅炉效率可达 92.96%，基本达到设计效率。

（2）运行稳定性。450MW 负荷下，志成公司预混煤掺烧比例分别在 37.9%条件下，从运行情况看，炉膛负压稳定，波动在±80Pa 以内，汽温汽压平稳；各投运燃烧器火焰检测强度较高。各燃烧器平均火焰检测强度见表 5-70。各燃烧器层看火孔测量得炉膛温度见表 5-71。

表 5-70　　试验工况下投运燃烧器火焰检测平均强度

燃烧器	A1	A2	A3	A4	B1	B2	B3	B4	D1	D2
火焰检测强度	65	70	60	65	75	85	80	70	75	80
燃烧器	D3	D4	E1	E2	E3	E4	F1	F2	F3	F4
火焰检测强度	70	80	65	80	75	65	65	60	75	70

表 5-71　　试验工况下各燃烧器层对应炉膛温度水平

3 号炉膛测温结果（℃）					
时间：2008 年 8 月 27 日 16：00			负荷：450MW		平均值
测温点位置	炉左		炉右		
	前	后	前	后	
第四（34m）	1419	1345	1300	1268	1333
第三层（E、C 层）	1271	1067	1058	1171	1141.75
第二层（B、D 层）	1195	1221	1241	1101	1189.5
第一层（A、F 层）	1104	1136	991	1184	1103.75
炉膛平均温度					1192

注　表中温度均为测量期间温度显示最大值。

从炉膛测温数据看，整个炉膛温度分布较为合理。各层各角温度基本均匀。炉膛火焰中心在燃尽风层（34m 标高第四层）。前墙有 E 燃烧器投运，故前墙炉膛温度较后墙高出约50℃。

第一层燃烧器右前侧着火较差，稳定偏低，导致火焰中心上移至第二层。

四、试验结论

本章介绍了某电站对冲式墙式燃烧超临界锅炉的混煤掺烧探索。

理论数值模拟计算部分是采用双PDF模型，主要讨论不同掺烧比例（1/3和50%不同比例）下，无烟煤分别在上层、中层、下层（1/3的无烟煤掺烧比例）和上一半燃烧器、下一半燃烧器条件下的炉内燃烧温度场、气流运动速度场、煤粉燃尽率等的变化。

现场工业试验主要用于研究志成公司预混煤“分磨制粉”掺烧方式下的燃烧稳定性和经济性试验，为电站提高志成公司预混煤掺烧比例、有效消化志成公司预混煤库存提供试验支持。

数值模拟结果和现场试验证明：

（1）无烟煤在最下层的工况燃尽率最高，炉膛出口温度最低，这是由于无烟煤在该工况下行程最长。实际运行中，在稳燃有保障的前提下，无烟煤应放在下层燃烧。

（2）“分磨制粉”可以单独控制难磨难燃无烟煤的细度，大大改善其着火和燃尽条件。但当磨煤机选型偏小、制粉出力不足时，应严格限制无烟煤的掺烧比例。无论“炉前掺配”还是“分磨制粉”都难以解决煤粉偏粗、均匀性较差的问题。

（3）当燃煤热值过低、可磨性过高、制粉系统阻力过大、分离器效率过低时，制粉出力严重下降或燃烧器单只功率明显降低，会严重影响锅炉燃烧稳定性。

（4）对于无烟煤种的掺烧，“分磨制粉”比“炉前掺配”有更高的锅炉效率。并且，将无烟煤放在下层燃烧器可保证较高的燃尽率和较低的炉膛出口温度。当负荷较高，煤质整体较好时，应尽可能采用这种掺烧方式。

（5）在负荷较高条件下，掺烧40%左右志成公司预混煤能保证锅炉燃烧的经济性和稳定性。

（6）负荷较低时，应掺烧晋城煤等高热值煤或郑煤、潞安等优质贫煤，提高锅炉燃烧稳定性。

第六节　全煤种混煤掺烧试验研究

理论研究和实验室实验均证明，两种甚至两种以上煤种混配时，混煤的组分煤在着火过程中保持各自的着火曲线，即混煤的着火特性接近于易着火煤种。而混煤的燃尽特性虽与各组分煤种的掺混比例在一定程度上相关，但却并非算术平均关系，整体上接近难燃尽煤种。混煤的可磨性也趋向于难磨煤种。并且组成煤种在混煤中呈现明显的“难磨煤种煤粉较粗、易磨煤种煤粉较细”的规律。因此，在各电站实际生产过程中，为了兼顾不同组分煤种的燃烧安全性、经济性和稳定性，混煤的组成不能跨距过大。

某省电煤资源组成中一般有烟煤、贫煤、无烟煤，其中无烟煤比例一直较大，普遍占一半以上。近年来，由于国内煤炭市场的紧张，某省火力发电站开辟“海进江”渠道，购

买了大量以印尼褐煤为代表的褐煤。在实际生产中，就出现了褐煤、烟煤、贫煤、无烟煤全系列煤种的混煤掺烧问题。某省火电站普遍采用钢球磨，在钢球磨磨制褐煤中，制粉系统爆炸的问题也较为突出。如何安全、经济地开展全煤种混煤掺烧，是本节主要阐述的内容。

一、印尼褐煤资源特点

印尼全国共有煤炭资源约为505亿t，约94%的煤炭资源储于苏门答腊和加里曼丹，目前已探明的可采储量约为52.2亿t。印尼主要以生产褐煤为主，印尼褐煤、次烟煤和烟煤的所占比例分别为59%、27%和14%，无烟煤比例不足0.5%。

印尼的含煤地层属第三纪的始新世到上新世。烟煤和次烟煤为始新世和中新世，而褐煤通常为中新世，煤层厚度从0.3m以下到70m，通常为5～15m。

印尼褐煤的水分高，其全水分基本都在30%左右，其空气干燥基水分也大多在24%～26%，但灰分和硫分均不高，其干燥基灰分仅为3.2%～8.8%，最高的也仅16.0%，硫分最低的为0.16%，最高的为0.77%，干燥无灰基挥发分则均在50%以上，属于低灰、低硫煤。

采用普华煤质特性判别准则分析表5-72和表5-73中所列印尼煤质的燃尽特性。

表5-72　　着火稳定性判别表

R_w	<4	4～4.65	4.65～5	5～5.7	>5.7
着火稳定性	极难	难	中等	易	极易

着火稳定性系数 R_w 为

$$R_w=3.59+0.054\times V_{daf}$$

表5-73　　燃尽特性判别表

R_j	<2.5	2.5～3	3～4.4	4.4～5.7	>5.7
燃尽特性	极难	难	中等	易	极易

燃尽特性指数 R_j 为：

$$R_j=1.22+0.11V_{daf}$$

从表格数控可知：

（1）印尼煤是极易着火、极易（或易）燃尽、极易稳燃、燃烧性能好、煤粉易爆炸的煤种。适应这种煤质的制粉系统有两种，一种是中速磨煤机正压直吹式制粉系统，另一种是风扇磨煤机直吹式制粉系统。中速磨煤机制粉系统和风扇磨煤机制粉系统都有其自身的优、缺点，制粉系统的选型需经过具体工程的煤源情况和经济性对比最终确定。

（2）燃用印尼煤的锅炉制粉系统设计时需考虑选择适当的出口温度、煤粉细度等措施，以防止制粉系统爆炸。

二、燃用印尼褐煤的锅炉制粉系统的安全性

燃用印尼褐煤最突出的问题是制粉系统爆炸或煤场着火。煤粉爆炸的原因主要是煤缓慢氧化导致煤的热解，产生可燃气体，可燃气体与空气混合，达到一定浓度比例后遇火发生连锁爆炸。煤粉的爆炸需要3个基本条件，即煤粉的存在、合适的氧浓度和足够的点火

能量。

（一）煤粉爆炸的过程

煤粉爆炸的过程是悬浮在空气中的煤粉的强烈燃烧过程，其主要过程如下：

（1）煤粉颗粒受热后表面温度上升。

（2）颗粒表面的分子发生热解或干馏，产生的可燃气体与周围的空气混合。

（3）气体混合物被点燃，产生火焰并传播。

（4）火焰产生的热量进一步促进煤粉颗粒的分解，继续放出可燃气体，燃烧持续下去。

（5）燃烧速度加快而转化为爆炸。

（二）影响煤粉爆炸的因素

由于煤粉存在自燃性和爆炸性，而制粉系统中存在大量悬浮状态的煤粉，如果局部存在点火源，粉尘就会爆炸，火焰将以很大的速度在煤粉空气混合物中传播，造成制粉系统内部压力升高，导致制粉系统爆炸。影响煤粉爆炸的因素主要有煤质特性、煤粉混合物温度、煤粉细度和煤粉浓度等。

1. 煤质特性

煤质特性中影响煤粉爆炸的主要因素是挥发分，对于挥发分小于10%的煤粉，几乎不会发生爆炸，随着挥发分的增加，煤粉爆炸的可能性增大；当挥发分大于20%时，极易爆炸；当挥发分为40%时，堆积煤粉的着火温度仅为170℃，如在一次风管内沉积，即会发生爆炸。

如只用挥发分作为衡量煤粉爆炸特性的指标，有失全面。实际上除了煤的挥发分外，煤的含硫量、灰分、水分和固定碳及元素成分都与煤粉的爆炸特性有关。

2. 煤粉混合物温度

印尼煤挥发分高，磨煤机出口温度过高会导致风粉混合物爆炸；磨煤机出口温度过低，煤粉可能因结露产生结块、沉积现象，造成煤粉在送粉管道内堵塞，从而导致煤粉在送粉管道内局部燃烧，甚至爆炸。因此燃用印尼煤时要控制磨煤机出口的温度适中，一般单独磨制印尼煤时，磨煤机出口温度不得高于70℃。

3. 煤粉细度

煤粉颗粒粒度$d_p>200\mu m$时几乎不爆炸，粒度越细，爆炸可能性越大；当$d_p\leqslant 200$目（$74\mu m$）时，爆炸的危险性已很大。对于固态排渣煤粉炉，燃用无烟煤、贫煤和烟煤时，煤粉细度的选取公式为

$$R_{90}=4+0.5\times n\times V_{daf}$$

式中　V_{daf}——煤的干燥无灰基挥发分，%；

n——煤粉的均匀性系数。

4. 煤粉浓度

当煤粉和空气的比例达到一定的浓度，一旦有点火源，就会发生煤粉爆炸。煤粉浓度大于3～4kg/m³（煤粉/空气）或小于0.32～0.47kg/m³（煤粉/空气）时不易引起爆炸。因力煤粉浓度太高，氧浓度小；煤粉浓度太低，缺少可燃物。只有煤粉浓度为1.2～2kg/m³（煤粉/空气）时最易产生爆炸。

综合以上分析，防止制粉系统爆炸的措施，一般都从控制磨煤机出口温度、控制煤粉细度、防止煤粉沉积自燃产生火源及控制氧浓度和控制煤粉干燥条件、防止煤粉热解产生大量可燃气体等方面入手。

三、对冲燃烧锅炉褐煤、无烟煤等全煤种混煤掺烧试验研究

对于某省内新出现的褐煤、烟煤、贫煤、无烟煤全煤种混煤掺烧的要求，湖南省电力公司科学研究院在前期“混煤掺烧技术研究”课题成果基础上，进行了旨在提高制粉系统安全性、兼顾锅炉燃烧经济性的试验研究。

试验选定某电站超临界参数对冲燃烧直流炉作为试验对象。该锅炉为东方锅炉有限公司生产的DG 1900/25.4-Ⅱ1型超临界参数变压直流本生锅炉，一次再热、单炉膛、尾部双烟道结构、采用烟气挡板调节再热蒸汽温度，固态排渣，全钢构架、全悬吊结构，平衡通风、露天布置，前、后墙对冲燃烧。每台炉共配有24个BHDB公司生产的HT-NR3型旋流煤粉燃烧器，与之配套的是6台沈阳重型机械厂生产的BBD4060双进双出磨煤机。每台磨煤机对应4个燃烧器。燃烧器分三层布置，前墙由下至上分别对应A、B、E磨煤机，后墙由上至下依次对应C、D、F磨煤机。

1. 试验煤种选择

试验煤种及主要煤质参数见表5-74。

表5-74　试验煤种及主要煤质参数

煤　种	低位热值	可燃基挥发分
经营公司预混煤	17 740	18.93
江西明亮劣质烟煤	15 840	31.21
攸县无烟煤	14 870	7.82
印尼褐煤	21 000	51.26

2. 试验思路

电站输煤系统有4个筒仓，很方便实现均匀稳定的掺混。根据前期研究成果，制定试验基本思路如下：

（1）确保燃烧稳定性，最下层燃烧器对应磨煤机（A、F磨煤机）燃用褐煤、烟煤、贫煤、无烟煤的混煤；

（2）为确保安全性和经济性，掺烧褐煤的混煤中无烟煤比例定为10%，混煤煤粉细度定为15%～18%；

（3）未掺混褐煤的磨煤机，其煤粉细度按无烟煤控制，定为8%～10%；

（4）B、C、D、E磨煤机入磨煤机煤种按不同工况进行对比研究。

掺配褐煤的磨煤机混煤组成见表5-75，无褐煤掺配的磨煤机混煤组成见表5-76。

表5-75　掺配褐煤的磨煤机混煤组成

煤种	印尼褐煤	江西明亮烟煤	经营公司预混煤	攸县无烟煤
挥发分（%）	51.26	31.21	18.93	7.82
掺配比例（%）	40	15	35	10
混煤中挥发分含量（%）	32.59%			

表 5-76　　无褐煤掺配的磨煤机混煤组成

煤　种	江西明亮烟煤	经营公司预混煤	攸县无烟煤
挥发分（%）	31.21	18.93	7.82
掺配比例（%）	20	30	50
混煤中挥发分含量（%）	15.83		

3. 试验过程与结果

试验在满负荷下进行，进行 3 个工况的试验。

工况 1：A、B、D、F 磨煤机采用含褐煤的混煤，C、E 磨煤机采用不含褐煤混煤。

工况 2：A、C、E、F 磨煤机采用含褐煤的混煤，B、D 磨煤机采用不含褐煤混煤。

工况 3：A、B、F 磨煤机采用含褐煤的混煤，C、D、E 磨煤机采用不含褐煤混煤。

试验中，严格控制含褐煤混煤磨煤机出口风温不超过 70℃。

各工况下锅炉效率按 GB 10184—1988《电站锅炉性能试验规程》进行，试验结果见表 5-77。

表 5-77　　试　验　结　果

项　目	单位	工况 1	工况 2	工况 3
负荷	MW	600		
无烟煤掺量	%	23.33	23.33	30
褐煤掺量	%	26.67	26.67	20
空气预热器入口氧量	%	3.8	3.5	3.6
排烟温度	℃	153.51	150.64	155.26
排烟氧量	%	4.36	4.78	4.51
环境温度	℃	35.86	35.26	35.34
飞灰可燃物	%	5.47	4.44	6.59
炉渣可燃物	%	5.87	4.14	9.69
排烟损失 q_2	%	5.07	5.09	5.11
机械不完全燃烧损失 q_4	%	4.69	4.27	5.71
锅炉效率	%	90.67	91.26	90.01

从表 5-77 可知，褐煤的存在，导致锅炉排烟温度和飞灰可燃物均有明显降低，随着无烟煤比例的加大，锅炉效率明显下降。

从现场试验发现，掺烧褐煤时，必须掺配足够烟煤、贫煤甚至无烟煤，将混煤整体挥发分降至安全值以下。在试验基础上，湖南省电力公司科学研究院特意制定了《湖南省电站锅炉掺烧印尼煤等高挥发分煤种的安全指导性意见和技术措施》，有效地避免了燃用褐煤等煤种时制粉系统爆炸、一次风管烧损等事故。

第七节　混煤掺烧方式选择基本原则

一、不同混煤掺烧方式的优势与不利分析

（一）“炉前掺混、炉内混烧”方式

“炉前掺混、炉内混烧”方式是指燃料在进入原煤仓之前，通过各种手段按一定比例

混合，混配均匀的原煤在磨煤机中一同被磨制成粉。该方法适用于可磨特性相近煤种的掺烧，可用于各种形式的制粉系统，目前广泛应用。

1. 主要优势

（1）入炉煤热值统计方便。

（2）燃运控制简单。

（3）炉内燃烧较为均匀。

2. 不利影响

（1）掺配手段要求较高。为了保证混配均匀，不能单纯地依靠斗轮机、皮带等简易设备，拥有筒仓的机组，适合本掺配方式。无可靠手段保证时，难以保证掺混均匀。

（2）难以实现不同煤种控制不同细度的经济稳定燃烧要求。尤其当煤种跨距较大时，不同的煤粉细度要求难以可靠保证。

（3）所有的燃烧器理论上燃用同样的煤，但当参混煤种较多且煤种跨距大时，由于不能区分煤种，所以难以实现不同煤种不同配风的优化燃烧。

（二）“分磨磨制、炉内掺烧”方式

“分磨磨制、炉内掺烧”方式是指不同磨煤机磨制不同种类的原煤，成粉经由各磨煤机一次风管直接输送进入炉内燃烧（直吹式制粉系统）或不同粉仓储存不同的煤粉（中间储仓式制粉系统）。该方法适用于煤场较小、不能细分原煤堆放的电站，尤其适用于直吹式制粉系统锅炉，适用于可磨性差异较大的煤种的掺烧。

1. 主要优势

（1）不同煤种控制不同细度，锅炉整体经济性好。

（2）不同煤种针对性配风，燃烧效率高。

（3）磨煤机方式选择灵活，可针对性减缓结焦等。

（4）掺配手段要求不高。

2. 不利影响

（1）煤场堆放要求高。为实现不同磨煤机相对固定燃用某一种燃煤的目的，煤场必须分堆堆放，且要全面定期化验，不能混淆，不能预混。

（2）入炉煤热值输入统计较为复杂。不同磨煤机燃用煤种不同，热值也不同。在统计入炉煤热值时，需要同时记录不同磨煤机入炉煤量和入炉煤热值化验，根据比例计算实际入炉煤热值。

（3）优质煤（可磨性好、煤粉细度要求低）消耗量偏大。由于优质煤可磨性好，且煤粉细度要求低，在正常工况下，磨制优质煤的磨煤机出力相对会偏低，不加控制时，优质煤消耗量增大。

二、混煤掺烧安全性分析

当煤质不均匀，使燃料热值、挥发分、含硫量等波动极大，将给燃烧的安全性、经济性带来危害，造成制粉系统爆炸、一次风管烧损、燃烧器烧坏、锅炉灭火、结焦、带不起负荷等事故或异常。因此，在这里，混煤掺烧安全性是指当出现磨煤机故障、煤场管理异常、掺配比例不合格等现象时，由于混煤掺烧方式选择不合理导致的锅炉运行安全性、稳定性等风险。

必须明确，保证混煤掺烧安全的必要条件主要有三个：

（1）保证进入原煤仓中的煤质均匀稳定；

（2）控制入炉煤粉煤质的稳定；

（3）控制炉内燃料分布的均匀。

上述要求的目的是避免进入制粉系统、每个燃烧器的煤质发生突变和波动，避免炉内燃料分布不均匀，防止制粉系统爆炸、一次风管烧损、燃烧器烧坏、锅炉灭火、结焦、带不起负荷等事故的发生。

混煤掺烧方式不同时，在执行一些运行操作时，也会出现一些风险，表 5-78 为投退制粉系统时，不同混煤掺烧方式下，锅炉燃烧稳定性的风险分析。

表 5-78　　投退制粉系统对燃烧稳定性的影响分析

掺烧方式	投退制粉系统对掺烧比例的影响	对单个燃烧煤质变化的影响	对燃烧稳定性影响程度
炉前掺混	不变化	不变化	不影响
直吹式制粉系统分磨制粉，炉内掺烧	影响掺烧比例	不变化	弱影响
仓储式制粉系统分磨制粉，分仓储存、炉内掺烧	基本不影响掺烧比例	不变化	不影响
仓储式制粉系统分磨制粉，仓内掺混、炉内混烧	影响掺烧比例	变化	强影响

三、混煤掺烧方式选择基本原则

（1）保证入炉煤质的相对稳定，避免煤质大幅度波动，提高锅炉燃烧稳定性。

（2）保证难着火、难燃尽煤种煤粉细度，提高燃烧经济性。掺烧高挥发分煤种时，严格控制整体挥发分，控制煤粉细度、磨煤机出口风温以及煤粉浓度等。

（3）考虑不同煤种燃烧器的均匀投入，以保证对难着火煤种的火焰支持，确保难着火煤种的着火、燃尽。

（4）综合考虑掺混煤种的着火、燃尽特性，合理进行二次风的分配，保证各煤种氧量的及时补充，确保燃烧效率。

（5）对于含硫量高的煤，应通过“炉前掺混”降低入炉煤硫分，避免出现锅炉或局部锅炉结焦、水冷壁高温腐蚀、尾部受热面低温腐蚀。

（6）在混煤掺烧的工业实践中，应根据锅炉、制粉系统、掺混煤种特点等合理选取混煤掺烧方式，一旦条件发生变化，应改变相应的混煤掺烧方式。

第六章

混煤的掺混比及其优化模型

混煤的掺烧比例研究是混煤掺烧的一个重要研究方向。掺混比是指不同的煤种在混煤中所占的质量百分比。影响混煤掺混比的主要因素是各参混煤种的着火特性、燃尽特性、结焦特性、硫分、煤价、可磨性等指标。在电站实际应用过程中，由于炉型不同、制粉系统不同以及硫分偏差、煤价偏差等不同，所以影响电站实际掺混比的选择关键因子不同。

混煤掺烧掺混比的优化方式，可以通过以下两种方式实现。

(1) 大量现场工业试验。通过对不同煤种在不同的配比下进行现场试验，综合分析锅炉燃烧的稳定性、经济性（锅炉效率）、环保性（SO_x、NO_x 排放变化）以及发电成本变化，确定最适合电站的掺混比。

(2) 理论计算。根据影响电站掺混比选择的主要影响因素，建立相应的数学模型，通过理论计算，获得最佳的掺混比。

在本章提供了一种基于模糊数学方法的掺混比多级评判模型，由此确定最佳掺烧比。

本章从实验室研究、数学模型以及现场热态试验三种方式对混煤的掺混比及优化进行介绍。

第一节　混煤的掺混比优化实验研究

一、煤种选择

选择常用的典型贫煤——潞安贫煤和典型无烟煤——山西晋城无烟煤作为实验对象。典型的潞安贫煤和山西晋城无烟煤的主要煤质参数见表 6-1。

表 6-1　潞安贫煤和山西晋城无烟煤的主要煤质参数　%

项目	全水分 M_t	分析基水分 M_{ad}	分析基灰分 A_{ad}	分析基挥发分 V_{ad}	收到基低位发热量 $Q_{net,ar}$（kJ/kg）
潞安煤	7.61	2.11	20.85	13.33	21 334
晋城煤	6.00	1.38	28.49	6.66	22 620

将潞安贫煤和山西晋城无烟煤以不同的掺混比例混合，对应的混煤分别标记，煤种序号见表 6-2。

表 6-2　　煤种序号

序号	煤种	序号	煤种
1	潞安贫煤	4	潞安贫煤：山西晋城无烟煤=2：1
2	潞安贫煤：山西晋城无烟煤=4：1	5	潞安贫煤：山西晋城无烟煤=1：1
3	潞安贫煤：山西晋城无烟煤=3：1	6	山西晋城无烟煤

二、混煤配比优化的常规实验

1. 测定混煤的结渣倾向

炉内受热面结渣会影响锅炉运行的安全性与经济性，因此对混煤特性的研究，不仅要研究其燃烧特性，同时必须研究其结渣特性。在煤质特性中，与结渣关系最为密切的是煤灰成分及灰熔点。这是评判燃煤结渣倾向的基础。

煤灰中化学成分组成是其结渣特性的重要影响因素。钠、钾等碱金属氧化物质量含量对煤灰熔融特性有关键性影响。很显然，根据质量守恒定律，6 个煤样的灰成分与两种单煤灰化学成分组成及其掺配比例相对应。根据化学分析，6 个煤样灰中 SiO_2、Al_2O_3、Fe_2O_3、MgO、CaO、Na_2O、K_2O、TiO_3 等的含量见表 6-3。

表 6-3　　灰的成分分析　　%

煤种	SiO_2	Al_2O_3	Fe_2O_3	MgO	CaO	Na_2O	K_2O	TiO_3
1	51.31	38.48	2.53	2.91	0.61	0.93	0.99	1.50
2	50.78	37.31	3.28	2.49	1.51	0.92	0.96	1.34
3	50.65	37.02	3.46	2.38	1.73	0.92	0.95	1.30
4	50.43	36.53	3.77	2.20	2.11	0.91	0.94	1.23
5	49.99	35.56	4.40	1.85	2.86	0.90	0.92	1.10
6	48.66	32.64	6.26	0.79	5.10	0.87	0.84	0.70

从 6 种煤样灰成分分析结果可知，由于两种单煤的 Na_2O、K_2O 等碱金属氧化物含量接近，其不同比例的掺配对碱金属氧化物含量变化不大；2 种煤相差较大的成分是 Al_2O_3、Fe_2O_3、MgO、CaO 等成分，这些化学物质硬度较高，因此其掺配比例不同对飞灰磨损影响较大。

在评判结渣倾向的指标中，一般有灰分软化温度 T_2、硅铝比 SiO_2/Al_2O_3，碱酸比 B/A、硅比 G、综合判别指数 R 等。通常以其软化温度 T_2 做基本评判。而综合判别指数 R 的准确度最高，其计算方法为

$$R = 1.237\frac{B}{A} + 0.282\frac{SiO_2}{Al_2O_3} - 0.0023T_2 - 0.0189G + 5.415$$

在 R 的计算式中 B/A 为煤灰中碱酸比，表示煤灰中碱性金属氧化物含量和酸性非金属氧化物含量之比，计算方法为

$$\frac{CaO + MgO + Fe_2O_3 + Na_2O + K_2O}{SiO_2 + AlO_3 + TiO_3}$$

G 为硅比，表示 SiO_2 与部分金属氧化物含量的比，计算方法为

$$G = \frac{SiO_2 \cdot 100}{SiO_2 + Fe_2O_3 + CaO + MgO}$$

表 6-4　　结渣倾向判别指标

判别指数	判别界限			准确度（%）
	轻微	中等	严重	
T_2（℃）	>1390	1390～1260	<1260	83
SiO_2/Al_2O_3	<1.87	1.87～2.65	>2.65	61
R	≤1.5	1.5<R<1.75 1.75≤R≤2.25 2.25<R<2.5	≥2.5	90

6 个煤样的灰熔点测定采用角锥法，炉内介质为弱还原性，测定变形温度 T_1、软化温度 T_2、流动温度 T_3，结果显示：6 种煤样的软化温度 T_2 和流动温度 T_3 均大于 1500℃；煤种 1、2、3 的变形温度也均大于 1500℃，但煤种 4、5、6 的变形温度依次下降，分别为 1500、1460℃和 1420℃。

按表 6-4 结渣判别指标说明，根据表 6-3 飞灰成分分析结果以及飞灰软化温度值结果，潞安煤与晋城无烟煤在不同配比下的结渣倾向判别结果见表 6-5。

表 6-5　　混煤结渣倾向判别结果

煤种		贫煤	贫煤：无烟煤				无烟煤
			4：1	3：1	2：1	1：1	
结渣指标计算及判别结果	T_2 程度	>1500 轻微	>1500 轻微	>1500 轻微	>1500 轻微	>1500 轻微	1500 轻微
	SiO_2/Al_2O_3 程度	1.33 轻微	1.36 轻微	1.37 轻微	1.38 轻微	1.40 轻微	1.49 轻微
	G 程度	89.5 轻微	87.5 轻微	87.0 轻微	86.2 轻微	84.6 轻微	80.0 轻微
	B/A 程度	0.087 轻微	0.102 轻微	0.106 轻微	0.113 轻微	0.126 轻微	0.169 轻微
	R 程度	0.76 轻	0.82 轻	0.84 轻	0.86 轻	0.92 轻	1.08 轻

从表 6-5 数据可以看出，虽然两种典型煤种在不同掺配比例下的结渣特性基本在同样的区间，都属于轻微结焦或轻度结焦煤种，但其不同判别指标都与掺配比成正比，即易结焦煤种比例越高，其结焦性能越明显。

2. 煤的可磨系数测定

煤是一种脆性物质，在机械力的作用下可以被粉碎。煤的可磨性指数即是表征原煤硬度、强度、韧度和脆度有关的综合物理特性，目前比较常用的是哈氏可磨性指数 HGI，它是一个无量纲的物理量，其值大小反映了不同煤样破碎成煤粉的相对难易程度，HGI 值越大，说明在消耗一定能量的条件下，相同量规定粒度的煤样磨制成粉的细度越细，或者说对相同量规定粒度的煤样磨制成相同细度时所消耗的能量越少。一般情况下，无烟煤由于碳化程度较高，其可磨性相对较差。哈氏可磨系数 HGI 通常在 25～129 之间，大于 86 为易磨煤，小于 62 为难磨煤。

6 个煤样的可磨系数采用哈氏法测定，见表 6-6。

表 6-6　　哈氏可磨系数

煤种	1	2	3	4	5	6
哈氏可磨性指数	71	70	65	63	60	43
可磨能力	中等可磨	中等可磨	中等可磨	中等可磨	难磨	难磨

3. 煤的磨损指数测定

煤的磨损指数表示该煤种对磨煤机的研磨部件磨损轻重的程度。按煤的冲刷磨损指数 K_e 大小划分为 $K_e<1.0$、$K_e=1\sim1.9$、$K_e=2\sim3.5$、$K_e=3.5\sim5$ 和 $K_e>5$ 五级，对应的磨损性为轻微、不强、较强、很强和极强五级。6 种煤样的磨损特性测试在磨损试验台上进行，实验结果见表 6-7。

表 6-7　　煤的磨损指数

煤种	1	2	3	4	5	6
煤的磨损指数 K_e	0.83	1.24	1.41	1.62	1.96	3.89

从表 6-7 结果可以发现，晋城无烟煤属于强磨损煤种，潞安贫煤属于不易磨损煤种。两种煤掺混时，晋城无烟煤的掺加，使得混煤的磨损能力迅速升高；在一定的掺配比例内，其磨损指数变化较小；当晋城煤比例达到一定程度时，其磨损指数进一步迅速增加。

4. 煤的着火特性试验

原煤的燃烧特性一般用热重方法进行。主要的实验特征参数包括着火特征温度 T_i、燃烧最大失重率 $(dG/d\tau)_{max}$ 及其所对应的温度 T_{max}、可燃性指数 $C_b=(dG/d\tau)_{max}/T_i^2$，可燃性指数主要反映煤样燃烧前期的反应能力。该值越大，可燃性越好。

通过热重分析方法，进行 6 个煤样的着火特性试验。燃烧特性试验条件如：

(1) 升温速率为 20℃/min，工作温度从 25℃到 850℃。

(2) 工作气氛是压缩空气，气体流量为 130mL/min。

(3) 煤样质量为 (5±1) mg，煤粉细度为 200 目筛分。

试验时，先以 20℃/min 的升温速率升至 105℃，并在 105℃保温 5min 失去水分，然后以 20℃/min 的升温速率升温，试样以此升温速率从 105℃升温到煤样的质量不在变化所对应的温度，得燃烧特性曲线（TG、DTG 曲线）。6 个煤样的着火特性参数见表 6-8。

表 6-8　　煤的着火特性参数

煤种	$(dG/d\tau)_{max}$ (1/min)	T_{max} (℃)	T_i (℃)	$C_b\times10^{-7}$	按 C_b 排序
1	0.119	505	382	8.15	1
2	0.113	511	395	7.24	2
3	0.105	517	407	6.33	3
4	0.095	525	421	5.35	4
5	0.089	529	430	4.81	5
6	0.078	559	492	3.01	6

从表 6-8 数据可以清楚看出，潞安贫煤的着火温度明显低于晋城无烟煤、可燃性指数也显著优于晋城无烟煤。随着晋城无烟煤掺配比例的提高，其着火温度明显升高，可燃性

指数迅速下降。但是潞安贫煤的存在，使得混煤的着火特性明显好转。

5. 煤的燃尽特性试验

在热重分析中，将煤焦的燃烧特性曲线 DTG 前段中 $(dG/d\tau)/(dG/d\tau)_{max}=1/2$ 与 $(dG/d\tau)_{max}$的温度区间 $\Delta T_{1/2}$ 称为前半峰宽，表示煤焦前期燃烧的集中程度。后段 $(dG/d\tau)_{max}$与 $(dG/d\tau)/(dG/d\tau)_{max}=1/2$ 所对应的温度区间 $\Delta T_{1/2}$称为后半峰宽，反映焦炭燃尽的集中耗时程度。令 $\Delta T_q=\Delta T_{1/2}$，$\Delta T_h=\Delta T_{1/2}{}'$，$\Delta T=\Delta T_q+\Delta T_h$。$\Delta T$ 所对应的 DTG 曲线下所包围的面积为煤焦可燃质聚集燃烧份额的大小，ΔT 越大，煤焦可燃质聚集份额越多。$\Delta T_h/\Delta T$ 表示煤焦后期燃烧的聚集程度 ，它可间接反映煤焦后期燃烧的快慢。$\Delta T_h/\Delta T$ 的比值越小，表明煤焦燃尽所需时间越短，煤种后期燃烧所需的时间越少；反之，后期燃烧所需时间越长，燃尽情况越差。用煤综合判别指数 H_j 来判别煤粉燃烧的燃尽特性。具体公式为

$$H_j=(\mathrm{DTG})_{max}/(T_i\cdot T\cdot \Delta T_h/\Delta T)$$

H_j 的大小反映了煤的燃尽性能的好坏，其值越大，燃尽性能越好。6 种煤的燃尽特性参数见表 6-9。

表 6-9　　煤的燃尽特性参数

煤种	ΔT_q	ΔT_h	ΔT	$\Delta T_h/\Delta T$	$H_j\times10^{-6}$	排序
1	43	39	82	0.476	12.9	1
2	42	40	82	0.488	11.5	2
3	39	46	85	0.541	9.3	3
4	41	47	88	0.534	8.1	4
5	46	61	107	0.570	6.9	5
6	28	41	69	0.594	4.7	6

对表 6-9 结果分析，潞安贫煤和晋城无烟煤的燃尽特性差异巨大。当晋城贫煤比例超过 30%时，其燃尽特性已基本接近于晋城无烟煤的燃尽能力。

三、实验分析

汇总上述不同配比下的混煤常规测试数据，潞安贫煤和晋城无烟煤两种煤及其混煤的主要燃烧特征见表 6-10。

表 6-10　　煤的主要燃烧特征

煤种	贫煤	贫煤：无烟煤				无烟煤
		4：1	3：1	2：1	1：1	
着火特性	易	中等	中等	中等	难	极难
燃尽特性	易	易	中等	中等	中等	极难
结渣特性	轻	轻	轻	轻	轻	轻
可磨性	中等	中等	中等	中等	难	难
煤的磨损性	轻	不强	不强	不强	较强	很强

从表 6-10 可知，潞安贫煤着火容易，也易燃尽，有轻微的结渣倾向。而晋城无烟煤是一种热值高的燃料，其着火性能差，且难以燃尽，在炉内结渣倾向属轻度。随着潞安贫煤中混入晋城无烟煤的比例增加，着火变难，燃尽变差。

当潞安贫煤与晋城无烟煤掺烧比大于 2∶1 时，着火不困难，火焰稳定，只是燃尽比贫煤稍差些，其综合性能指标较好，适合于四角切圆燃烧锅炉。当按这种比例混烧的情况下，应适当考虑提高燃尽率，如优化配风、提高晋城无烟煤煤粉细度等。

四、实验室研究结论

潞安贫煤和晋城无烟煤煤价差异较大，是实施掺混的经济基础。潞安贫煤和晋城无烟煤的燃烧特性、煤的可磨性及磨损性差异明显。在掺配中，随着晋城无烟煤掺混比的增加，燃烧特性和可磨性及磨损特性单向恶化。贫煤和无烟煤存在一个最佳掺混比。

当潞安贫煤与晋城无烟煤掺烧比大于 2∶1，混煤燃烧特性未发生根本恶化，适用于电站锅炉燃用。

第二节　混煤掺混比优化数理模型及应用

构建混煤掺混比、优化数理模型时，同样采用典型的潞安贫煤和晋城无烟煤作为研究对象。通过引入模糊数学方法，提出了多级评判模型，由此确定最佳掺烧比。

在确定混煤的最佳掺烧比时，必须全面考虑燃用混煤时的着火、燃尽和结渣性能及煤价指数，其中，着火燃烧稳定性则是燃烧混煤时应首先考虑的主要问题。评价着火稳定性可采用上述的着火特征温度 T_i。混煤的燃尽程度直接影响锅炉的燃烧效率，评价混煤的燃尽性能可采用上述的燃尽特性指数 H_j。考虑到不同煤种掺混后，结渣性能有较大的变化，必须考虑混煤的结渣倾向。实际上，还应考虑炉膛热负荷（炉膛截面热负荷和燃烧器区壁面热负荷）、火焰温度等许多因素。

必须看到，着火、燃尽和结渣特性之间相互影响，又相互制约。例如，为了提高燃尽度需要提高炉温，这会导致炉内结渣。因此在综合考虑这些因素时，必须要协调好这些相互制约的方面，经济性（煤价和制粉电耗）指数也是考虑的因数。根据实际情况，两种煤的结渣性轻微，可不考虑。

对此，引入模糊数学方法，提出了多级评判模型，由此确定最佳掺烧比。具体步骤如下。

1. 确定因素集

将影响评判对象的 m 个因素组成一个普通集合 U。这里，影响掺烧比的因素集 U 为

$$U=\{着火特征温度\ T_i、燃尽特性指数\ Hj、经济性指数\ M\}$$

2. 确定备择集

将评判者对评判对象可能做出的各种评判结果组成集合 V。对此，将混煤的各种性能划分为适宜和不适宜，即

$$V=\{适宜、不适宜\}$$

为了计算上方便起见，这里将等级指标值依据单一煤数据确定。例如，着火性能中的晋城无烟煤最难着火，潞安贫煤最易着火，因而将其无烟煤的着火温度划分为不适宜，贫烟煤划分为适宜，同理可得到其余指标，见表 6-11。

表 6-11　　混煤性能参数

<table>
<tr><td>序号</td><td>1</td><td>2</td><td>3</td><td>4</td><td>5</td><td>6</td><td colspan="2" rowspan="3">等级
标准值</td></tr>
<tr><td rowspan="2">煤种</td><td rowspan="2">潞安贫煤</td><td colspan="4">贫煤：无烟煤</td><td rowspan="2">晋城
无烟煤</td></tr>
<tr><td>4：1</td><td>3：1</td><td>2：1</td><td>1：1</td></tr>
<tr><td>因素</td><td colspan="6">试验数据</td><td>适宜</td><td>不适宜</td></tr>
<tr><td>T_i</td><td>382</td><td>395</td><td>407</td><td>421</td><td>430</td><td>492</td><td>382</td><td>492</td></tr>
<tr><td>H_j</td><td>12.9</td><td>11.5</td><td>9.3</td><td>8.1</td><td>6.9</td><td>4.7</td><td>12.9</td><td>4.7</td></tr>
<tr><td>M</td><td>560</td><td>548</td><td>545</td><td>540</td><td>530</td><td>500</td><td>500</td><td>560</td></tr>
</table>

3. 确定单因素评判矩阵 **R**

从因素 U_i 出身进行单独评判，以确定评判对象对备择集元素的隶属度，用备择集一个模糊子集，即

$$\boldsymbol{R}_i = \{r_{i1}, r_{i2}, \cdots, r_{in}\}$$

然后以单因素评判集的隶属度为行，组成单因素模糊评判矩阵 **R**。

这里采用合适的隶属度函数，得到潞安贫煤掺烧晋城无烟煤时的单因素评判矩阵为

$$\boldsymbol{R} = \begin{bmatrix} 1 & 0.88 & 0.77 & 0.65 & 0.56 & 0 \\ 1 & 0.83 & 0.56 & 0.41 & 0.27 & 0 \\ 0 & 0.20 & 0.25 & 0.33 & 0.50 & 1 \end{bmatrix}$$

4. 确定各因素权重 A

为了反映各因素的重要程度，对每个因素赋予相应的权数，由各权数组成权重集，即

$$A = \{a_1, a_2, \cdots, a_n\}$$

它是模糊子集。

取权重集为

$$A = (0.3, 0.4, 0.3)$$

5. 确定模糊综合评判矩阵 B

为解模糊综合评判集 $\boldsymbol{B} = A \cdot R = (b_1,\ b_2,\ \cdots,\ b_n)$，采用普通矩阵算法，得到潞安贫煤掺烧晋城无烟煤的模糊评判集为

$$B = (0.7,\ 0.656, 0.53, 0.458, 0.426, 0.3)$$

6. 归一化处理

将评判结果 B 进行归一化处理，即得到

$$B = (0.228, 0.214, 0.173, 0.149, 0.139, 0.098)$$

7. 确定等级参数 Y，即最佳比例 Y

得到上述模糊综合评判集后，再求出具体的等级参数，即确定最佳掺烧比。

将掺烧比从 100%到 0 以上述实验为基础离散为若干值，得到参数列向量 C，即

$$C = (1.0, 0.8, 0.75, 0.667, 0.5, 0)^T$$

因而潞安贫煤掺烧晋城无烟煤的最佳比例为

$$Y = B \cdot C \times 100\% = 69.8\% \approx 70\%$$

这一结果表明，当优先考虑着火和燃尽因素时，应提高潞安贫煤的比例。当优先考虑经济因素时，应该适当减少潞安贫煤的比例。

第三节　混煤掺混比优化试验实例（一）

某电站锅炉系东方锅炉有限公司生产的DG 1900/25.4-Ⅱ1型超临界参数变压直流本生锅炉，一次再热、单炉膛，前、后墙对冲燃烧。锅炉设计燃用山西潞安矿业集团有限公司V_{daf}=15%、$Q_{net,ar}$=22 600kJ/kg的优质贫煤，但受煤炭市场化影响，在很长一段时间内燃用一定比例的无烟煤，特别是在燃用难碾磨、难着火、难燃尽的晋城无烟煤时（现仍为主力煤种之一），锅炉灰渣含碳量居高不下，锅炉效率低于85%，低负荷时燃烧稳定性差，严重影响到锅炉的经济稳定调峰，为此，进行了专项无烟煤混煤掺烧及调整试验，通过试验确定了无烟煤的最佳掺烧比例和最佳上煤方式，为电站购煤、掺配煤提供了理论依据。电站主要存煤种类及其主要煤质特性见表6-12，磨煤机燃烧器布置方式见表6-13。

表6-12　　电站主要存煤种类及其主要煤质特性

燃煤名称	收到基低位发热量（kJ/kg）	干燥无灰基挥发分（%）	收到基灰分（%）
晋城无烟煤	24 000	6～8	20
郑州煤	20 000	15	28～30
湖南国矿煤	16 000～20 000	8～13	30～40
山西西阳村煤	24 000	10～12	20
陕西彬县烟煤	23 000	30	23

表6-13　　磨煤机燃烧器布置方式

项目	前墙	后墙
上层	B磨煤机	D磨煤机
中层	E磨煤机	C磨煤机
下层	F磨煤机	A磨煤机

一、试验内容

原有的掺混方式为：下、中层A、E、F磨煤机采用湖南国矿煤与陕西彬县烟煤1∶1比例的混煤，中上层B、C、D磨煤机采用晋城无烟煤。晋城无烟煤占约50%的比例。平均低位发热量约为22 000kJ/kg，挥发分大于15%。掺烧过程中飞灰平均含碳量为15%，炉渣含碳量为12%。

1. 试验方式1——3台磨煤机（上、中、下层）上晋城无烟煤

A、D、E磨煤机上晋城无烟煤，B、C、F磨煤机上郑州煤与湖南国矿煤比例为1∶1的混煤。在这种掺混比例和方式下进行锅炉效率测试，晋城无烟煤比例约为42%。

2. 试验方式2——2台磨煤机上晋城无烟煤

A、E磨煤机上晋城无烟煤，C、F磨煤机上郑州煤与山西西阳村煤比例为1∶1的混煤，B、D磨煤机上郑州煤与湖南国矿煤的比例为1∶1的混煤。在这种掺混比例和方式下进行锅炉效率测试，晋城无烟煤比例约为23%。

3. 试验方式3——1台磨煤机上晋城无烟煤

A磨煤机上晋城无烟煤，其余磨煤机上郑州煤与山西西阳村煤或湖南国矿煤比例为

1∶1 的混煤。在这种掺混比例和方式下进行锅炉效率测试，晋城无烟煤比例约为 9%。

4. 试验方式 4——不上晋城无烟煤

所有磨煤机上郑州煤与山西西阳村煤或湖南国矿煤比例为 1∶1 的混煤。在这种掺混比例和方式下进行 4 个工况的锅炉效率测试。

5. 试验方式 5——3 台磨煤机（中上层）上晋城无烟煤

C、D、E 磨煤机上晋城无烟煤，其余 A、B、F 磨煤机上郑州煤与山西西阳村煤或湖南国矿煤比例为 1∶1 的混煤。在这种掺混比例和方式下进行锅炉效率测试。

试验期间，试验人员将晋城无烟煤对应的磨煤机出口分离器挡板关小至 20%以下，其余磨煤机出口分离器挡板开度控制在 50%。

二、试验煤质分析数据

试验煤质分析数据见表 6-14。

表 6-14　　试验煤质分析数据

名称	分析基水分	收到基水分	收到基灰	空干基挥发分	干燥无灰基挥发分	低位发热量
符号	M_{ad}	M_{ar}	A_{ar}	V_{ad}	V_{daf}	$Q_{net,ar}$
单位	%	%	%	%	%	kJ/kg
预备	1.20	8.50	26.69	8.50	12.86	22 150
方式 1	1.02	9.00	26.04	9.00	13.34	22 794
方式 2	1.02	8.20	24.25	8.20	11.70	23 766
方式 3	1.03	9.15	26.07	9.14	13.58	22 939
方式 4	1.00	8.99	26.40	8.99	13.59	22 500
方式 5	0.95	7.99	25.98	7.99	11.76	22 984

试验期间，每个方式均多次取各磨煤粉样进行分别化验，按实际燃用比例取算术平均值。

三、测试、化验及计算结果（见表 6-15）

表 6-15　　测试、化验及计算结果

名称	负荷（MW）	飞灰含碳量（%）	炉渣含碳量（%）	不完全燃烧热损失（%）	排烟损失（%）	散热损失（%）	物理显热损失（%）	锅炉热效率（%）
原电站掺烧方式：上、中 3 台上晋城无烟煤，其余为陕西彬县烟煤与湖南国矿煤的混煤								
预备	600	13.80	12.00	6.01	5.29	0.34	0.16	88.19
方式 1：上、中、下 3 台上晋城无烟煤，另 3 台为郑州煤和湖南国矿煤的混煤，晋城无烟煤比例约为 42%								
工况 1	600	9.40	6.85	3.64	5.30	0.34	0.15	90.56
工况 2	600	10.28	9.95	4.12	5.19	0.34	0.15	90.19
工况 3	600	9.98	6.75	3.86	5.14	0.34	0.15	90.50
平均值	600	9.88	7.85	3.87	5.21	0.34	0.15	90.42
方式二：2 台上晋城无烟煤，晋城无烟煤比例约为 23%								
工况 4	600	5.90	10.50	2.21	5.25	0.34	0.14	92.07
工况 5	600	7.57	9.11	2.71	5.28	0.34	0.14	91.53
工况 6	600	6.04	9.11	2.20	5.26	0.34	0.14	92.06
平均值	600	6.50	9.57	2.37	5.26	0.34	0.14	91.89

续表

名称	负荷（MW）	飞灰含碳量（%）	炉渣含碳量（%）	不完全燃烧热损失（%）	排烟损失（%）	散热损失（%）	物理显热损失（%）	锅炉热效率（%）
方式三：1台上晋城无烟煤，晋城无烟煤比例约为9%								
工况 8	600	5.22	3.86	1.93	5.19	0.34	0.15	92.39
工况 9	600	5.40	3.04	1.96	5.26	0.34	0.15	92.29
工况 10	600	5.90	2.60	2.12	5.18	0.34	0.15	92.20
工况 11	600	4.45	4.54	1.67	5.27	0.34	0.15	92.56
平均值	600	5.24	3.51	1.92	5.17	0.34	0.15	92.42
方式四：上晋城无烟煤								
工况 12	600	5.95	2.86	2.15	5.03	0.34	0.15	92.32
工况 13	600	4.86	3.18	1.77	5.17	0.34	0.15	92.57
工况 14	600	3.91	7.40	1.60	5.12	0.34	0.15	92.79
工况 15	600	5.08	2.87	1.84	4.99	0.34	0.15	92.68
平均值	600	4.95	4.08	1.84	5.02	0.40	0.15	92.59
方式五：中、上3台上晋城无烟煤								
工况 16	600	9.64	7.44	3.74	5.19	0.34	0.15	90.57
工况 17	600	10.29	14.25	4.30	5.15	0.34	0.15	90.05
工况 18	600	12.31	6.59	4.79	5.03	0.34	0.15	89.68
工况 19	600	9.31	5.04	3.51	5.17	0.34	0.15	90.83
平均值	600	10.39	8.33	4.09	5.14	0.34	0.15	90.28

从试验结果来看，在负荷不变的情况下，随着晋城无烟煤比例的增加，其他各项损失变化不明显，但机械不完全燃烧损失增加。晋城无烟煤比例和机械不完全燃烧损失的变化关系并不是呈简单的线性关系，而是随着晋城煤掺烧比例的增加，机械不完全燃烧损失增加的速率变快，锅炉效率大幅降低。晋城无烟煤比例与主要热损失的关系如图 6-1 所示。

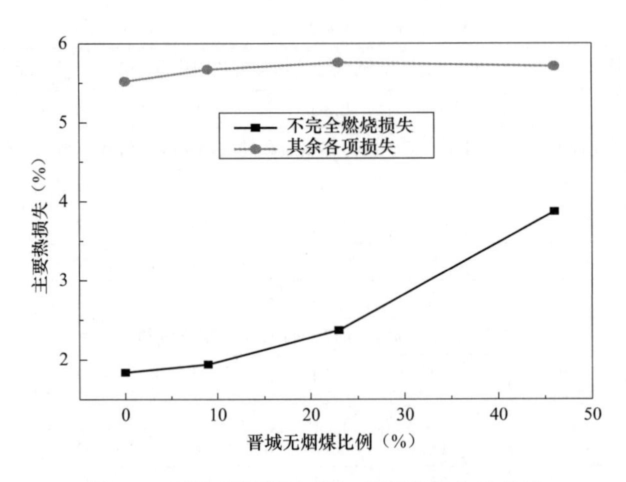

图 6-1　晋城无烟煤比例与主要热损失的关系

对比方式1（上、中、下3台晋城无烟煤）和方式五（中、上3台晋城无烟煤）试验结果，同样在600MW负荷6台磨煤机运行时，方式一比方式五燃尽率略好，飞灰降低了0.51%，锅炉效率提高了0.14%。

四、掺混比优化试验结论

（1）晋城无烟煤属于难磨碎、难着火、难燃尽的三难煤种，随着其比例增加，机械不完全燃烧损失增加。而且晋城无烟煤比例和机械不完全燃烧损失的变化关系并不是简单的线性关系，而是随着晋城煤掺烧比例的增加，机械不完全燃烧损失增加的速率变快，因此，为保证锅炉经济燃烧，一定要控制晋城煤的掺烧比例。

（2）通过试验结果，电站在今后的运行中采用了如下混煤掺烧方式：控制晋城无烟煤或劣质无烟煤1台，最多2台的投运比例，并采用单台磨煤机磨制的方式，综合稳定性和经济性，放在中层燃烧，并将燃用无烟煤的磨煤机的分离器挡板置于30%，这种掺混无烟煤的方式与原掺烧方式对比，锅炉效率至少提高了1%，煤耗降低约3.4g/(kW·h)，保证了锅炉效率在90%以上，并保证了机组燃烧稳定性。

第四节　混煤掺混比优化试验实例（二）

某电站处于湖南省电网负荷中心，在夏季和冬季期间，负荷需求极高。长期以来，电站煤炭采购结构、库存结构不合理，适炉优质贫瘦煤和优质烟煤采购比例严重偏低，且到货时间相对集中，导致电站煤场无烟煤（类）比例长期过高。

针对600MW超临界参数对冲燃烧锅炉的结构特点，电站严格控制无烟煤掺烧比例。掺烧优化前，当煤场库存中无烟煤比例过高时，电站采用的无烟煤掺烧比例明显不适应该情况。

如何在确保锅炉运行稳定性和经济性的基础上，提高无烟煤掺烧比例，是电站亟待解决的主要矛盾。

电站的燃烧器布置方式为：前墙由下至上依次为A、B、E磨煤机对应一次风管；后墙由上至下依次为C、D、F磨煤机对应一次风管。即最下层燃烧器对应的磨煤机为A、F磨煤机；中间层燃烧器对应的磨煤机是B、D磨煤机；最上层燃烧器对应的磨煤机是C、E磨煤机。

一、煤种选择及试验基本条件

1. 煤种选择

根据试验期间的电站煤场存煤结构，选择晋城无烟煤、五澎水运煤、平顶山烟煤、资江煤等、省内煤等作为试验煤种。

2. 配风及运行方式控制

试验期间，应维持总风量和总燃料量不变，参数波动在允许范围内。具体要求如下：

（1）各试验工况下，维持炉膛出口氧量在3.5%左右。

（2）燃用无烟煤燃烧器对应二次风单侧风量维持在90t/h左右，正常煤种单侧风量维持在100t/h左右，燃尽风对应调整，维持二次风总量在1800t/h左右。

（3）运行中一次风压的控制方式应以负荷稳定、温度均匀、燃烧稳定为前提。

（4）空气预热器前一次风压维持在10～11kPa。试验煤种库存量及主要煤质参数见表6-16。

表6-16　试验煤种库存量及主要煤质参数

煤种	吨量	低位热值	可燃基挥发分	硫值
资江煤	38 100	16 740	10.93	1.28
五澎水运煤	83 600	18 967	13.8	1.61
平顶山烟煤	54 400	16 052	37.61	0.6
晋城无烟煤	36 100	21 969	11.09	0.92
省内煤	39 000	17 271	13.09	1.55

3. 煤粉细度控制

正常煤种煤粉细度控制在16%左右，无烟煤煤粉细度控制在8%左右。

二、试验方案

试验循序渐进，先进行1套制粉系统单上无烟煤（晋城无烟煤）试验，根据试验结果决定是否进行2套、3套制粉系统单上无烟煤。如燃烧稳定性较好，增加资江煤入晋城无烟煤仓。

试验工况说明：

（一）工况1（见表6-17）

（1）B磨煤机入晋城无烟煤，其余磨煤机上混煤（2号∶3号∶4号＝30%∶20%∶50%）：预计无烟煤掺配比例为13%～15%。

（2）1号筒仓：晋城无烟煤。

（3）2号筒仓：五澎水运煤。

（4）3号筒仓：平顶山烟煤。

（5）4号筒仓：省内煤。

表6-17　工况1

E磨煤机	混煤	C磨煤机	混煤
B磨煤机	晋城无烟煤	D磨煤机	混煤
A磨煤机	混煤	F磨煤机	混煤

（二）工况2（见表6-18）

（1）B磨煤机入晋城无烟煤，其余上混煤（1号∶2号∶3号∶4号＝10%∶30%∶30%∶30%）。预计无烟煤掺配比例为20%。

（2）1号筒仓：晋城无烟煤。

（3）2号筒仓：无澎水运煤。

（4）3号筒仓：平顶山烟煤。

（5）4号筒仓：省内煤。

表6-18　工况2

E磨煤机	混煤	C磨煤机	混煤
B磨煤机	晋城无烟煤	D磨煤机	混煤
A磨煤机	混煤	F磨煤机	混煤

（三）工况3（见表6-19）

（1）B磨煤机入晋城无烟煤+资江煤（7∶3），其余上混煤（1号∶2号∶3号∶4号=10%∶30%∶30%∶30%），预计无烟煤掺配比例为20%。

（2）1号筒仓：晋城无烟煤∶资江煤=7∶3。

（3）2号筒仓：五澎水运煤。

（4）3号筒仓：平顶山烟煤。

（5）4号筒仓：省内煤。

表6-19　　工况3

E磨煤机	混煤	C磨煤机	混煤
B磨煤机	无烟煤	D磨煤机	混煤
A磨煤机	混煤	F磨煤机	混煤

（四）工况4（见表6-20）

（1）B、F磨煤机进晋城无烟煤，其余进混煤（2号∶3号∶4号=40%∶30%∶30%）：预计无烟煤掺配比例为25%～30%。

（2）1号筒仓：晋城无烟煤。

（3）2号筒仓：五澎水运煤。

（4）3号筒仓：平顶山烟煤。

（5）4号筒仓：省内煤。

表6-20　　工况4

E磨煤机	混煤	C磨煤机	混煤
B磨煤机	晋城无烟煤	D磨煤机	混煤
A磨煤机	混煤	F磨煤机	晋城无烟煤

（五）工况5（见表6-21）

（1）B、F磨煤机进晋城无烟煤，其余进混煤（1号∶2号∶3号∶4号=10%∶30%∶30%∶30%）：预计无烟煤掺配比例为30%～35%。

（2）1号筒仓：晋城无烟煤。

（3）2号筒仓：五澎水运煤。

（4）3号筒仓：平顶山烟煤。

（5）4号筒仓：省内煤。

表6-21　　工况5

E磨煤机	混煤	C磨煤机	混煤
B磨煤机	晋城无烟煤	D磨煤机	混煤
A磨煤机	混煤	F磨煤机	晋城无烟煤

三、试验数据及结果

1. 试验数据汇总

某电站超临界参数对冲燃烧锅炉无烟煤优化燃烧试验数据见表6-22。

表 6-22　　某电站超临界参数对冲燃烧锅炉无烟煤优化燃烧试验数据

项目	单位	工况 1	工况 2	工况 3	工况 4	工况 5
负荷	MW	600				
无烟煤掺量	%	15	20	20	28	33
空气预热器入口氧量	%	3.8	3.5	3.6	3.9	3.7
排烟温度	℃	150.64	153.51	155.26	157.25	161.74
排烟氧量	%	4.78	4.36	4.51	5.02	4.89
环境温度	℃	35.26	35.86	35.34	36.51	36.82
飞灰可燃物	%	4.44	5.47	6.59	8.65	9.54
炉渣可燃物	%	4.14	5.87	9.69	7.07	10.94
排烟损失 q_2	%	5.09	5.07	5.11	5.27	5.41
机械不完全燃烧损失 q_4	%	4.27	4.69	5.71	7.11	8.08
锅炉效率	%	91.26	90.67	90.01	89.61	88.24
锅炉效率（煤质修正）	%	91.83	91.63	90.97	89.88	89.09

从表 6-22 可知，当无烟煤掺量为 15%左右时，锅炉效率基本正常。机械不完全损失在 3.07%和 3.55%（煤质修正后为 1.51%和 1.91%）。主要的锅炉效率损失是排烟损失。这除了与煤质有关外，受热面换热效果、空气预热器换热效果等也对排烟损失有重要影响。

当掺入劣质无烟煤后，锅炉效率有较为明显的下降，甚至比无烟煤比例进一步提高时的锅炉效率还要低约 0.4%。当无烟煤比例进一步提高到 30%以上时，锅炉效率有实质上的下降。

从运行情况看，5 个工况下锅炉燃烧均较为稳定，炉膛负压平稳，波动在±80Pa 以内，蒸汽温度、蒸汽压力平稳；各投运燃烧器火焰检测强度较高。各工况下，各燃烧器平均火焰检测强度强度见表 6-23。

表 6-23　　各工况下火焰检测强度

工况	工况 1			工况 2			工况 3		
燃烧器	最小火焰检测强度	最大火焰检测强度	平均火焰检测强度	最小火焰检测强度	最大火焰检测强度	平均火焰检测强度	最小火焰检测强度	最大火焰检测强度	平均火焰检测强度
A1	101.75	102.88	102.84	100.63	102.42	101.88	98.39	102.42	101.76
A2	101.47	101.50	101.49	95.61	101.36	100.20	91.19	101.44	100.21
A3	102.49	102.53	102.52	102.52	103.23	103.19	56.15	103.21	101.61
A4	101.43	101.48	101.45	99.56	102.83	102.09	99.97	102.80	102.20
B1	67.58	99.57	83.39	80.07	98.70	89.91	72.82	95.67	84.51
B2	80.73	103.07	99.71	99.89	100.80	100.49	87.32	100.61	99.27
B3	83.55	102.94	101.54	102.34	103.02	102.96	87.12	102.94	100.99
B4	99.31	102.81	102.52	101.97	102.04	102.02	93.49	101.94	101.03
C1	101.15	101.72	101.66	102.43	102.47	102.44	92.85	102.43	101.41
C2	102.12	102.17	102.14	101.92	102.58	102.51	99.40	102.56	102.25
C3	101.24	101.29	101.26	87.63	102.94	98.65	76.01	102.61	93.03
C4	101.68	102.60	102.35	103.05	103.08	103.07	100.88	103.07	102.79

续表

工况	工况 1			工况 2			工况 3		
燃烧器	最小火焰检测强度	最大火焰检测强度	平均火焰检测强度	最小火焰检测强度	最大火焰检测强度	平均火焰检测强度	最小火焰检测强度	最大火焰检测强度	平均火焰检测强度
D1	99.92	99.96	99.95	101.06	101.67	101.54	99.71	101.65	101.36
D2	102.49	103.32	103.27	102.23	103.19	102.99	102.25	103.19	103.15
D3	101.03	101.81	101.69	94.54	102.06	101.22	98.91	102.05	101.76
D4	102.80	102.84	102.83	103.23	103.27	103.25	102.22	103.27	103.10
E1	104.00	104.04	104.03	97.96	103.38	102.63	71.15	102.71	91.08
E2	103.07	103.33	103.32	97.87	102.83	101.19	77.26	103.12	102.42
E3	105.18	105.22	105.20	102.77	103.07	103.04	90.22	103.05	101.36
E4	101.75	102.68	102.59	90.30	100.94	97.75	65.01	100.60	82.06
F1	81.74	99.51	92.37	103.51	103.55	103.53	96.90	103.44	102.45
F2	103.51	103.56	103.54	100.85	103.93	102.99	92.64	103.97	103.26
F3	103.72	103.89	103.86	101.70	101.74	101.71	101.28	101.72	101.69
F4	83.26	102.90	94.13	88.90	103.57	99.63	75.89	103.81	94.44

工况	工况 4			工况 5		
燃烧器	最小火焰检测强度	最大火焰检测强度	平均火焰检测强度	最小火焰检测强度	最大火焰检测强度	平均火焰检测强度
A1	102.80	102.86	102.82	99.96	102.83	102.37
A2	100.55	101.49	101.41	61.01	98.96	78.48
A3	102.46	102.50	102.47	98.08	102.48	102.23
A4	101.40	101.44	101.42	101.39	101.43	101.41
B1	103.03	103.40	103.37	45.91	103.38	81.96
B2	71.34	91.66	81.51	60.50	102.83	90.41
B3	71.15	99.90	89.04	87.84	102.75	99.91
B4	100.61	102.28	100.99	94.82	102.75	101.98
C1	93.65	101.49	99.22	99.71	101.67	101.40
C2	102.08	102.11	102.09	101.24	102.09	101.95
C3	101.20	101.24	101.21	101.18	101.23	101.21
C4	101.19	102.56	102.26	102.35	102.56	102.53
D1	99.90	99.94	99.92	71.78	99.90	96.17
D2	102.93	103.29	103.25	102.43	103.27	103.24
D3	101.73	101.79	101.76	100.65	101.76	101.72
D4	102.78	102.82	102.79	102.75	102.79	102.78
E1	103.62	104.00	103.97	78.01	103.98	103.89
E2	62.02	103.31	100.99	81.46	103.18	94.54
E3	105.15	105.18	105.15	75.12	105.18	105.15
E4	101.38	102.66	102.56	65.43	102.63	101.75
F1	88.56	103.00	97.73	80.65	99.91	89.37
F2	103.46	103.51	103.49	103.40	103.51	103.48
F3	103.58	103.84	103.82	102.82	103.85	103.70
F4	88.62	100.84	97.09	85.96	100.42	93.83

2. 试验结果分析

现场试验证明：采用“分磨制粉”时，可以在25%～30%甚至更高比例下掺烧无烟煤，锅炉燃烧稳定。当掺烧比例在30%以下时，修正后锅炉效率均在90%以上。掺烧无烟煤超过30%时，锅炉效率有实质下降。根据试验结果，1台磨煤机单独燃用无烟煤，其余磨煤机掺烧10%无烟煤经济性和稳定性控制较好。

第五节　掺混比优化及发电成本分析实例

某电站1、2号机组锅炉配中储式制粉系统。设计燃用晋东南无烟煤和黄陵烟煤的混煤。随着国内煤炭市场的紧张，长期以来难以燃用设计煤种，煤场库存，长期保持有较多的劣质无烟煤或高硫煤。煤质降低造成磨煤机出口煤粉细度整体偏粗且均匀性下降，锅炉效率低于设计水平。在实际运行中，锅炉效率存在较大波动，且SO_x排放指标难以控制。为兼顾锅炉燃烧稳定性和经济性以及环保指标，结合该厂特有的制粉系统结构特点，进行了“分磨制粉、仓内掺混、炉内混烧”的混煤掺烧方式优化试验。通过改变掺混比例，结合煤价和锅炉效率进行经济性分析。同时，也进行了高硫煤分磨制粉与炉前掺混的对比研究。以期获得优化的混煤掺烧方式和掺烧比例。

（一）电站设计煤质与实际入炉煤质

电站设计燃用山西晋东南无烟煤和黄陵烟煤的混煤。

由于煤炭市场紧张，电站长期难以获得设计煤种。试验期间，电站库存少量潞安贫煤和大量攸县无烟煤。煤质工业分析数据见表6-24。

表6-24　设计煤质与实际入炉煤质

项　目		单位	设计煤种	校核煤种1	校核煤种2	潞安贫煤	攸县无烟煤
元素分析	水分M_t	%	8.33	7.27	9.39	8.2	5.7
	氢	%	3.09	2.97	3.21	3.63	1.35
	碳	%	63.01	65.48	60.65	54.07	42.00
	氧	%	3.95	3.62	4.29	4.01	2.01
	氮	%	0.91	0.93	0.88	0.83	0.87
	硫	%	0.83	0.64	1.03	0.53	0.65
工业分析	水分M_t	%	8.33	7.27	9.39	8.2	9.5
	挥发分V_{daf}	%	14.5	10.9	19.6	15.42	7.67
	灰分A_{ar}	%	19.82	19.09	20.55	28.35	42.5
	低位发热量$Q_{net,ar}$	kJ/kg	23 632	24 394	22 868	22 300	14 700

由表6-24可知，攸县无烟煤属于典型的劣质无烟煤，热值低、挥发分低、灰分高、且根据湖南省长期燃用该煤种经验，攸县无烟煤可磨性较低。在实际燃烧过程中，灰渣可燃物、排烟温度异常升高、锅炉效率下降、燃烧稳定性下降等问题较为频发。

但由于攸县无烟煤价格低、产量较大，电站易于获得，因此，如何经济、稳定掺烧该煤种具有极其现实的应用意义。

（二）试验过程概述

根据煤粉燃烧理论，影响煤粉着火稳定性和经济性的重要因素之一是合适的煤粉细度。根据攸县无烟煤的挥发分，其推荐煤粉细度应在4%以内。为有效控制攸县无烟煤煤粉细度，降低灰渣可燃物含量，提高锅炉燃烧经济性，在潞安贫煤与攸县无烟煤掺配时，采取B制粉系统单上攸县无烟煤，C磨煤机单上潞安贫煤。“分磨制粉、仓内掺混、炉内混烧”制粉系统运行参数及掺混比确定见表6-25。

表6-25　“分磨制粉、仓内掺混、炉内混烧”制粉系统运行参数及掺混比确定

项　目		单位	分磨制粉、仓内掺混、炉内混烧		
			工况1	工况2	工况3
制粉系统运行方式			B+C	B+C	B+C
B制粉系统	煤粉细度R_{90}	%	5.6	4.8	5.0
	密度	t/m³	1.215		
	排粉机入口挡板	%	60	50	60
	给煤机转速	r/m	465	380	510
	刮板行走速度	m/s	0.0546	0.0447	0.0585
	煤层断面	m²	0.2		
	制粉系统出力		47.76	39.10	55.984
C磨煤机	煤粉细度R_{90}	%	14.8	8.0	14.4
	密度	t/m³	0.857		
	排粉机入口挡板	%	100	100	100
	给煤机转速	r/m	510	510	540
	刮板行走速度	m/s	0.0622	0.0619	0.0651
	煤层断面	m²	0.2		
	制粉系统出力		38.38	38.19	40.169
掺混比（攸县无烟煤：潞安煤）			55：45	50：50	58：42

（三）锅炉效率计算对比

不同无烟煤掺混比下的炉膛温度水平见表6-26。

表6-26　不同无烟煤掺混比下的炉膛温度水平

位置		工况1	工况2	工况3
16m层	左前	1120	1080	1140
	左后	1030	1120	1120
	右前	1120	1120	1170
	右后	1310	1180	1180
	平均	1145	1125	1152.5
20m层	左前	1200	1290	1210
	左后	1250	1320	1370
	右前	1200	1250	1390
	右后	1370	1450	1230
	平均	1255	1327.5	1300

续表

位置		工况 1	工况 2	工况 3
24m 层	左前	1000	1000	1170
	左后	1280	1310	1340
	右前	1050	1010	1090
	右后	1050	1020	1030
	平均	1095	1085	1157.5
平均		1165.00	1179.17	1203.33

由表 6-26 可知，随着潞安贫煤掺混比例的提高，20m 层炉膛温度有所升高。说明，此时燃烧主要集中在 20m 层。而到了 24m 层，即三次风喷口上方，随着潞安贫煤掺混比例的提高，炉膛温度明显下降，说明比其余 2 个工况，燃烧距离明显缩短，有利于排烟温度和减温水控制。

（四）发电成本对比分析

由表 6-27 可知，在不同的掺混比下，锅炉效率有较大的差异。因此必然存在一个最佳掺混比。

表 6-27　　试验运行经济指标对比

项目	单位	工况 1 （掺混比 55：45）	工况 2 （掺混比 50：50）	工况 3 （掺混比 58：42）
负荷	MW	203.6	204.3	213.5
全水分	%	8.5	7.6	8.7
空干基水分	%	0.59	0.86	0.66
空干基挥发分	%	10.77	12.91	9.21
空干基灰分	%	38.18	32.47	35.23
低位发热量	kJ/kg	17 521	19 432	17 126
左一次风压	kPa	1.6	1.78	1.78
右一次风压	kPa	1.73	1.87	1.85
一减流量	t/h	30.39	17.27	33.21
二减流量	t/h	19.95	17.69	13.65
再热汽减温	t/h	0	0	0
排烟温度	℃	148.25	145.1	149.22
排烟氧量	%	7.64	6.41	7.61
环境温度	℃	29.41	26.57	27.74
飞灰可燃物	%	4.785	2.765	4.515
炉渣可燃物	%	4.24	3.4	7.12
排烟损失 q_2	%	6.906	6.416	7.562
机械不完全燃烧损失 q_4	%	3.36	1.529	3.202
锅炉效率	%	88.86	90.24	88.37

1. 单位燃煤成本对比

从表 6-28 数据可知，虽然工况 2 对应锅炉效率较其余两个工况分别高出 1.38%和 1.87%，相对应地，供电煤耗分别相对降低 5.12g/(kW·h) 和 7.06g/(kW·h)，但由于

潞安贫煤标煤单价较高，因此运行成本相差并不大。在58%的攸县无烟煤掺烧比例下，每千瓦时消耗燃煤成本仅比50%掺烧比例下多出0.002 142元。按年发电24亿kW·h计算，58%的攸县无烟煤掺烧比例比50%攸县无烟煤掺烧比例下多支出燃料成本5 140 800元。58%的攸县无烟煤掺烧比例下，比55%的攸县无烟煤掺烧比例每千瓦时成本仅多出0.000 005元，按年发电24亿kW·h计算，燃料成本共计多支出12 000元。

表6-28　　攸县煤煤价掺混比优化分析（2010年数据）

项目	单位	攸县煤：潞安煤=55：45	攸县煤：潞安煤=50：50	攸县煤：潞安煤=58：42
锅炉效率	%	88.86	90.24	88.37
汽轮机效率	%	42.35		
厂用电率	%	6.5		
供电煤耗	g/(kW·h)	349.57	344.45	351.51
攸县无烟煤标煤单价	元/t	1000		
潞安贫煤标煤单价	元/t	1200		
燃煤成本	元/(kW·h)	0.381 031	0.378 895	0.381 036
攸县无烟煤标煤单价	元/t	780		
潞安贫煤标煤单价	元/t	1200		
燃煤成本	元/(kW·h)	0.352 825	0.352 934 4	0.352 755

维持潞安贫煤标煤单价不变，当攸县无烟煤标煤单价降至780元/t时，50%攸县无烟煤掺烧比下的燃料成本最高。而58%攸县无烟煤掺烧比例下标煤单价最低。

2. 煤炭采购量对比

按年发电量24亿kW·h计算。假设全年电站完全燃用潞安贫煤和攸县无烟煤，则两种煤的需求对比见表6-29。

表6-29　　攸县无烟煤和潞安贫煤的需求对比

项目	攸县无烟煤：潞安贫煤=55：45	攸县无烟煤：潞安贫煤=50：50	攸县无烟煤：潞安贫煤=58：42
供电煤耗 [g/(kW·h)]	349.57	344.45	351.51
总需求量（t）	1 334 722	1 271 013	1 360 684
攸县无烟煤需求量	734 097.1	635 506.5	789 196.7
潞安贫煤需求量	600 624.9	635 506.5	571 487.3

当按58%的攸县无烟煤掺烧比例计算时，每年需消耗潞安贫煤57.15万t；按55%的攸县无烟煤掺烧比例计算时，每年需消耗潞安贫煤60.06万t；按50%攸县无烟煤比例时，潞安贫煤则需消耗63.55万t。可见，随着潞安贫煤比例的提高，虽然煤炭总需求量明显下降，但潞安贫煤的需求量明显升高。这对于潞安贫煤的获得带来了较大困难。

综合上述分析，由于当前潞安贫煤煤价相对较高，在掺烧比例为58%的条件下，单位电量燃料成本较好，且能较好控制潞安贫煤消耗量。

第七章

混煤掺烧与减缓高硫煤结焦

第一节　高硫煤基本概念及危害

我国煤中硫的分布规律显著，总体呈“北低南高”趋势。我国高硫煤主要分布于北方晚石炭世至早二叠世和南方晚二叠世聚煤区，煤炭资源量分别占全国资源总量的25%和5%，我国高硫煤中既有高硫褐煤和烟煤，也有高硫无烟煤且分布面广，以川、贵、陕、鲁、晋等省资源较多，华北、西北局部地区也有少量高硫煤。

一、煤的硫分分级

GB/T 15224.2—2004《煤炭质量分级　第2部分：硫分》中关于煤的硫分分级见表7-1、表7-2。

表7-1　无烟煤和烟煤的硫分分级

序号	级别名称	代号	干燥基全硫分（$S_{t,d}$）范围（%）
1	特低硫煤	SLS	<0.50
2	低硫煤	LS	0.50～0.90
3	中硫煤	MS	0.91～1.50
4	中高硫煤	MHS	1.51～3.00
5	高硫煤	HS	>3.00

注　基准发热量$Q_{gr,d}$为24.00MJ/kg。

表7-2　褐煤的硫分分级

序号	级别名称	代号	干燥基全硫分（$S_{t,d}$）范围（%）
1	特低硫煤	SLS	<0.45
2	低硫煤	LS	0.45～0.85
3	中硫煤	MS	0.86～1.50
4	中高硫煤	MHS	1.51～3.00
5	高硫煤	HS	>3.00

注　基准发热量$Q_{gr,d}$为21.00MJ/kg。

煤炭的实测干燥基高位发热量不等于基准发热量时，要对硫分进行折算，得到折算后的干燥基全硫，然后以折算后的干燥基全硫按表7-1或表7-2进行分级。折算后的干燥基全硫的计算方法为

折算后的干燥基全硫=(基准发热量/实测干燥基高位发热量)×实测干燥基全硫

二、高硫煤的主要危害

工程实际中一般将高硫煤划分为劣质煤，燃用高硫煤的主要危害如下：

（1）加大了 SO_2、SO_3 排放量，造成环境污染。

（2）增加了脱硫系统负担及运行成本。

（3）造成受热面的高温、低温腐蚀。

（4）造成受热面结渣。

（5）微油（等离子）燃烧器结焦、空气预热器堵塞等。

第二节　高硫煤结渣、腐蚀机理

一、结渣机理

（一）受热面结渣机理分析

结渣的本质可以概括地表述为：当温度高于灰熔点的烟气冲刷受热面时，烟气中熔融的灰渣黏附在受热面上，造成结渣。结渣过程主要是煤中的矿物质在燃烧过程中输运作用的结果。其形成过程既是个十分复杂的物理化学过程，又是一个非常复杂的流体力学过程，其中涉及燃烧、气固多相流、传热与传质等多门学科。

结渣是由熔融或半熔融颗粒撞击到受热面引起的。灰颗粒迁移机理主要有四种：惯性迁移（$>10\mu m$ 颗粒）、热迁移（$<10\mu m$ 颗粒）、蒸发凝结和非均相反应（$<1\mu m$ 颗粒）。到达壁面后部分熔融黏性大的颗粒黏附在炉内辐射表面或后部沉积表面上，形成灰结渣与沉积，其低热传导性导致渣层表面温度升高，后续输送到壁面的灰粒就容易形成物理和化学机理黏附。化学机理是指气体与渣本身发生硫化、碱化和氧化等反应。当形成厚渣后，提高炉内温度，影响气相流场，形成恶性循环。通常，结渣的形成包括以下三个过程：

（1）初始沉积层的形成。炉管上灰沉积物迅速聚结的基本条件是存在一个黏性表面，黏性表面一般由硫酸钠、硫酸钙或钠、钙与硫酸盐的共晶体等基本物质组成。黏性沉积物处于熔融或半熔融态，对金属或耐火材料具有润湿作用，并且灰成分一般也能相互润湿，这样由于黏附作用而形成初始沉积层。

（2）一次沉积层的形成。随着初始沉积层的加厚，烟气温度升高，沉积速率加快，沉积物与沉积物之间以及沉积物与受热面之间黏接强度增加，沉积层表面温度升高，直至沉积到沉积层的熔融或半熔融颗粒基本不再发生凝固而形成黏性流体层，即捕捉表面。

（3）二次沉积层的形成。捕捉表面形成后，无论灰粒的黏度、速度及碰撞角度如何，只要接触到沉积层的颗粒一般均会被捕捉，使沉积层快速增加，被捕捉的固体颗粒溶解在沉积面上，使熔点或黏度升高，从而发生凝固而又形成新的捕捉表面，直到沉积表面温度达到重力作用下的极限黏度值时的温度，使沉积层的形成不再加厚而使撞击上的灰粒沿管壁表面向下流动。

结渣速度取决于一次沉积层的形成过程，各沉积层的形成均以惯性沉积为主。在锅炉运行过程中，影响结渣的因素很多，主要有燃煤特性（煤灰熔点、灰成分、灰黏度特性）；燃烧区域的温度水平和热流强度（炉膛截面热负荷、容积热负荷、燃烧器区域热负荷、炉壁热负荷等）；炉内空气动力工况（气流偏斜、贴墙、冲刷水冷壁或卫燃带）；单只燃烧器（或一次风喷口）输入热功率，燃烧器结构和布置方式；炉壁附近气氛（处于 H_2S、CO、H_2 等还原性气氛）。总之，结渣是在燃烧过程中形成的，灰渣的形成和沉积与燃料的燃烧过程有着密不可分的关系。

（二）硫元素对受热面结渣的影响

硫元素对受热面结渣的影响非常大，主要表现如下：

1. 与多种物质反应生成硫酸盐及低熔点共熔物

结渣形成过程中，碱金属硫酸盐、硫酸钙或者钠、钾、钙与硫酸盐的共晶体起到非常大的作用。碱性金属矿物质对熔融特性的影响非常大，在煤中碱金属不论以何种状态存在，一旦分解和形成氧化物 M_2O（Na_2O、K_2O），就会与烟气中和受热面灰渣内的 SO_3 反应，生成硫酸盐 M_2SO_4。硫酸盐 M_2SO_4 的熔点低，Na_2SO_4 的熔点为 881℃，K_2SO_4 的熔点也仅有 1074℃。$CaSO_4$ 虽然熔点达到 1450℃，但其具有很强的黏性。硫酸盐可进一步与 SO_2、SO_3 及矿物质（含 Al、Fe、Si 等）进行反应，生成低熔点共熔物，引起结渣的产生。表 7-3 给出了部分低熔点共熔物的熔融温度。

表 7-3　　低熔点共熔物的熔融温度

矿物	熔点（℃）	矿物	熔点（℃）
$Na_2 \cdot SiO_2$	877	$CaO \cdot FeO \cdot SiO_2$	1100
$K_2O \cdot SiO_2$	997	$FeO \cdot Al_2O_3 \cdot SiO_2$	1073
FeO-FeS	940	$CaO \cdot MgO \cdot 2SiO_2$	1391
$FeO \cdot SiO_2$	1143	$CaO \cdot Al_2O_3 \cdot SiO_2$	1170
$2FeO \cdot SiO_2$	1065	$Al_2O_3 \cdot Na_2O \cdot 6SiO_2$	1099
$CaO \cdot FeO$	1074	Na_2SO_4-$CaSO_4$-K_2SO_4	845-933
$CaO \cdot Fe_2O_3$	1249	Na_2SO_4-NaCl	625
$CaSO_4$-Na_2SO_4	912	$K_2O \cdot Al_2O_3 \cdot SiO_2$	750
CaS-$CaSO_4$	850	$CaO \cdot SiO_2 \cdot Na_2O$	720
$K_3Fe(SO_4)_3$	618	$CaO \cdot SiO_2 \cdot K_2O$	710
$K_3Al(SO_4)_3$	654	$Na_3Fe(SO_4)_3$	623
$KFe(SO_4)_2$	693	$Na_3Al(SO_4)_3$	646
$3Al_2O_3 \cdot 2SiO_2$	1800	$NaFe(SO_4)_2$	690
$2FeO \cdot SiO_2$-FeO	1175	$2FeO \cdot SiO_2$-SiO_2	1180

2. 黄铁矿（FeS_2）对结渣的影响

硫在煤中的一个重要存在形式是以黄铁矿（FeS_2）的形式存在。进入炉膛时以独立成分出现的黄铁矿，可能暴露于惰性的气氛、还原性气氛或氧化性气氛中发生反应。在惰性气氛中，FeS_2 主要分解为 FeS 和 S_2；在还原性气氛（H_2、CO）中可以形成 FeS、H_2S、COS；在氧化性气氛下，主要形成 FeS、FeO、SO_2 以及更多的铁氧化物。在上述任何气氛中均会形成过渡性化合物 FeS，且转化过程较快。首先 FeS 熔化成球形，具有较低的阻力系数和较大的密度，惯性大，很容易穿过气流而到达管壁；其次 FeS 自身熔点较低（1193℃），而且易与 SiO_2、CaO、Na_2O 等其他物质生成低熔点化合物或共熔物，如 Fe-SiO_3、Fe_2SiO_4 和 $CaFeSiO_4$ 等。

3. 生成的还原性气体加剧结渣的发生

硫元素在燃烧过程中会生成 H_2S、SO、SO_2 等还原性气体，如在管壁周围形成还原性气氛，则会加剧结渣的发生。

二、高温腐蚀机理

根据高温腐蚀发生的原因及腐蚀产物的成分差别，锅炉高温腐蚀一般有以下几种形式：硫酸盐型高温腐蚀、硫化物型高温腐蚀、氯化物型高温腐蚀以及由还原性气体引起的高温腐蚀。高硫煤引起的高温腐蚀主要是硫酸盐型和硫化物型两种。

1. 硫酸盐型高温腐蚀

锅炉运行时受热面管壁会发生氧化，由内向外依次生成 FeO、Fe_3O_4、Fe_2O_3，其中 Fe_2O_3 是致密的氧化膜，能够防止钢材直接暴露在烟气中而被腐蚀。

硫酸盐腐蚀过程主要有以下两种途径：一种是在附着层中碱金属硫酸盐参与作用的气体腐蚀，即受热面上熔融的硫酸盐吸收 SO_3，并在 Fe_2O_3 或 Al_2O_3 的作用下，生成复合硫酸盐（Na，K）（Fe，Al）$(SO_4)_3$。

$$3K_2SO_4 + Fe_2O_3 + 3SO_3 = 2K_3Fe(SO_4)_3$$

$$3Na_2SO_4 + Fe_2O_3 + 3SO_3 = 2Na_3Fe(SO_4)_3$$

$$3K_2SO_4 + Al_2O_3 + 3SO_3 = 2K_3Al(SO_4)_3$$

$$3Na_2SO_4 + Al_2O_3 + 3SO_3 = 2K_3Al(SO_4)_3$$

复合硫酸盐不像 Fe_2O_3 那样在管子表面形成稳定的保护膜，如 $K_3Fe(SO_4)_3$ 和 $Na_3Fe(SO_4)_3$ 等，它们在 593～760℃ 范围内呈液态，会加速对锅炉受热面的腐蚀，当 $K_3Fe(SO_4)_3/Na_3Fe(SO_4)_3$ 混合物中钾与钠的摩尔比值在 1∶1～1∶4 之间时，熔点降低至 825K。这样，当硫酸盐沉积厚度增加，表面温度升高至熔点温度时，Fe_2O_3 氧化保护膜被复合硫酸盐溶解破坏，使管子继续腐蚀。这种硫酸盐型高温腐蚀一般发生在温度较高的换热面上，特别是当煤质中碱金属与氯元素含量较高时，更容易引起这种形式的高温腐蚀。

另外一种途径是碱金属的焦硫酸熔盐腐蚀。焦硫酸盐存在的温度范围为 400～590℃，受烟气中 SO_3 含量的影响，当 SO_3 的浓度低于其存在温度所要求的浓度时，焦硫酸盐不会存在。在 400～480℃ 的温度范围内，烟气侧的腐蚀以焦硫酸盐为主。焦硫酸盐与金属表面的氧化物反应生成相应的硫酸盐，而硫酸盐在该温度范围内分解为不具有保护性的金属氧化物。外露金属进一步氧化导致腐蚀加速。当附着层中存在碱金属焦硫酸盐时，由于它的熔点低，在通常壁温下即成熔融状态而导致反应速度更快的熔盐型腐蚀。熔融硫酸盐积灰层对金属管壁的腐蚀速度比气相状态要快得多。

$$K(Na)_2SO_4 + SO_3 = K(Na)_2S_2O_7$$

$$K(Na)_2SO_4 + SO_2 + 1/2O_2 = K(Na)_2S_2O_7$$

$$3K(Na)_2S_2O_3 + Fe_2O_3 = 3K(Na)_2SO_4 + Fe_2(SO_4)_3 = 2K(Na)_3Fe(SO_4)_3$$

$$4K(Na)_2S_2O_3 + Fe_3O_4 = 4K(Na)_2SO_4gFeSO_4 + Fe_2(SO_4)_3$$

$$Fe_2(SO_4)_3 = Fe_2O_3 + 3SO_3$$

熔融复合硫酸盐对腐蚀的影响随温度而改变。它在 550～710℃ 是稳定液态（熔融状态），小于 550℃ 是固态，大于 710℃ 则分解出 SO_3 而成正硫酸盐 $Fe_2(SO_4)_3$ 和

$K(Na)_2SO_4$。复合硫酸盐在600～710℃时腐蚀最为强烈。只要有氧气存在，就可持续地腐蚀管壁金属。其循环腐蚀机理如图7-1所示。

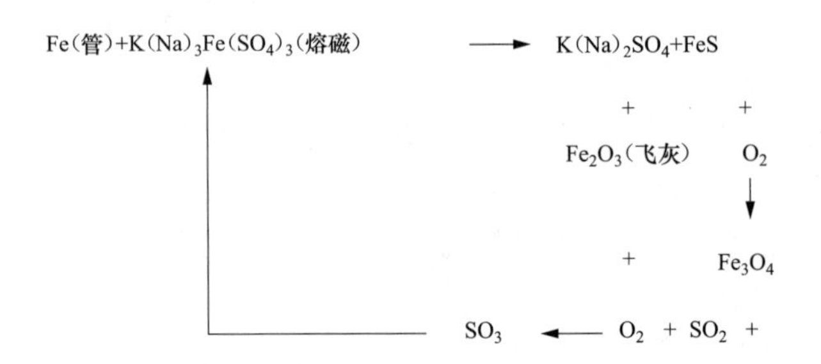

图7-1 硫酸盐的循环腐蚀机理

综上所述，在硫酸盐型高温腐蚀中，碱金属硫酸盐，特别是$M_3Fe(SO_4)_3$对管壁的腐蚀起主要作用。硫酸盐型高温腐蚀的腐蚀主要过程包括：

（1）在金属表面Fe_2O_3的催化作用下，SO_2转变成SO_3；

（2）熔融碱金属硫酸盐的形成；

（3）合金中的Fe、Ni和Mo扩散到熔融的碱金属硫酸盐中，Fe、Ni的氧化物在熔盐表面沉淀；

（4）氧化膜和硫化物层断裂和剥落，熔盐进入断层中，熔盐中的硫化物分解；

（5）不断重复序号（3）、（4）。

2. 硫化物型高温腐蚀

硫化物型高温腐蚀是锅炉受热面高温腐蚀中较为常见的类型，引起硫化物型高温腐蚀的主要原因是腐蚀区域烟气中含有游离态硫以及烟气呈还原性，通常从机理上来说这种腐蚀现象主要发生在高压锅炉燃烧区域水冷壁管的外表面，其主要原因是煤粉中的黄铁矿（FeS_2）燃烧受热，分解出自由的硫原子。腐蚀产物主要是铁的氧化物和硫化物。煤粉在燃烧过程中也会产生一定量的原子硫，原子硫的生成途径主要有以下几种：

1）煤中的黄铁矿FeS_2受热分解，即

$$FeS_2 \longrightarrow FeS + [S]$$

2）硫化氢和二氧化硫反应分解出单质硫，即

$$H_2S + SO_2 \longrightarrow 2H_2O + 3[S]$$

3）硫化氢与氧气反应，即

$$H_2S + O_2 \longrightarrow 2H_2O + 2[S]$$

4）FeS_2与碳的混合物在有限的空气中燃烧，即

$$3FeS_2 + 12C + 8O_2 \longrightarrow Fe_3O_4 + 12CO + 6[S]$$

5）在高温下硫化氢分解也可以产生单质硫，即

$$H_2S \longrightarrow [S] + H_2$$

在还原性气氛下，自由原子硫可单独存在，其在350～400℃时很容易与碳钢直接反应生成硫化亚铁（$Fe + [S] \longrightarrow FeS$），形成高温硫腐蚀，并且从450℃开始，其对炉管的破坏作用相当严重。

生成的［S］可以直接穿透管壁金属表面保护膜，对水冷壁表面的氧化膜产生破坏，并沿金属晶界渗透，进一步腐蚀锅炉水冷壁，使管壁内部硫化，并同时使氧化膜疏松，剥裂甚至脱落；金属硫化腐蚀产物层相对基体金属的体积比很大，一般在 2.5～4.0 之间，因此，层内会产生很大的应力，腐蚀层易破裂。FeS 熔点为 1195℃，在炉膛温度低于其熔点温度条件下可以稳定存在。其中 S^{2-} 有较强的还原性，在还原气体中能保持稳定。当烟气中的氧化性气体达到一定分压时，则缓慢氧化转变成 Fe_3O_4（$3FeS+5O_2 \longrightarrow Fe_3O_4+3SO_2$）；生成的 SO_2 又可以提高原子硫的活性并加速硫酸盐型腐蚀，使腐蚀不断恶化。

硫化物型高温腐蚀持续发展必须具备如下条件：①黄铁矿颗粒能够到达壁面；②近壁附近为还原性气氛；③水冷壁具有较高的温度，一般认为应大于 350℃。其中①、②条件只需满足一个，但③必须满足。可见，硫化物型腐蚀所生成的 SO_2/SO_3 会促进硫酸盐型腐蚀，即这两种腐蚀有可能同时发生。

三、低温腐蚀机理

一般情况下，锅炉在燃烧高水分、高硫分燃料时，尾部受热面低温部分会受到腐蚀，也称低温腐蚀。

低温腐蚀现象的生成机理是燃料中的硫燃烧转化生成 SO_2，SO_2 在一定催化剂的作用下进一步氧化成 SO_3，SO_3 与烟气中的水蒸气结合，生成硫酸蒸汽。在这些反应中，生成 SO_3 的反应最关键。当受热面的温度低于硫酸蒸汽露点（烟气中的硫酸蒸汽开始凝结的温度，简称酸露点）时，硫酸蒸汽就会在金属表面上凝结成酸液而腐蚀金属。低温腐蚀的速度主要与管壁上凝结下来的硫酸量和硫酸浓度以及受热面壁温有关。因此，排烟温度要高于烟气酸露点，以避免结露的发生。

第三节　混煤掺烧减缓结焦技术研究

从上述锅炉结焦的机理分析可知，减缓锅炉结焦的思路可以从两个方向进行：

（1）降低局部炉膛温度；

（2）减少局部硫分比例。

对于 W 型火焰锅炉燃烧方式或对冲燃烧方式配直吹式制粉系统的电站锅炉，“分磨掺烧”可实现对局部炉膛温度的控制或局部硫分的分布。

不同掺配方式下各层炉膛温度对比见表 7-4。由于不同煤种着火特性、燃烧特性的差异，在侧墙区域，不同的煤种会有不同的燃烧表现，体现出该区域炉膛温度会发生变化。

表 7-4　　不同掺配方式下各层炉膛温度对比

方式（工况）	测温位置	炉前掺混	分磨制粉、炉内混烧		
			工况 1	工况 2	工况 3
第三层燃烧器层（29m）	左前	1449	1428	1410	1435
	左后	—	—	—	—
	右前	—	—	—	—
	右后	1422	1444	1414	1443

续表

方式（工况）	测温位置	炉前掺混	分磨制粉、炉内混烧		
			工况 1	工况 2	工况 3
第二层燃烧器层（17m）	左前	1492	1450	1454	1519
	左后	1599	1517	1465	1615
	右前	1525	1580	1505	1572
	右后	1626	1477	1549	1623
第一层燃烧器层（13m）	左前	—	—	—	—
	左后	1252	1238	1221	1315
	右前	1219	1101	1158	1258
	右后	1202	—	1240	1331

注 —表示无观测孔或观察孔被焦完全堵严。

理论计算结果也表明，燃用晋城无烟煤的燃烧器附近的左、右墙温度较低。利用这个特性，将易结焦煤种放在炉膛温度偏低区域对应燃烧器或将易结焦煤种放在炉膛中部区域，可极大缓解侧墙结焦恶化的现象。

第四节　四角切圆配中储式制粉系统的高硫煤掺烧优化

试验期间，电站库存 15 500t 平均硫分高达 4.3%而低位热值仅 16 300kJ/kg、干燥无灰基挥发分为 28%的神州工贸煤。该煤硫分不均匀，最高可达 8%～10%，最低也有 2%～3%。为确保脱硫后 SO_2 排放达标，脱硫装置入口 SO_2 浓度不能长时间高于 5000mg/m^3（标准状态下）。如何稳定、环保燃用该高硫煤是此次掺烧试验的目的。

试验的基本目的是在排放达标、锅炉稳定的前提下尽快燃用该高硫煤。

（一）试验思路

由于攸县煤热值与神州工贸煤接近，而攸县煤硫分较低，一般在 0.6%～0.9%之间。因此将攸县煤与神州工贸煤提前混合作为一种煤种。该混煤上 B 磨煤机，单独控制其启停。A、C、D 磨煤机上潞安贫煤。

电站在之前的应用过程中，一般控制神州工贸煤掺配比例不超过 20%。为确定排放达标的神州煤最高比例，试验期间，调整攸县煤与神州工贸煤的掺混比例分别为 3∶1 和 2∶1，摸索各个时间段内 SO_2 浓度变化。

根据中储式制粉系统特点，制粉系统运行方式对 SO_2 的影响推迟 4h。

（二）试验过程

1. 神州工贸煤∶攸县煤=1∶3 的高硫煤掺烧试验

（1）煤种安排。A、C 磨煤机单上潞安贫煤；B 磨煤机通过筒仓控制上神州工贸煤和攸县煤按 1∶3 的混煤。

（2）磨煤机运行方式。

1）0∶00～5∶00，B、C 磨煤机运行；

2）5∶00～10∶00，停 B 磨煤机启 A 磨煤机，A、C 磨煤机运行；

3）10：00～16：18，停A磨煤机启B磨煤机，B、C磨煤机运行；

4）16：18～17：09，停B磨煤机启A磨煤机，A、C磨煤机运行；

5）17：09～17：50，停A磨煤机启B磨煤机，B、C磨煤机运行；

6）17：50后，停B磨煤机启A磨煤机，A、C磨煤机运行。

（3）不同时间段对应的入炉煤基本情况。

1）4：00～5：00，实际入炉煤粉含高硫煤、潞安贫煤、攸县煤，三次风含高硫煤；

2）5：00～9：00，实际入炉煤粉含高硫煤、潞安贫煤、攸县煤，三次风不含高硫煤；

3）9：00～10：00，实际入炉煤粉不含高硫煤，全为潞安贫煤，三次风不含高硫煤；

4）10：00～16：18，实际入炉煤粉含高硫煤、潞安贫煤、攸县煤，三次风含高硫煤；

5）16：18～17：09，实际入炉煤粉含高硫煤、潞安贫煤、攸县煤，三次风不含高硫煤；

6）17：09～17：50，实际入炉煤粉含高硫煤、潞安贫煤、攸县煤，三次风含高硫煤；

7）17：50～18：20，实际入炉煤粉含高硫煤、潞安贫煤、攸县煤，三次风不含高硫煤。

（4）各时间段脱硫装置入口 SO_2 浓度见表7-5。

表7-5　　各时间段脱硫装置入口 SO_2 浓度

项目	煤粉含高硫煤，三次风不含高硫煤			煤粉不含高硫煤，三次风不含高硫煤					
时间	08：40	08：50	09：00	09：10	09：20	09：30	09：40	09：50	10：00
SO_2	2719	2491	2168	1835	1494	1436	1319	1322	1331
项目	煤粉含高硫煤，三次风含高硫煤								
时间	15：20	15：25	15：30	15：35	15：40	15：45	15：50	15：55	16：00
SO_2	2227	2213	2245	2168	2370	2276	2749	2670	2692
项目	煤粉含高硫煤，三次风不含高硫煤								
时间	16：40	16：45	16：50	16：55	17：00	17：05	17：06	17：08	17：12
SO_2	2311	2194	2011	1873	1831	1622	1745	1721	1780
项目	煤粉含高硫煤，三次风含高硫煤								
时间	17：13	17：14	17：15	17：16	17：17	17：18	17：20	17：22	17：24
SO_2	1833	1953	1958	2598	2714	2674	2433	2741	2875
项目	煤粉含高硫煤，三次风含高硫煤								
时间	17：25	17：30	17：32	17：34	17：36	17：39	17：43	17：46	17：50
SO_2	2924	2839	3031	3179	3250	3246	3692	3926	4032
项目	煤粉含高硫煤，三次风不含高硫煤								
时间	17：51	17：55	18：00	18：05	18：10	18：15	18：17	18：18	18：20
SO_2	3967	2865	2643	2565	2478	2381	2007	1972	2012

从表7-5数据可知，在神州工贸煤：攸县煤=1：3的配比下，在各工况下，脱硫装置入口 SO_2 峰值为4032mg/m³（标准状态下），均未超过5000mg/m³（标准状态下）。

当只有煤粉含高硫煤而无含高硫煤制粉系统运行时，SO_2 浓度最高只有2311mg/m³（标准状态下），仅占最高峰值4032mg/m³（标准状态下）的57%。

当启动含高硫煤制粉系统时，延迟约5min后 SO_2 浓度有一个突升的过程，增长幅度约33%。

2. 神州工贸煤：攸县煤=1：2 的高硫煤掺烧试验

为尽快使实际入炉煤种，反映实际制粉系统运行方式，要求运行人员控制粉仓料位不超过 1.5m，因此，约 2h，即可烧到制粉系统启停的煤种。

(1) 煤种安排。A、C 磨煤机单上潞安贫煤；B 磨煤机通过筒仓控制上神州工贸煤和攸县煤按 1：2 的混煤。

(2) 磨煤机运行方式：

1) 0：00～6：00，A、C 磨煤机运行；

2) 6：07～6：30，启 B 磨煤机，A、B、C 磨煤机运行；

3) 6：30～8：41，停 A 磨煤机，B、C 磨煤机运行；

4) 8：41 后，停 B 磨煤机，C 磨煤机运行；

5) 8：43 后，启 A 磨煤机，A、C 磨煤机运行。

(3) 不同时间段对应的入炉煤基本情况。

1) 6：00 前，纯潞安煤，三次风不含高硫煤；

2) 6：07～6：30，实际入炉煤粉为潞安贫煤，3 套制粉系统中 1 套三次风含高硫煤；

3) 6：30～8：30，实际入炉煤粉为潞安贫煤，2 套制粉系统中 1 套三次风含高硫煤；

4) 8：30～8：43，实际入炉煤粉含高硫煤，2 套制粉系统中 1 套三次风含高硫煤。

(4) 各时间段脱硫装置入口 SO_2 浓度见表 7-6。

表 7-6　　各时间段脱硫装置入口 SO_2 浓度

项目	纯潞安贫煤，三次风不含高硫煤	煤粉潞安贫煤，3 套制粉系统中 1 套三次风含高硫煤				煤粉潞安贫煤，2 套制粉系统中 1 套三次风含高硫煤			
时间	06：00	06：07	06：13	06：21	06：30	06：35	06：40	06：47	06：50
SO_2	1070	1050	1670	2030	1950	2240	2500	3160	2840
项目	煤粉潞安贫煤，2 套制粉系统中 1 套三次风含高硫煤					煤粉含高硫煤（比例偏低，对应 A、B、C 运行工况），2 套制粉系统中 1 套三次风含高硫煤			
时间	07：00	07：10	07：20	07：32	07：50	07：54	07：59	08：03	08：14
SO_2	3125	3542	3254	3020	3800	3880	4650	3425	4476
项目	煤粉含高硫煤（比例偏低，对应 A、B、C 运行工况），2 套制粉系统中 1 套三次风含高硫煤					煤粉含高硫煤（比例较低，对应 B、C 运行工况），2 套制粉系统中 1 套三次风含高硫煤			
时间	08：15	08：18	08：20	08：25	08：30	08：32	08：34	08：38	08：42
SO_2	4030	4261	4198	4501	4300	5570	4650	5214	5700

从表 7-5 数据可知，当高硫煤比例提高至 1/3 时，脱硫装置入口 SO_2 浓度难以控制，在高硫煤制粉系统运行约 2.5h 后，频繁超出 5000mg/m^3（标准状态下），最高高达 5700mg/m^3（标准状态下）。当高硫煤制粉系统启动时，延迟约 6min 后，SO_2 浓度突升约 60%，然后继续升高，峰值达到 2030mg/m^3（标准状态下）。较投运前，浓度升高近 100%。当减少一套低硫煤制粉系统时，虽然燃烧煤粉尚未烧至高硫煤，但由于三次风作用影响，SO_2 浓度仍然升高至 3800mg/m^3（标准状态下），较高硫煤制粉系统投运前，

SO_2 浓度升高 280%。当对应工况为 B、C 运行，且 B 磨煤机三次风为高硫煤时，SO_2 浓度超标。

3. 小结

（1）根据两种高硫煤掺配比对比试验，对于神州工贸煤，25%的掺烧比例可控制 SO_2 不超标，但当高硫煤掺烧比达到 33%时，SO_2 浓度难以控制。因此，建议神州工贸煤的掺混比例不超过 1∶3。

（2）三次风作用对 SO_2 浓度影响迅速、显著，一般延迟 5～6min，SO_2 浓度会出现一个突升的现象，升高幅度可达 33%～60%。

（3）燃用纯潞安贫煤时，SO_2 排放浓度约为 1000～1300mg/m^3（标准状态下）。

第八章

劣质煤低氮燃烧调整技术

第一节 NO_x生成机理

煤燃烧过程中生成的氮氧化物主要是NO及NO_2，另外，还有少量N_2O（氧化亚氮）等生成，统称NO_x。在煤燃烧温度下，燃烧所产生的NO占NO_x的90%以上，NO_2占5%～10%；但在大气中有阳光照射时，NO会迅速被氧化为NO_2。通常，NO_x的排放浓度是以全部转化为NO_2来计算的（本书中以mg/m^3所表示的NO_x浓度是指标准状态，干烟气氧量为6%时的数据）。N_2O生成量较小，仅为NO_x量的1%左右，但因其对温室效应及臭氧层破坏起着较大作用，近年来已日益引起人们重视。

NO_x有3种生成机理，第一种为热力型，是由氮与氧在较高温度下反应生成，该反应一般在1500 ℃以上进行，其生成量与温度、在高温区停留时间以及氧的分压有关；第二种为燃料型，为煤中的有机氮氧化生成，其生成量与温度关系不大，生成温度低于热力型，但与氧浓度关系较密切，煤粉与空气的混合过程也对其有显著影响；第三种为瞬发型（或称快速型），系由燃料中烃基化合物在欠氧火焰中与气体中氧反应生成氰化物，其中一部分转化为NO，其转化率与化学当量及温度有关。煤粉燃烧所生成的NO_x中，燃料型NO_x比例较大，约为60%～80%，热力型约占总量的20%，而瞬发型反应生成的NO_x只占很小的比例。图8-1为煤粉燃烧炉中三种类型NO_x的生成量与炉膛温度的关系及各自生成量的范围。

1. 热力型NO_x

热力型NO_x是燃烧过程中空气中的氮和氧在高温下生成的NO及NO_2总和，其总反应方程为

$$N_2+O_2 = 2NO$$
$$NO+1/2O_2 = NO_2$$

由于氧原子与N_2反应的活化能比氧原子与火焰中可燃成分反应的活化能高得多，而且氧原子在火焰中存在时间较短；所以火焰中不会产生大量的NO，NO的生成反应是在燃料中可燃部分基本烧完之后的高温区进行。由于热力型NO生成的活化能很高，在1500℃以下几乎观测不到NO的生成反应，当温度超过1500℃时，温度每上升100 ℃，反应速度将增加6～7倍。对煤粉燃烧炉，燃烧温度为1350 ℃时，炉内生成的NO_x几乎100%为燃料型，当温度为1600 ℃时，热力型NO_x可占生成总量的25%～30%。

热力型NO生成反应速度除与温度呈指数规律外，还与N_2浓度成正比及O_2浓度的平

方根成正比，并与停留时间有关。要控制热力型 NO_x 的生成，则须降低燃烧温度；避免产生局部高温区；缩短烟气在高温区停留时间以及降低烟气中氧浓度。

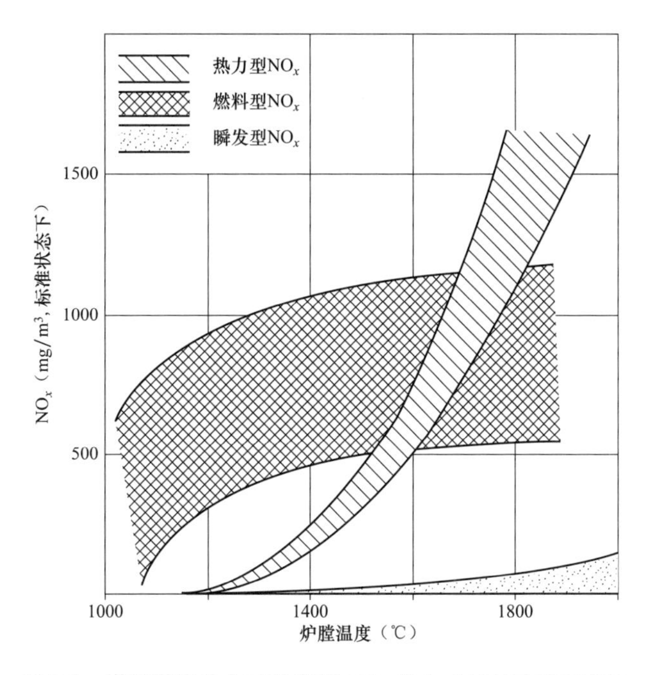

图 8-1　煤粉燃烧炉中三种类型 NO_x 的生成量与炉膛温度的关系及各自生成量的范围

2. 燃料型 NO_x

煤中的氮原子与各种碳氢化合物结合成氮的环状或链状化合物，如 C_5H_5N（喹啉）、$C_6H_5NH_2$（芳香胺）等。煤中氮有机化合物的 C—N 结合键能比空气中氮分子的 N≡N 键能小得多，在燃烧时容易分解。从氮氧化物生成的角度看，氧更容易首先破坏 C—N 键与氮原子生成 NO。煤燃烧时燃料型 NO_x 约为 NO_x 生成总量的 75%～90%。

在一般燃烧条件下，煤中氮有机化合物先被分解成氰（HCN）、氨（NH_3）和 CN 等中间产物，作为挥发物而析出，称为挥发分 N；而残留在焦炭中的氮，称为焦炭 N。图 8-2 为两种氮的示意图。

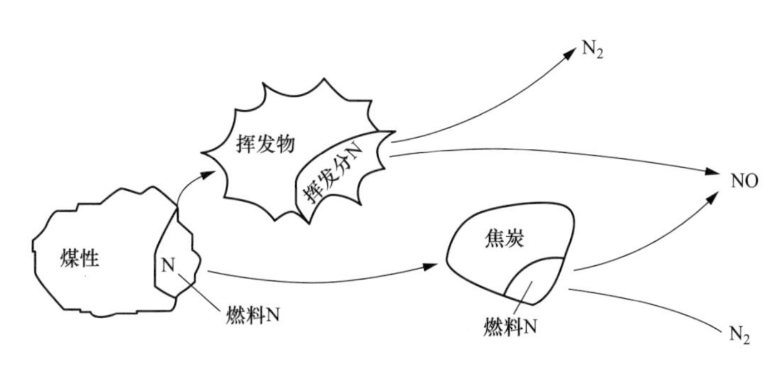

图 8-2　挥发分 N 及焦炭 N

挥发分 N 要比其他挥发物析出晚一些，一般当挥发分析出 10%～15%时，挥发分 N 才开始析出。燃料 N 转化为挥发分 N 的比例与煤种、析出时的温度及加热速度、煤粉细度有关，图 8-3 及图 8-4 所示分别为热解温度及煤粉细度对燃料 N 转化为挥发分 N 比例的影响。

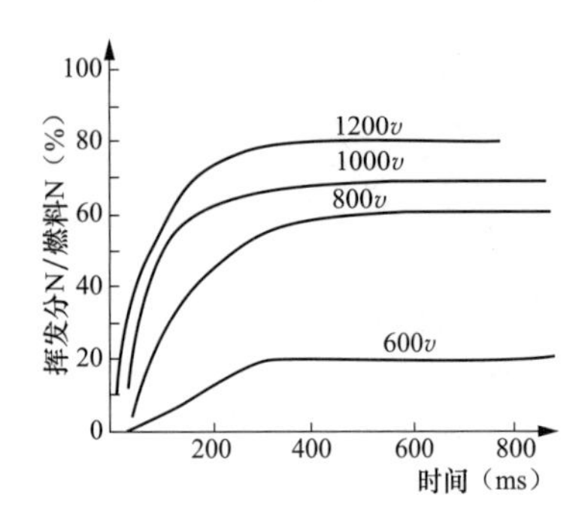

图 8-3　热解温度对燃料 N 转化为挥发分 N 比例的影响

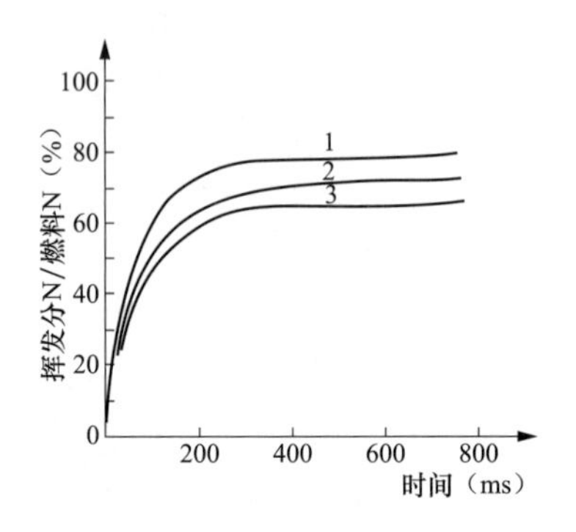

图 8-4　煤粉细度对燃料 N 转化为挥发分 N 比例的影响

1—120～150 目；2—100～120 目；3—70～100 目

在通常燃烧温度下，煤粉燃烧时由挥发分生成的 NO_x 占燃料型 NO_x 的 60%～80%，而由焦炭 N 生成的 NO_x 则占 20%～40%。焦炭 N 生成 NO_x 情况较复杂，与氮在焦炭中 N—C、N—H 之间的结合状态有关。有人认为焦炭 N 是通过焦炭表面多相反应而生成 NO_x；也有人认为焦炭 N 与挥发分 N 一样，是首先以 HCN 及 CN 的状态析出后氧化生成 NO_x。但研究表明，在氧化性气氛中，随着过量空气增加，挥发分 NO_x 增长迅速，明显超过焦炭 NO_x 的增长。这可能由两方面原因所致：

（1）焦炭 N 生成 NO_x 的活化能比碳氧化反应活化能大，所以焦炭 NO_x 是在火焰尾部生成的，其所处烟气的氧浓度较低，再加上因温度较高，可能焦炭中的灰熔融而使焦炭反应表面减少，致使焦炭 NO_x 生成量减少；

（2）焦炭表面具有还原作用，在碳及煤灰中 CaO 的催化作用下，可促进焦炭 NO_x 还原。

3. 快速型 NO_x

快速型 NO_x 是弗尼莫尔 1971 年发现的。碳氢化合物燃料燃烧在燃料过浓时，在反应区附近会瞬间快速生成 NO_x。与热力型及燃料型不同，快速型 NO_x 是燃料燃烧时产生的烃类（CHi）等撞击空气中 N_2 分子而生成 CN、HCN 等再被氧化成 NO_x。

根据弗尼莫尔机理，快速型 NO_x 生成途径如图 8-5 所示。

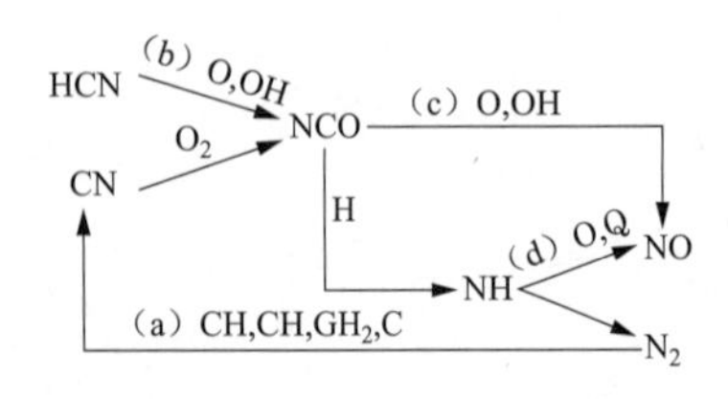

图 8-5　快速型 NO_x 的生成途径

在碳氢化合物燃烧时，特别是富燃料燃烧时，分析出大量的 CH、CH_2、CH_3 和 C_2 等，破坏 N_2 的分子链而生成 HCN 及 CN 等，因为该组反应活化能较低，所示反应速度较快。HCN、CN 与 O、OH 反应生成 NCO，NCO 被进一步氧化后生成 NO。有一种观点认为 90%的快速型 NO_x 是通过 HCN 生成的。此外，研究发现火焰

中 HCN 达到最高值转入下降阶段时，存在大量的氨化物，这些氨化物和氧原子等快速反应而被氧化成 NO。由前述可见，快速型 NO_x 来源于空气中的 N_2，类似于热力型；但 NO 的生成机理却与燃料型相似，在 HCN 生成后与燃料型 NO_x 生成途径基本一致。

快速型 NO_x 生成对温度不敏感，一般情况下，对不含氮的碳氢燃料在较低温度燃烧时，才重点考虑快速型 NO_x，如内燃机的燃烧过程，对煤粉进行燃烧，快速生成的 NO_x 量占总生成量的 5%以下。

第二节　低氮燃烧基本理论与技术

一、概述

控制 NO_x 方案来源于对其机理的研究。控制措施分为一次措施及二次措施，一次措施指在燃烧过程中采用的措施，系在炉膛内实现，为低 NO_x 燃烧技术；二次措施为净化烟气的脱硝技术，系在燃烧后对烟气中加入还原剂及催化剂吸收已生成的 NO_x。一般一次措施最多只能降低 NO_x 排放值 50%，当环保要求降低到 40%以下时，则应加二次措施，二次措施与一次措施一般同时采用。

低 NO_x 燃烧技术的要点是抑制 NO_x 的生成，并创造条件使已生成的 NO_x 还原。对煤粉燃烧锅炉，燃烧温度在 1350℃以下，几乎没有热力型 NO_x 生成，只有当燃烧温度超过 1600℃，热力型 NO_x 可占 25%～30%，而快速型 NO_x 仅占 5%，故对煤粉燃烧主要是控制燃料型 NO_x，图 8-6 为低 NO_x 燃烧技术的原理简图，其要点是对燃料型 NO_x 生成各途径造成还原性气氛，控制其生成，促进其还原，该图中用粗黑箭头表示了以还原性气氛使燃料 N 转化为分子氮（N_2）的方向。

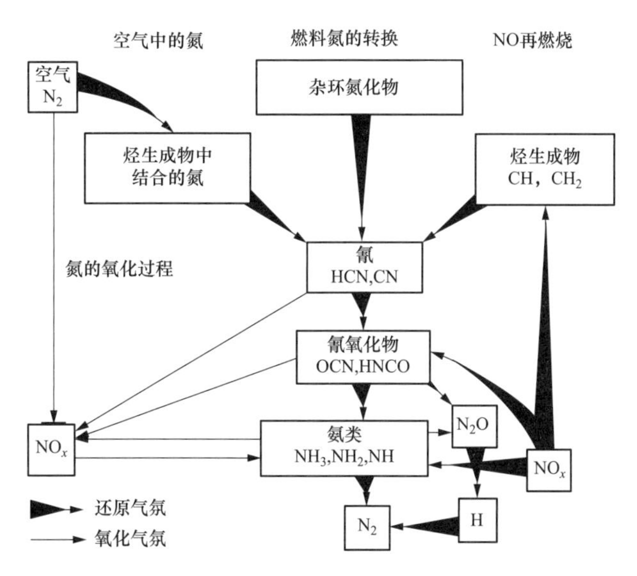

图 8-6　抑制 NO_x 生成及促进 NO_x 还原途径

从其发展上看，低 NO_x 燃烧技术措施可分为三代。

1. 第一代

（1）低过量空气系数燃烧；

（2）降低空气预热温度；

（3）部分燃烧器退出运行；

（4）采用浓淡燃烧器。

2. 第二代

（1）采用空气分级的低 NO_x 燃烧器或燃烧系统；

（2）燃烧器处烟气再循环；

（3）燃烧器上部加燃尽风（OFA）。

3. 第三代

（1）空气与燃料分级的低 NO_x 燃烧器以及在燃烧区域中煤粉形成局部浓淡不同的分布来降低 NO_x 的生成；

（2）炉膛内 NO_x 还原（炉内再燃烧）。

第一代措施方法较简单，不需对燃烧系统进行较大改动；第二代措施的目的是降低燃烧器区域的浓度，从而也相应降低局部高温区的温度。低 NO_x 燃烧器方案也可用于已有燃烧器的改造；第三代措施在于组织燃烧区域中的合理流场和煤粉浓度分布以及还原在燃烧器区域或炉膛内已生成的 NO_x。

二、低氧燃烧

低氧燃烧是控制 NO_x 排放量最简单的方法。对燃烧器及燃烧系统不需作任何改动，仅在运行中控制入炉风量，使煤粉燃烧过程尽可能接近理论燃烧空气量下进行。采用低氧燃烧方案可使 NO_x 排放量降低 20%～30%。

该方案实际应用时受条件限制。炉内氧量过低，将使飞灰含碳量增加，对难燃及较难燃的煤种更为明显；另外，还会使排烟 CO 浓度增加，这都会使锅炉效率降低。另外，对某些锅炉，低氧燃烧时将会导致主蒸汽或再热蒸汽温度偏低。具体实施时要根据燃用煤种、锅炉效率降低幅度及蒸汽温度等性能确定适宜的炉膛出口（或省煤器处）烟气氧量控制值。

三、空气分级

空气分级燃烧方法是美国在 20 世纪 50 年代首先发展起来的。其特点是将燃烧分为两个阶段，或称两级燃烧。第一级内从主燃烧器供入空气量为总空气量的 70%～85%，使燃料先在缺氧的富燃料区燃烧，其余空气推迟为第二级后期送入。

1. 一级燃烧区内空气系数、温度及停留时间的影响

图 8-7 所以为一级燃烧区内过量空气系数与燃料中氮含量、NO_x 生成量之间的关系。由图 8-7 可见，在燃烧空气总量不变，而第一级燃烧区内空气系数降低时，NO_x 生成量明显降低，而且燃料中含氮量越大，NO_x 生成量也越大。由图 8-8 可见，当一级燃烧区内空气系数 α_1 小于 0.6 时，烟气中 HCN、NH_3 浓度增加，这固然有利于 NO 的还原；但还会有大量的 HCN、NH_3 进入第二级燃烧区（燃尽区），在该区被氧化生成 NO_x，而且焦炭 N 也在第一级燃烧区内随过量空气系数减少而增加。另外，第一级燃烧区过低的过量空气系数还会使未完全燃烧损失增加，并引起燃烧稳定性变差等问题。因此第一级燃烧区空气系数一般不宜低于 0.7，具体控制数值要通过试验确定。

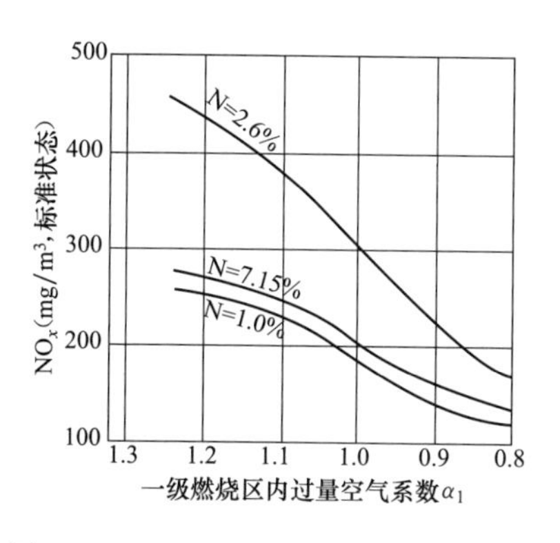

图 8-7　一级燃烧区内过量空气系数与燃料中氮含量、NO_x 生成量之间的关系

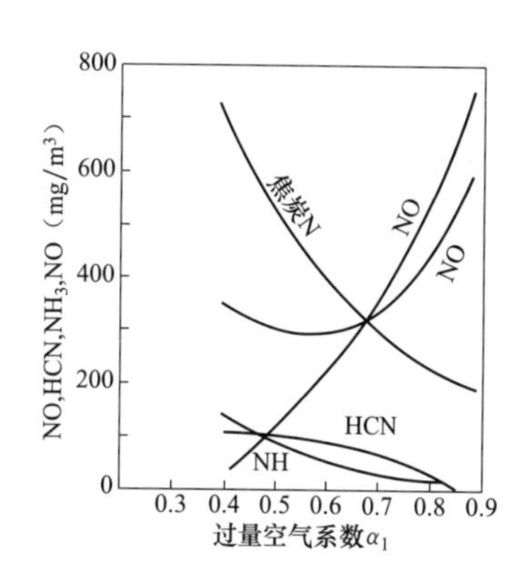

图 8-8　空气分级燃烧时，第一级燃烧区内各种气体的浓度与过量空气系数的关系

图 8-9 及图 8-10 所示分别为一种烟煤及一种褐煤的试验结果，两种煤的试验显示了一致的规律：一级燃烧区内的空气系数 $0.65<\alpha_1<1$ 时，该区温度升高对 NO_x 降低似乎有利；而当 $\alpha_1>1$ 时温度升高则会使 NO_x 值增加。

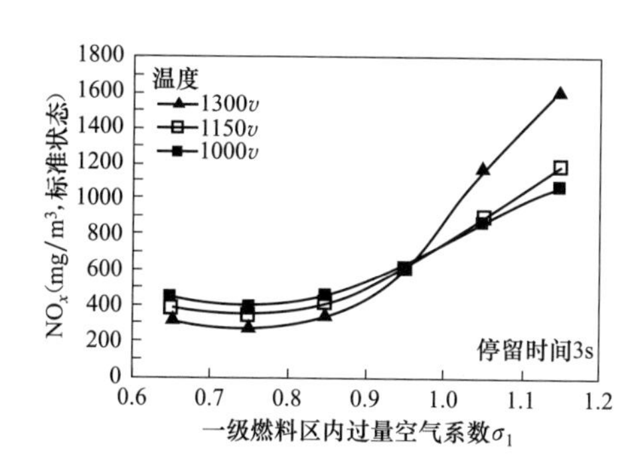

图 8-9　在燃烧烟煤时（$V=32.4\%$，$N=1.4\%$，$FC/V=1.78$），一级燃烧区内温度、过量空气系数和 NO_x 排放浓度的关系

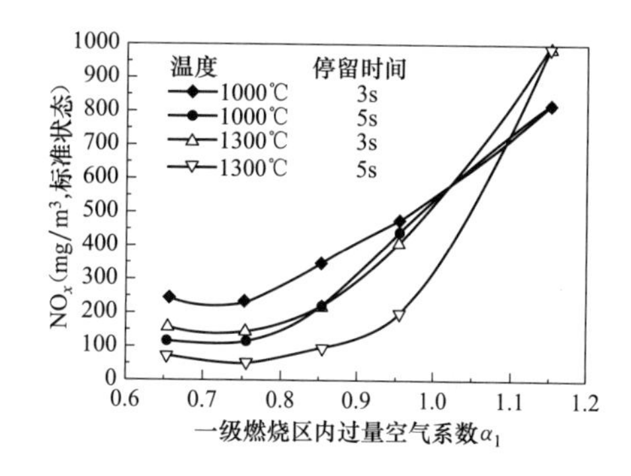

图 8-10　在燃烧褐煤时（$V=51.8\%$，$N=0.7\%$，$FC/V=0.8$），一级燃烧区内温度、停留时间、过量空气系数和 NO_x 排放浓度的关系

图 8-11 及图 8-12 所示分别为一种低挥发分及一种高挥发分烟煤在一级反应区温度为

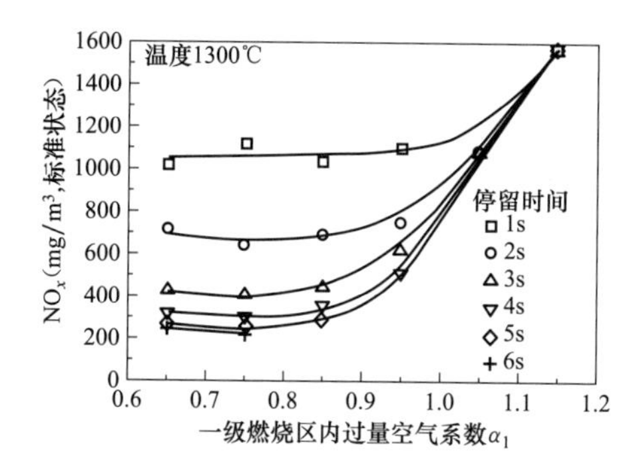

图 8-11　燃烧低挥发分烟煤时（$V=23.8\%$，$N=1.8\%$，$FC/V=2.57$），一级反应区内停留时间、过量空气系数和 NO_x 排放值的关系

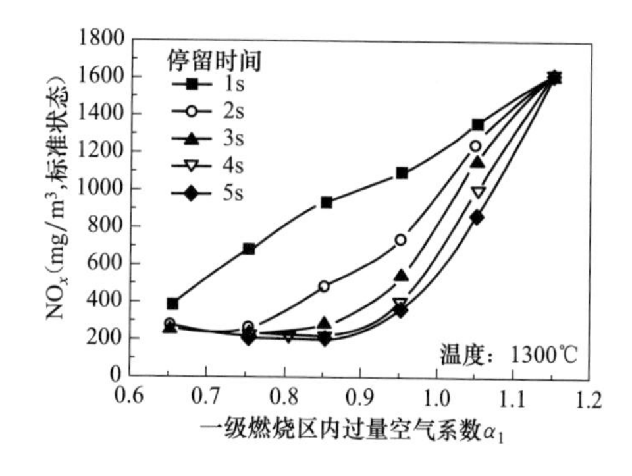

图 8-12　燃烧高挥发分烟煤时（$V=32.4\%$，$N=1.4\%$，$FC/V=1.78$），一级反应区内停留时间、过量空气系数和 NO_x 排放值的关系

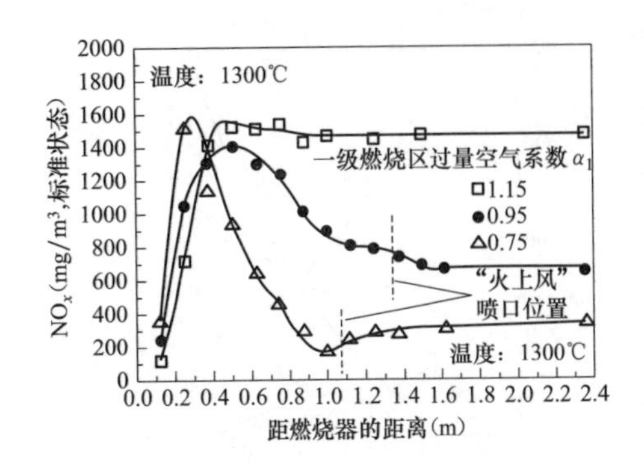

图 8-13　燃烧烟煤时 NO_x 排放值和一级燃烧区内过量空气系数 α_1 及燃尽风喷口距燃烧器距离的关系

1300℃时，烟气在一级反应区的停留时间及 α_1 与 NO_x 排放值的关系。由图 8-11、图 8-12 可见，对该种低挥发分烟煤，在 α_1 为 0.85 时，不同的停留时间会达到不同的 NO_x 排放值；当停留时间增加到 4s 之后，NO_x 降低则不明显。而对试验所用高挥发分烟煤，α_1 在 0.75～0.85 之间，停留时间增加到 3s 之后，NO_x 的降低则不明显。第一燃烧区内停留时间由第二级燃烧区的位置，即燃尽风（Over Fire Air-OFA，OFA）引入位置所决定。图 8-13所示为一种烟煤在不同的 α_1 条件下 OFA 引入位置对 NO_x 排放量的影响。当 α_1 为 0.75 时，OFA 由距燃烧器 1 m 引入，在进入燃尽区后 NO_x 值有所增加，说明在第一级区域内停留时间不足，在进入燃尽区还会生成一定量 NO_x。可见 OFA 引入位置与 α_1 共同决定 NO_x 可降低的程度。

2. 空气分级方案在煤粉燃烧系统上的实施

空气分级方案是煤粉燃烧锅炉用来控制 NO_x 生成量最常用的措施。对切向燃烧及对冲燃烧两种燃烧方式，空气分级的措施有所不同。

四角燃烧方式因为整个炉膛为一个燃烧单元，所以空气分级的措施一般在全炉膛范围内实现，有垂直方向的空气分级及水平方向空气分级两种措施。

在燃烧器上部设置 OFA，减少主燃烧器区空气量是垂直方向分级燃烧的特点。对烟煤锅炉 OFA 占二次风总风量的比例约为 15%。300MW 等级锅炉的 OFA 为一层布置，600MW 炉为两层，均与上二次风紧邻，为紧凑布置的 OFA。

另一种垂直方向空气的分级是采用分离布置的 OFA，即 OFA 与燃烧器间隔一段距离，推迟 OFA 的引入，上述整体空气分级燃烧方式，由于第一级燃烧时缺氧煤粉焦未能充分燃烧，第二级补充送入的 OFA 常不能使难以燃尽的煤粉焦充分燃尽，常会引起煤焦未完全燃烧热损失。

水平方向的分级燃烧则是一、二次风在水平方向偏开一定角度，推迟一、二次的混合，造成前阶段的缺氧燃烧。如吴泾、外高桥等电厂锅炉是二次风反切；石洞口二电厂锅炉则为一、二次风呈小大两同旋向双切圆布置；另外，还有二次风反正切或一次风对冲，二次风为启旋、消旋风的系统。

切向燃烧方式锅炉燃烧一次风口多采用浓淡分离型，如 WR 喷口、PM 型燃烧器等，浓相煤粉在低氧富燃料条件下燃烧，并推迟与其余燃烧空气的混合。

对冲燃烧方式的各种旋流燃烧器大部分冠以低 NO_x 的名称，这主要是因为处于煤粉外围的内、外调风可推迟与已燃烧的煤粉火焰混合。另外，更为新型的低 NO_x 旋流燃烧器提出火焰的 4 个区域模型，即挥发物燃烧区、使 NO 还原的碳氢化合物生成区、NO_x 还原区以及焦炭氧化区。日本 IHI 制造的对冲燃烧锅炉，如沙角 B 厂及北仑港电厂 3～5 号炉在上层燃烧器上部设置了上部风喷口，称 OAP，作用与 OFA 基本一致。

四、燃料分级

燃料分级原理是利用NO生成后的还原机理烃类CHi、CO、H_2、C和C_nH_m反应还原为N_2。将80%～85%燃料送入一级燃烧区，作为一般燃料在$\alpha>1$条件下燃烧，其余15%～20%燃料则在主燃烧器上部送入二级燃烧区，在$\alpha<1$条件下使已生成的NO还原，并抑制新的NO_x生成。采用再燃烧方法可使NO_x排放浓度降低50%以上。图8-14为燃料分级原理示意图。由图8-14可见，实际上燃料分级在炉膛内有三级燃烧区，上部燃尽区距炉膛出口较近，二次燃料采用煤粉时如前所述燃尽会有问题；因此一般二次燃料多用气体或液体燃料。如采用煤粉时，则需用高挥发分易燃煤种，一般还要设置专用磨煤机，以便将煤粉磨制得更细些。

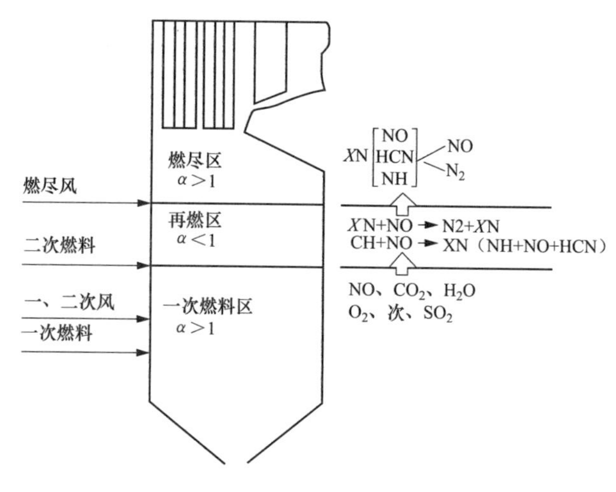

图8-14　燃料分级燃烧原理

1. 再燃烧区空气系数α_2及温度的影响

图8-15所示为试验炉内以甲烷为二次燃料，NO_x的浓度沿燃烧室长度的变化。α_1为1.4及1.05两条曲线为未加二次燃料的工况，α_2为0.7～1.05曲线为采用再燃烧时不同α_2的各工况。可见α_2的选取对NO_x浓度有明显影响。一般α_2选在0.7～1.0之间。

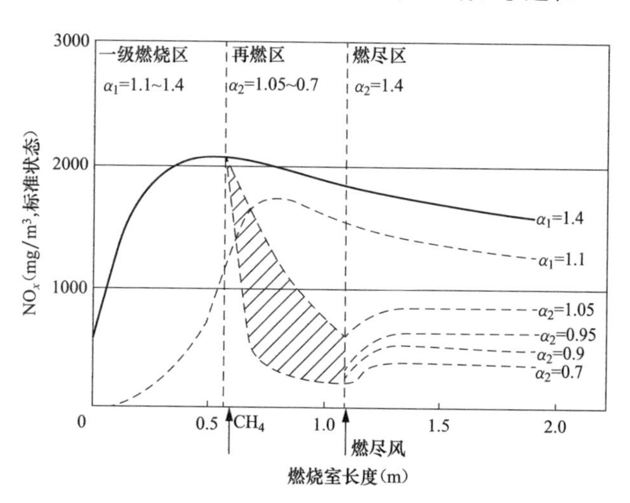

图8-15　采用燃料分级燃烧的试验炉内NO_x浓度沿燃烧室长度的分布

图 8-16 所示为不同温度条件下，以甲烷作二次燃料，NO_x 浓度与 α_2 的试验值。由图 8-16可见，再燃烧区温度越高，采用再燃烧措施对 NO_x 降低率也越大。

2. 二次燃料种类及比例的影响

二次燃料应采用在燃烧时可产生大量烃根而且含氮量低的燃料。图 8-17 所示为天然气、油和高挥发分煤作为二次燃料时，对降低 NO_x 浓度效果的比较，显然，天然气是最有效的二次燃料。

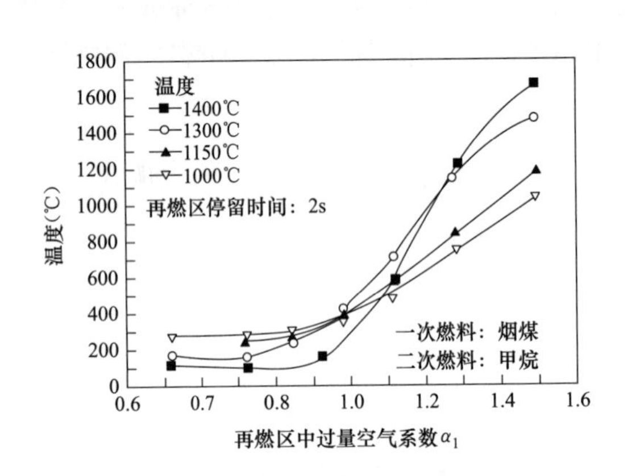

图 8-16 燃煤试验炉中用甲烷作为二次燃料时，再燃区中过量空气系数 α_2 和温度与 NO_x 浓度的关系

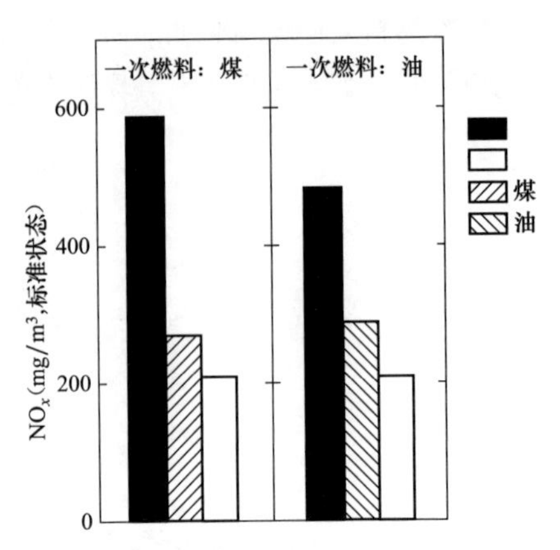

图 8-17 天然气、油和高挥发分煤作为二次燃料时，对降低 NO_x 浓度效果的比较

图 8-18 所示为煤粉一次燃料，分别以高挥发分煤及天然气作为二次燃料时二次燃料比例对 NO_x 浓度、CO 浓度以及飞灰含碳量的影响。二次燃料的比例一般在 10%～20%之间，对不同的二次燃料，其比例要由试验确定。由图 8-18 还可见，以高挥发分煤作为二次燃料，当二次燃料比较大时，CO 及飞灰含碳量会明显增加。

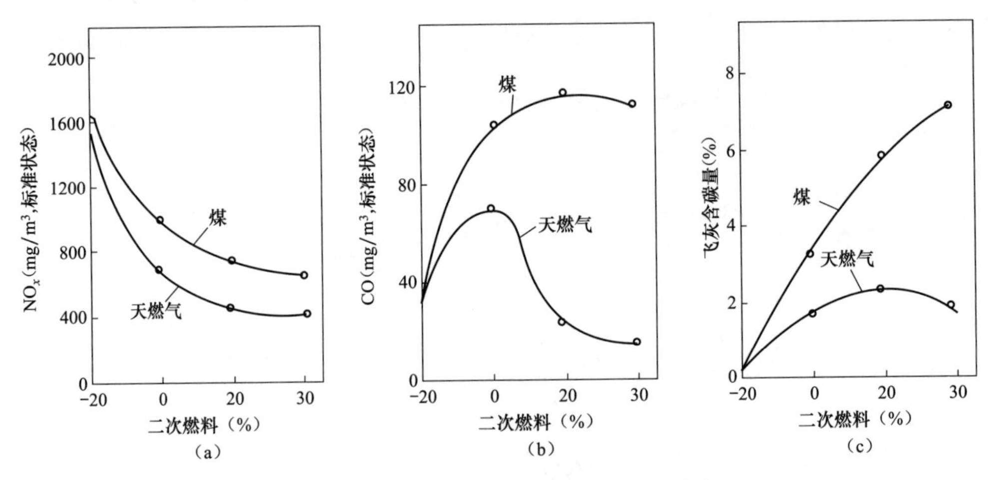

图 8-18 二次燃料比例对再燃区内 NO_x 浓度、CO 浓度及飞灰含碳量的影响

(a) NO_x 浓度；(b) CO 浓度；(c) 飞灰含碳量

3. 再燃烧区停留时间的影响

一般说来，再燃烧区的温度越高以及烟气在该区域停留时间越长，则还原反应越充分，NO_x 降低也越多。再燃烧区的停留时间由二次燃烧引入位置及燃尽风间的距离所决定；但为了增加再燃烧区停留时间而将二次燃料喷口靠近主燃烧器的位置，不仅会使燃尽率降低，而且会使一级燃烧区内较多的氧进入再燃烧区，使 NO_x 还原效果减弱。图 8-19 所示为二次燃料引入位置不同时再燃烧区停留时间对 NO_x 排放浓度的影响。其试验条件为：一级燃烧区空气系数 α_1 为 1.08，燃尽区空气系数 α_2 为 1.13，二次燃料比例为 20%。由图 8-19 可见，二次燃料引入后，NO_x 降低幅度增加，再燃烧区的停留时间过分加长，NO_x 降低效果不明显。一般再燃烧区停留时间为 0.7～0.9s。

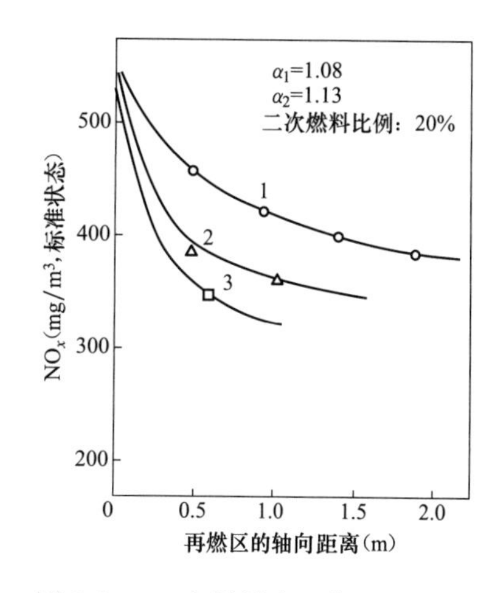

图 8-19 二次燃料喷口位置对 NO_x 浓度的影响

1—二次燃料喷口距离主燃烧器为 1.23 m；2—距主燃烧器 2.13 m；3—距主燃烧器 2.58 m

4. 燃料分级方案的实施

切向燃烧方式燃料分级方案，大致是在 4 角按层布置二次燃料及上部燃尽风喷口，如图 8-14 所示。

对冲燃烧方式锅炉，有德国斯坦谬勒公司的 MSM 型低 NO_x 燃烧器，图 8-20 所示为其简图。主燃烧器的一级燃烧区 α_1 的设计值为 0.9；二次燃料输送空气的 α_2 为 0.55；送入燃尽风 OFA 后，燃尽区的空气系数 α_3 为 1.25。

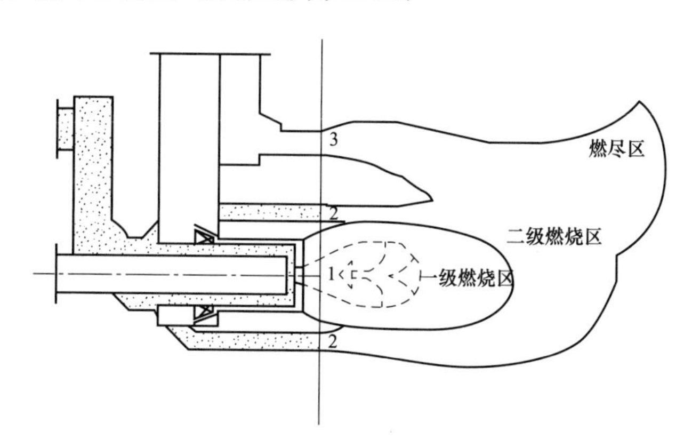

图 8-20 德国斯坦谬勒公司的 MSM 型低 NO_x 燃烧器简图

1—过量空气系数略小于 1 的一次燃料喷口；2—过量空气系数远远小于 1 的二次燃料喷口；3—完全燃烧所需的 OFA 喷口

五、烟气再循环

烟气再循环方案的特点是，从空气预热器前以再循环风机抽取较低温度的烟气，掺入一次风、二次风中，或以单独的喷口引入，以降低局部高温区的温度，并降低氧浓度。该方案对燃烧温度高的液态排渣炉及采用气体、液体燃料的锅炉效果明显。

对燃煤锅炉，烟气再循环率增大，则可能引起燃烧不稳及未完全燃烧损失增加等问题，因燃用煤种而异，一般烟气再循环率为10%～20%。

图8-21所示为巴布科克-日立公司在DRB型旋流燃烧器上所实施的烟气再循环低NO_x燃烧器方案，烟气在一次风与内二次风环形间隙引入。图8-22所示为日本三菱公司设计的SGR型烟气再循环低NO_x燃烧器在切向燃烧炉上实施的烟气再循环措施，烟气从一次风喷口的上、下两侧引入。

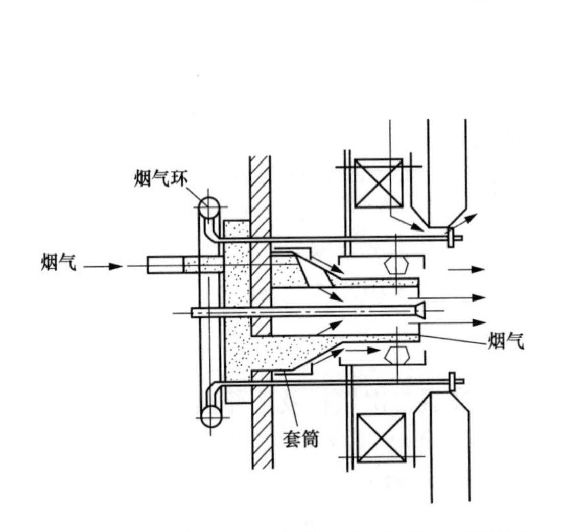

图8-21　巴布科克-日立公司在DRB型施流燃烧器所实施的烟气再循环低NO_x燃烧器

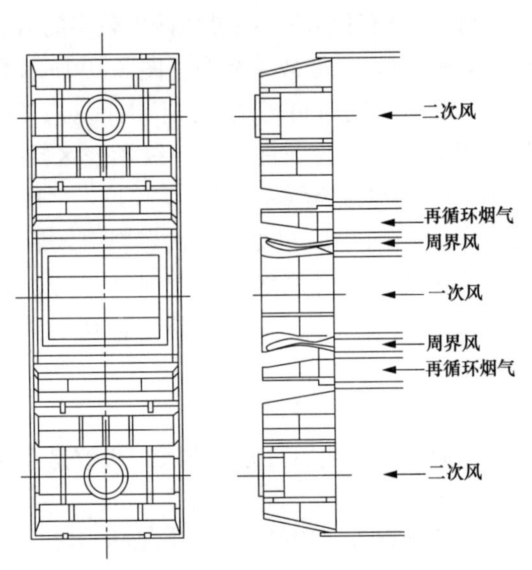

图8-22　日本三菱公司设计的SGR型烟气再循环低NO_x燃烧器

第三节　W型火焰锅炉低氮燃烧调整技术

一、W型火焰锅炉设备概况

某电站1号锅炉是东方锅炉有限公司制造的DG 2030/17.6—Ⅱ3型亚临界参数、自然循环、一次中间再热、单炉膛、平衡通风、固态排渣、露天布置、全钢构架、全悬吊结构、W型火焰、“Ⅱ”型汽包锅炉。设计煤种为无烟煤（收到基低位发热量$Q_{ar,net}$为19 569 kJ/kg，干燥无灰基挥发分V_{daf}为8.0%）。锅炉共配有6台双进双出磨煤机、36个双旋风煤粉燃烧器，每台磨煤机带6只煤粉燃烧器。双旋风煤粉燃烧器错列布置在下炉膛的前后墙炉拱上，前墙18只、后墙18只。改造前在燃用劣质无烟煤、贫煤时，锅炉NO_x平均排放浓度在1500～1800mg/m^3（干基，标准状态下，6%O_2，下同）范围，远远超过目前新的排放标准。

二、低氮燃烧系统改造

如图8-23所示，将每个燃烧器单元乏气风管从拱上引至拱下，布置在拱下前、后墙上，喷口下倾30°角，并在新安装的乏气风喷口处加装周界风E风；将原乏气风喷口改为

A 风喷口；取消原 D、E 二次风，并布置新的分级风 F 方形喷口于每个燃烧器下部，下倾 20°角送入炉膛；与此同时为使未燃尽的焦炭进一步燃烧，在上炉膛前、后墙上沿炉膛宽度布置下倾 30°的燃尽风圆形直流喷口，占总风量 20%的燃尽风从前、后二次大风箱引入，实现炉内空气垂直空间深度分级，以抑制 NO_x 的生成。

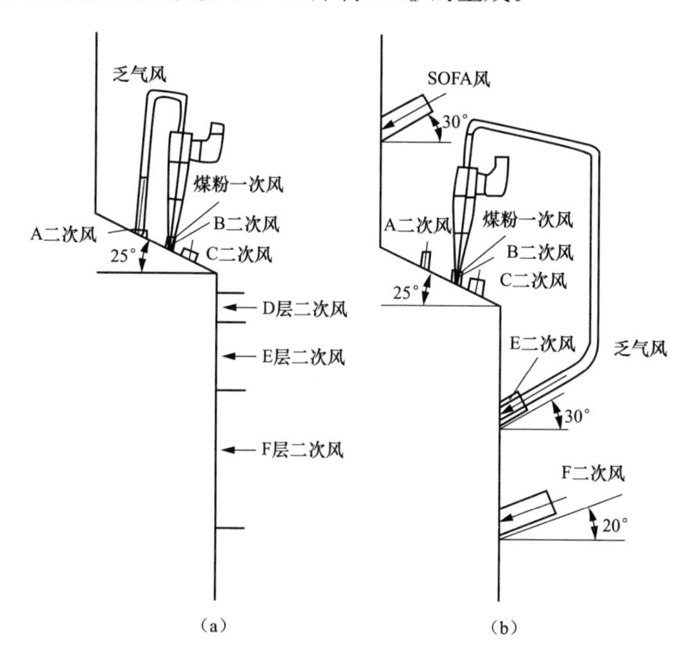

图 8-23 锅炉改造前、后燃烧系统布置图

(a) 改造前；(b) 改造后

三、W 型火焰锅炉冷态空气动力场

为了提高锅炉燃烧稳定性和炉膛温度均匀性，为低氮燃烧调整试验提供良好基础，在热态试验前进行了冷态空气动力场试验，重点是调平磨煤机出口 6 根一次风粉管风速。根据相似理论，在自模化区模拟热态运行工况进行试验。试验过程中，磨煤机入口风量维持在 70t/h 左右，容量风压维持在 6.0kPa 左右。调平前磨煤机出口 6 根粉管风速偏差较大，最大偏差值接近 10%，通过调整缩孔开度，使得磨煤机出口各粉管一次风阻力趋于一致，调平后风速偏差控制在 5%左右，具体结果见表 8-1。

表 8-1　冷态空气动力场一次风速调平试验结果

制粉系统	A	B	C
平均风速 (m/s)	22.60	20.83	21.77
最小相对偏差 (%)	0.45	−0.60	0.88
最大相对偏差 (%)	5.31	3.87	−3.87
制粉系统	D	E	F
平均风速 (m/s)	19.85	22.48	22.19
最小相对偏差 (%)	−0.69	0.38	0.49
最大相对偏差 (%)	−4.26	4.15	2.97

四、W 型火焰锅炉 SOFA 燃尽风低氮调整

试验过程中煤质较稳定（低位发热量 $Q_{net,ar}$ 为 16.44～17.37MJ/kg，平均空干基挥发

份 V_{ad} 在 8.0%～9.5%之间)，保持炉膛出口烟气氧含量 3.0%不变，通过改变分离型燃尽风门开度，调节主燃烧区域与燃尽区的过量空气系数，研究主燃烧区域过量空气系数变化对 NO_x 生成量和飞灰含碳量的影响，试验结果如图 8-24 所示。结果表明，随着燃尽风率的增大，主燃烧区域过量空气系数逐渐降低，NO_x 排放浓度随之降低，而飞灰含碳量却随之增大。仔细分析图中 NO_x 和飞灰含碳量的变化趋势，可以发现在过量空气系数从高到低逐渐变化的过程中，主燃烧区域燃烧特性变化分为两个阶段：在第一个阶段，主燃烧区域过量空气系数从 1.10 左右逐渐降低到 0.89 的过程中，NO_x 排放浓度呈现快速下降的趋势，与此同时飞灰含碳量呈现缓慢上升的趋势；在第二个阶段，当过量空气系数从 0.89 继续降低时，虽然 NO_x 排放浓度依然呈现出快速下降的趋势，但飞灰含碳量表现出从最初的缓慢变化，过渡到快速升高的阶段，说明主燃烧区域过量空气系数在 0.89 左右时，为贫煤燃尽的敏感区间，此时继续降低主燃烧区氧量，虽然可进一步降低 NO_x 排放量，但会对锅炉燃烧经济性带来显著负面效应。

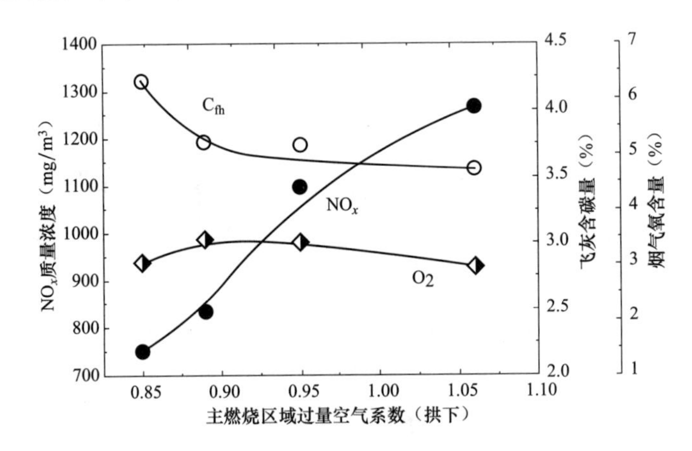

图 8-24　SOFA 风调整对 NO_x 排放的影响

通过分析比较 NO_x 与飞灰含碳量的变化曲线，当主燃烧区域过量空气系数为 0.89 时，可以较好的兼顾低 NO_x 排放与锅炉燃烧经济性，此时 NO_x 排放浓度为 835mg/m^3（标准状态下），相比于习惯运行方式［1501mg/m^3（标准状态下)］，降幅达 44%，飞灰含碳量为 3.76%，此时锅炉效率为 90.55%，在入炉煤较设计煤质差的情况，基本达到了 90.70%的设计锅炉效率。目前研究结果也表明，虽然最佳主燃烧区域过量空气系数受炉型、燃尽风位置、入炉煤质以及运行习惯等多种因素影响，但就目前研究结果而言，一般从主燃烧区域供入炉内的空气量为总燃烧空气量的 70%～85%时（过量空气系数在 0.82～0.95 之间)，可以较好地平衡低氮排放与锅炉效率之间的关系。

图 8-25 为 75%负荷（450MW）下 SOFA 开度对 NO_x 排放影响的试验结果。由图 8-25 可知，在 SOFA 开度为 35%、80% 时，NO_x 排放浓度分别为 648mg/m^3（标准状态下）和 440mg/m^3（标准状态下)，NO_x 排放浓度明显降低，但此时飞灰含碳量显著地升高，从 35% 开度下的 4.54%升高到 80%开度下的 6.31%，增加了 1.77%；此外减温水量也明显地增加，从 69.6t/h 提高到了 95.6t/h。因此低负荷时，虽然燃尽风率增大，对降低 NO_x 的排放有明显的效果，但锅炉效率下降也很明显，因此调整试验中需要综合考虑两者关系。

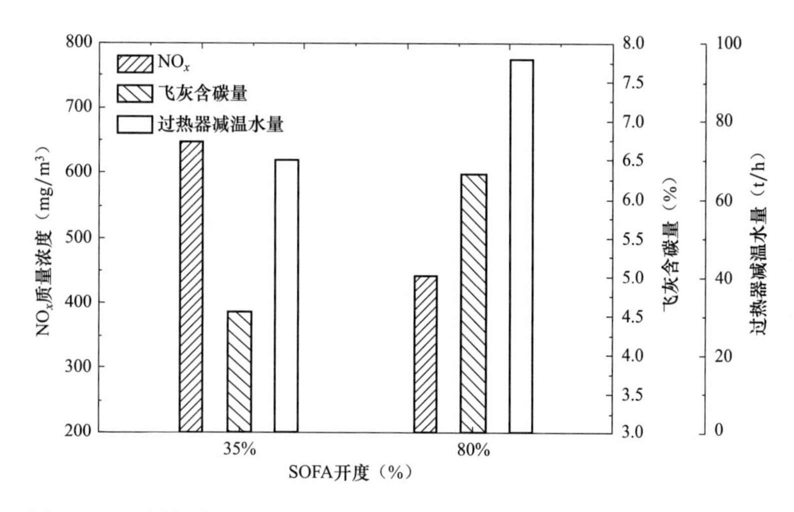

图 8-25　75%负荷（450MW）下 SOFA 开度对 NO_x 排放影响的试验结果

五、W 型火焰锅炉 A/C 风低氮调整

W 型火焰锅炉二次风配风是劣质煤燃烧稳定性的关键，靠近主燃烧喷口的 A 风、C 风对燃烧初期着火有着显著影响，同时对主燃烧区域 NO_x 的生成浓度也起着重要作用。乏气风下移后，原乏气风喷口被 A 风取代，A 喷口二次风较改前乏气风风速有明显提高，一方面可引导一次风煤粉气流下冲，有效防止一次风煤粉气流短路；另一方面，该二次风温高出乏气风温 230℃左右，可有效增强燃烧初期火焰稳定性，并能及时补充煤粉初、中期燃烧所需氧量，有效地解决了原设计该部位的缺氧问题，对控制飞灰含碳量十分有利，尤其在燃烧低挥发分劣质煤时，效果更加明显。同时也要考虑到，当开大 A 风后，热二次风与高浓度煤粉气流初期混合加强，也有利于燃料热解析出的含氮基团与氧反应生成 NO_x，使得 NO_x 排放浓度上升。拱上 A 风开度对 NO_x 排放的影响如图 8-26 所示，当 A 风开度从 30%增大到 70%时，NO_x 排放浓度从 680mg/m^3（标准状态下）升高到 751mg/m^3（标准状态下），升幅接近 10%。

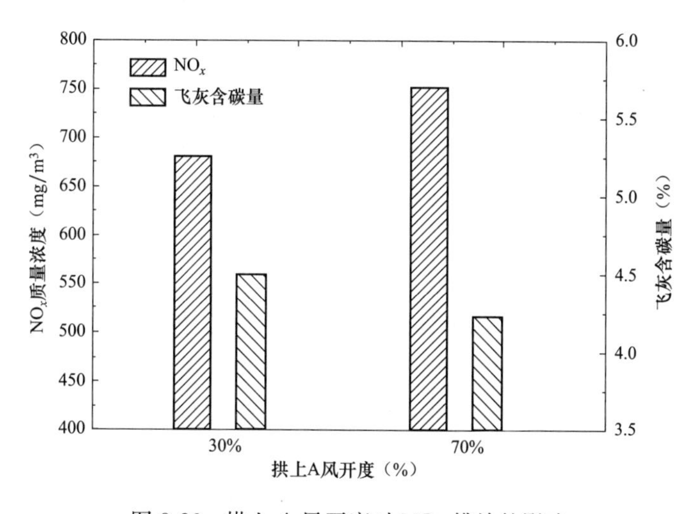

图 8-26　拱上 A 风开度对 NO_x 排放的影响

C风喷口位于主燃烧器喷口下方，其作用与A风相似，可增大煤粉气流下冲深度，提高下炉膛利用率和煤粉燃尽率，从而保证了燃烧经济性。从图8-27可以看出，当C风风门开度从25%逐步开大到50%过程中，飞灰含碳量略有降低，无显著变化；但当开度从50%逐步开大到80%过程中，飞灰含碳量却表现出快速下降的现象，从4.5%下降到3.8%左右。此外，在C风开度增大过程中，NO_x 质量排放浓度有一个明显升高的过程，这也说明了燃烧逐渐加强，燃料氮析出后有更多的含氮基团与氧反应生成 NO_x。因此低氮调整配风过程中应综合考虑SOFA以及各二次风风率对煤粉燃尽和 NO_x 的影响，在追求 NO_x 低排放的同时，兼顾最佳燃烧经济性。

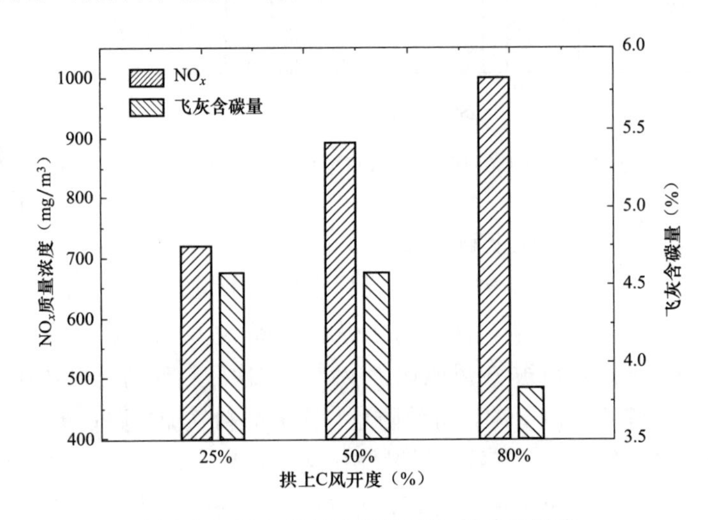

图8-27　拱上C风开度对 NO_x 排放的影响

第四节　燃煤电站全过程联合脱硝经济评价

作为发电企业，如何选择合理的脱硝设备、恰当的低氮技术改造路线，以及更加经济的运行方式，在满足国家环境排放标准的前提下，尽可能降低脱硝成本是有必要进行深入研究的。本节通过解析燃煤机组SCR烟气脱硝成本构成，分析SCR运行费用构成的要素，在结合电站低氮改造项目，分别分析采用SCR、低氮燃烧系统改造＋SCR、低氮燃烧系统改造＋低氮燃烧调整＋SCR、低氮燃烧系统优化改造＋低氮燃烧调整＋SCR 4种方式之间的运行成本，从而掌握最优脱硝运行方式。

一、燃煤电站SCR脱硝成本构成

脱硝成本包括固定成本和变动成本两部分。变动成本包括SCR装置投产后为维持正常运行产生的各项消耗性支出，它与脱硝装置运行时间成正比，包括催化剂更换费用、还原剂消耗费用、电费、蒸汽消耗等组成。固定成本每年相对稳定，不随脱硝装置运行时间而变，包括折旧费、修理维护费、运行管理费用以及财务费用等。

1. 催化剂更换费用

催化剂年运行费用是在脱硝装置运行寿命期内，更换催化剂的费用摊销到每年的运行

成本。SCR 脱硝装置普遍采用钒钛基催化剂，价格昂贵，使用寿命一般在 16 000～24 000h 之间。为了充分发挥每层催化剂的残余活性，通常采用“$x+1$”模式布置催化剂，初装 x 层，预留一层。一般 3 年更换一层催化剂。催化剂运行费用计算公式为

$$催化剂年运行费用 = 催化剂更换体积 \times 催化剂单价 / 催化剂更换周期$$

一般催化剂年运行费用占整个脱硝成本的 20%左右。

2. 还原剂年运行费用

就目前运行费用统计看，还原剂费用在脱硝成本中，占总成本的比例最大项目之一，一般占到整个脱硝成本的 25%左右。还原剂费用主要与 SCR 脱硝装置的液氨耗量、SCR 脱硝装置年运行小时数及还原剂的价格等有关，而液氨耗量又与 SCR 入口 NO 浓度、设计脱硝率有关，SCR 入口浓度高、设计脱硝率高，则液氨耗量多，还原剂费用所占比例也越高。

3. 固定资产折旧费

固定资产折旧费是指脱硝设施项目按照规定的固定资产折旧率提取的建设动态投资分摊到 SCR 运营期内的年折旧费用，它是 SCR 脱硝成本中的一项重要成本，占整个脱硝成本的 25%～40%。

4. 脱硝电费

SCR 脱硝装置电费包括两部分，一是由于脱硝装置本身的电耗而产生的费用；二是由于加装脱硝装置，增加了锅炉烟道的系统阻力，从而造成引风机电耗增加而产生的费用，电耗增加一般在 1000kW 以上，是脱硝装置运行后电耗增加的主要部分；而脱硝装置本身用电比例占整体脱硝用电比例较小，对于采用液氨做还原剂的 SCR 装置而言，主要包括稀释风机、泄氨压缩机、液氨给料泵等辅机电耗，其电耗较小，一般在 100kW 左右。

5. 蒸汽费用

SCR 脱硝装置蒸汽费用主要来自两个方面：一是脱硝装置蒸汽吹灰所消耗的费用，一般每班吹灰一次；二是液氨蒸发所消耗的蒸汽。目前，电站的蒸汽成本一般在 80～120 元/t 之间，蒸汽费用占整个脱硝成本的比例低，一般在 1%～2%。

6. 财务费用

按照《建设项目经济性评价方法与参数》，SCR 脱硝项目建设资金筹集 20%来自工程项目注册资本金，80%为商业银行贷款。财务费用是由长期贷款利息、短期贷款利息和流动资金贷款利息组成的，其中工程建设长期贷款利息是主要的，一般占到财务成本的 98%以上。

7. 设备检修费用

SCR 脱硝系统的检修维护费用，是在机组大、小修期间产生的费用，随着脱硝装置可靠性的不断提高，其设备维护费用所占比例越来越小。

8. 运行管理费用

运行管理费用是指脱硝系统投运后，需要增加配备的新员工费用，随着脱硝系统可靠性与自动化程度的提高，所需要的值班人员和巡检人员会减少，甚至可实现无人值守，此部分费用少，占总脱硝成本 1%以下，可忽略不计。

二、燃煤电站全过程联合脱硝经济性评价

1. 全过程联合脱硝成本计算原则

为使得 SCR、低氮燃烧系统改造＋SCR、低氮燃烧系统改造＋低氮燃烧调整＋SCR、

低氮燃烧系统优化改造+低氮燃烧调整+SCR4 种方式之间的烟气脱硝成本计算结果具有可比性，需要就计算过程中选择的参数进行取值和说明（取值一般按市场平均值，不代表电站具体采购价格或使用年限）。具体取值和说明如下：

（1）机组年平均负荷率为 75%，折算到满负荷运行小时数为 4500h；

（2）液氨还原剂价格为 3500 元/t；

（3）催化剂使用寿命按 20 000h，催化剂价格为 40 000 元/m^3；

（4）脱硝用蒸汽费用为 120 元/t；

（5）脱硝用水费按 2 元/t；

（6）上网电价为 0.45 元/(kW·h)；

（7）脱硝系统固定资产折旧费（扣除催化剂费用后）按运行 10 年计算；

（8）脱硝增加人员按 10 人核算，按 10 万/人年计算；

（9）设备维护费用按设备总投资的 1.5%计算；

（10）脱硝总投资贷款比例 80%，贷款利率按建设贷款年利率为 6.6%计算。

2. SCR 脱硝成本的构成与分析

为更加直观地给出电站脱硝系统费用支出情况，以某电站 600MW 机组为研究对象，考察为维持 SCR 装置投产后正常运行产生的各项消耗性支出（催化剂更换费用、还原剂消耗费用、电费、蒸汽消耗等）与固定支出（折旧费、修理维护费、运行管理费用以及财务费用等）比例。从图 8-28 可知，在电站脱硝费用支出中，还原剂液氨费用、固定资产折旧费、水/电/蒸汽费用、催化剂费用为主要的支出，此外，增值费用也是成本中较大的支出项。

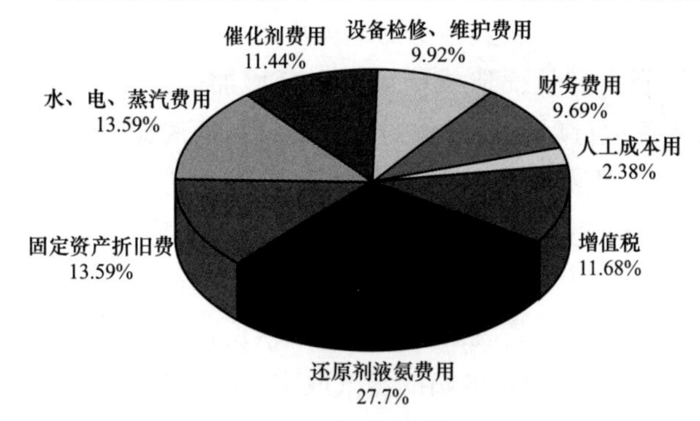

图 8-28 脱硝各项费用所占比例（%）

3. 全过程联合脱硝经济性评价

以某电站燃用劣质无烟煤 600MW W 型火焰机组［炉膛出口 NO_x 排放浓度为 1500mg/m^3（标准状态下）］为计算对象，对采用单一 SCR、低氮燃烧系统改造+SCR、低氮燃烧系统改造+低氮燃烧调整+SCR、低氮优化改造+低氮燃烧调整+SCR 4 种方式之间的烟气脱硝运行成本进行分析，如图 8-29 所示。

从图 8-29 中可以明显看出，方式一：单一使用 SCR 脱硝时，运行成本最高，每兆瓦时发电量脱硝成本为 17.80 元，造成费用高的主要原因在于还原剂液氨的成本增加明显，导致整个脱硝成本上升。与此同时，过高的 SCR 入口浓度，会加快催化剂的老化，关于这一块的成本并未进行计算，此外高浓度的 SCR 入口浓度，更容易造成 NH_3逃逸，导致空气预热器堵塞。而采用第二种方式时，每兆瓦时发电量脱硝成本为 15.53 元，虽然脱硝成本不是最高的，但并为完全发挥低氮改造潜力，造成了一定程度上的浪费，同时低氮改造后，若未进行充分的低氮燃烧调整，锅炉整个燃烧经济性也会受到影响，需要深度挖潜，在保证燃烧经济性的同时，进一步降低 NO_x 排放浓度，获得较方式二更经济的脱硝运行方式（方式三）；目前，实际应用大多停留在较为经济的方式三上，方式三每兆瓦时发电量脱硝成本为14.01元，但由于目前劣质贫煤、无烟煤低氮燃烧系统改造技术并不十分成熟，仍有许多需要摸索和优化的方面，通过改造后低氮燃烧调整，发现改造中的缺陷，并借助于全炉膛数值模拟，深度发掘技术改造的潜力，提出优化改造方案，获得更为经济的脱硝运行方式四，此时每兆瓦时发电量脱硝成本为13.03元，较单一使用SCR技术脱硝时，费用降低了26.8%。因此第四方式：低氮燃烧系统优化改造＋低氮燃烧调整＋SCR，不仅有效降低了SCR入口的NO_x浓度，使得脱硝成本下降，同时通过低氮燃烧系统优化改造，使得机组处于最优运行工况，实现了锅炉低氮经济运行。

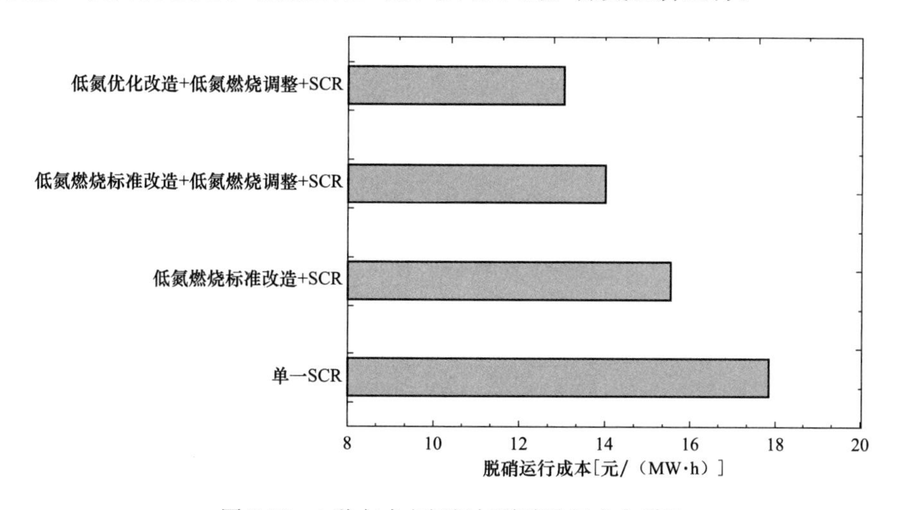

图8-29　4种方式之间烟气脱硝运行成本分析

第五节　锅炉燃烧经济性与NO_x减排关系

低氮燃烧调整中，当调整进行到一定程度时，SCR入口浓度已经达到或者低于SCR入口NO_x浓度设计值时，此时若继续进行深度低氮燃烧调整，NO_x排放浓度会继续下降，但由于主燃烧区域已经处于过度缺氧燃烧状态（主燃烧区域过量空气系数由最初的1.2逐渐降低到0.85，甚至更低），在此过程中飞灰含碳量从一个从缓慢下降过渡到快速下降的过程，锅炉效率也随之降低，供电煤耗将随之升高。在整个低氮调整过程中，一方面通过低氮燃烧调整，使得NO_x生成浓度降低，从而减少SCR系统还原剂的使用量，降低脱硝成本；另一方面，低氮燃烧调整过程中会出现飞灰含碳量升高的问题，从而降低了锅炉燃烧经济性，供电煤耗升高，单位供电成本增加，那么如何确定一个合适的低氮燃烧调整深度，既能实现低NO_x排放，又能达到最低供电成本，是亟待解决的技术问题。由于目前国内、外缺乏相关报道，也未提出相应的计算公式，导致目前现场调试人员只能凭经验和厂家要求，来确定低氮燃烧调整深度，这样既不科学，也不经济。本节通过研究锅炉燃烧经济性影响因素和烟气脱硝成本因素，从中找到锅炉燃烧经济性与NO_x减排关系的耦合方程，为今后工程应用提供便利。

一、锅炉效率变化引起的供电成本的增加

单位千瓦时供电煤耗 b 的计算式为

$$b=\frac{q\times10^{9}}{7000\times4.1868\times\eta_{1}\times\eta_{2}\times(100-\eta_{3})}$$

式中 b——机组供电煤耗，g/(kW·h)；

q——汽机热耗，kJ/(kW·h)；

η_1——锅炉效率，%；

η_2——管道效率，%；

η_3——厂用电率，%。

在低氮燃烧调整中，当锅炉效率发生变化时，供电煤耗也会随之发生变化，单位千瓦时供电煤耗变化 Δb 采用对上式求微分的方法获得，微分整理后得：

$$\Delta b=-\frac{3.4163\times q\times10^{4}}{\eta_{2}\times(100-\eta_{3})}\times\frac{\Delta\eta_{1}}{\eta_{1}^{2}}$$

当供电煤耗发生变化时，供电成本也随之改变，单位千瓦时供电成本价格变化的表达式为

$$\Delta R_{gd}=\frac{3.4163\times q\times R_{ym}\times10^{-2}}{\eta_{2}\times(100-\eta_{3})}\times\frac{\Delta\eta_{1}}{\eta_{1}^{2}}$$

式中 R_{gd}——单位千瓦时供电价格，元/(kW·h)；

R_{ym}——入炉煤碳价格。

二、NO_x 减排引起的脱硝成本的降低

前面已经详细介绍了烟气脱硝成本构成，当煤质、负荷、燃烧以及脱硝效率等因素基本稳定时，烟气脱硝成本变化 ΔR_{tx} 仅与脱硝入口 NO_x 浓度变化有关，单位千瓦时由于消耗 NH_3 还原剂费产生的费用为

$$R_{tx}=17/46\times V_{y}\times NO_{x}\times\lambda_{NH_3/NO_x}\times R_{NH_3}\times10^{-6}$$

脱硝入口氮氧化物浓度变化 ΔNO_x 导致的脱硝成本的变化为

单位千瓦时 NH_3 还原剂费用 $\Delta R_{tx}=17/46\times V_{y}\times\Delta NO_{x}\times\lambda_{NH_3/NO_x}\times R_{NH_3}\times10^{-6}$

式中 V_y——单位千瓦时烟气体积（标准状态下），m^3/(kW·h)；

NO_x——脱硝入口氮氧化物浓度（标准状态），mg/m^3；

ΔNO_x——氮氧化物浓度变化（标准状态），mg/m^3；

λ_{NH_3/NO_x}——脱硝系统氨氮比值；

R_{NH_3}——还原剂液氨价格，元/kg。

三、锅炉燃烧经济性与 NO_x 减排关系的耦合方程

在锅炉低氮燃烧调整过程中，当脱硝入口氮氧化物浓度变化 ΔNO_x 导致的脱硝成本的变化 ΔR_{tx} 等于供电煤耗发生变化时供电成本发生变化 ΔR_{gd} 时，此时为深度低氮燃烧调整的分界点（$\Delta R_{tx}=\Delta R_{gd}$），整理方程式得

$$\frac{\Delta R_{tx}}{\Delta R_{gd}}=\frac{V_{y}\times\lambda_{NH3/NO_x}\times R_{NH3}\times\eta_{2}\times(100-\eta_{3})\times\eta_{1}^{2}}{9.2441\times10^{4}\times q\times R_{ym}}\times\frac{\Delta NO_{x}}{\Delta\eta_{1}}$$

设

$$f(V_y, \lambda_{NH_3/NO_x}, R_{NH_3}, R_{ym}, \eta_2, \eta_3, q) = \frac{V_y \times \lambda_{NH_3/NO_x} \times R_{NH_3} \times \eta_2 \times (100 - \eta_3) \times \eta_1^2}{9.2441 \times 10^4 \times q \times R_{ym}}$$

则

$$\frac{\Delta R_{tx}}{\Delta R_{gd}} = f(V_y, \lambda_{NH_3/NO_x}, R_{NH_3}, R_{ym}, \eta_2, \eta_3, q) \times \frac{\Delta NO_x}{\Delta \eta_1}$$

取深度低氮燃烧调整的分界点（$\Delta R_{tx} = \Delta R_{gd}$），整理方程得

$$\Delta NO_x = f(V_y, \lambda_{NH_3/NO_x}, R_{NH_3}, R_{ym}, \eta_2, \eta_3, q) \times \Delta \eta_1$$

对于某一机组而言，当入炉煤稳定、氨氮比、原煤价格和液氨价格等基本不变，以及厂用电率、管道效率与汽机热耗基本不变时，此时 $f(V_y$、λ_{NH_3/NO_x}、R_{NH_3}、R_{ym}、η_2、η_3、$q)$ 也基本不变，则可以得到简化的锅炉燃烧经济性与 NO_x 减排关系的耦合方程，为深度低氮调整与低氮燃烧调整经济性评价提供依据。

参 考 文 献

[1] 周强泰，华永明，赵伶玲. 锅炉原理 [M]. 中国电力出版社，2009.

[2] 张安国，梁辉. 电站锅炉煤粉制备与计算 [M]. 中国电力出版社，2011.

[3] 韩才元，徐明厚，周怀春，等. 煤粉燃烧 [M]. 北京：科学出版社，2001.

[4] 杨金和，陈文毅，段云龙，等. 煤炭化验手册 [M]. 北京：煤炭工业出版社，1998.

[5] 张风营，白剑华，王楠，等. 我国未来煤炭运输能力探讨. 中国电力 [J]. 2008，41 (1)：4-8.

[6] 陈一平，朱光明，雷霖. 湖南省燃煤特性及其对锅炉设计与运行调整要求 [J]. 中国电力，2008，41 (4).

[7] Fu W. B.，et al. A Study of Devolatilization of Large Coal Particles. Combustion and Flame，1987，(70)：253-266.

[8] Zhang Y. P. etal. Method for Estimating Final Volatile Field of Pulverized Coal Devolatilization [J]. Fuel. 1990，(69)：401-403.

[9] 蔡榕，等. 煤的热解动力学研究 [J]. 工程热物理学报. 1991，12 (2)：216-219.

[10] 朱光明，段学农，姚斌，等. 典型贫煤与无烟煤混煤配比优化实验 [J]. 中国电力，2011，44 (8)：32-35.

[11] 段学农，朱光明，姚斌，等. 混煤可磨特性与掺烧方式试验研究 [J]. 热能动力工程，2010，25 (4).

[12] 郭嘉，曾汉才. 大型电站混煤挥发分含量确定方法的探讨 [J]. 锅炉技术. 1993，(7)：32-36.

[13] R. Sakurovs. A Method for Identifying Interactions Between Coals in Blends [J]. Fuel. 1997，76 (7)：623-624.

[14] V. Artes，A. W. Scaroni. Characterization of Coal with Respect to Carbon Burnout in P. F-Fired Boilers [J]. Fuel. 1993，76 (13)：1257-1261.

[15] 段学农，朱光明，宾谊沅，等. 湖南省电厂锅炉混煤掺烧技术应用 [J]. 中国电力，2008 (2)：48-51.

[16] 朱群益，赵广播，阮根健. 煤燃烧特征点变化规律的研究 [J]. 热能动力工程. 1997，12 (5)：332-334.

[17] 王涌，周屈兰，刘国庆，等. 分离式燃尽风降低锅炉 NO_x 排放的试验研究 [J]. 工程热物理学报，2011，32 (2)：243-246.

[18] S. M. Katzberger，D. G. Sloat. Options are Increasing for Reducing Emissions of SOx and NO [J] x. Power Engineering. 1988，(12)：30-33.

[19] P. S. Baur. Control Coal Quality through Blending. Power，1981，3 (3)：5255.

[20] 冯宝安，巢江辉，周晓东. 电厂燃用混煤的作用及混煤配比的确定 [J]. 锅炉技术. 1997 (4)：14-19.

[21] 朱光明，段学农，康黄辉，等. 仓储式制粉系统锅炉混煤掺烧方式优化的试验研究 [J]. 中国电力，41 (11).

[22] 朱光明，段学农，姚斌，等. 直吹式制粉系统“W”型火焰锅炉无烟煤混煤掺烧优化试验研究 [J]. 中国电力. 2009 (4)：18-21.

[23] 段学农，朱光明，焦庆丰，等. 电站锅炉混煤掺烧技术研究与实践 [J]. 中国电力，2008，41 (6)，51-54.

[24] 中国电机工程学会热电专业委员会. 热电建设动态. 1994 (13): 1-3.

[25] 韩才元，编. 劣质煤燃烧与应用 [M]. 武汉：华中理工大学出版社，1988.

[26] 侯栋岐，冯金梅，陈春元，等. 混煤煤粉着火和燃尽特性的试验研究 [J]. 电站系统工程，1995，11 (2)，30-34.

[27] 周俊虎，平传娟，杨卫娟，等. 混煤燃烧反应动力学参数的热重研究 [J]. 动力工程，2005，25 (2)：207-210.

[28] 段学农，雷霖，朱光明，等. "W"火焰锅炉燃烧稳定性差原因分析 [J]. 中国电力，2009 (1)：62-65.

[29] 郭嘉，曾汉才. 大型电站混煤燃烧特性的研究与探讨 [J]. 能源研究与利用. 1994，(3)：39-41.

[30] 姚强，岑可法，施正伦，等. 多煤种配煤特性的试验研究 [J]. 动力工程. 1997，17 (2)：16-20.

[31] 高正阳，方立军，周健，等. 混煤燃烧特性的热重试验研究 [J]. 动力工程，2002，22 (3)：1764-1768.

[32] 钟德惠，丘纪华. 可磨性对混煤燃烧特性的影响 [J]. 电站系统工程，2003，19 (2)：13-14.

[33] 邱建荣，郭嘉，等. 混煤燃烧特性的试验研究及燃烧特性指数的确定 [J]. 热能动力工程 1993，8 (4)：169-173.

[34] 施正伦，岑可法，胡江湖. 锅炉多煤种配煤特性的试验及发展前景 [J]. 浙江电力. 1995，(5)：1-7.

[35] 相大光. 美国煤燃烧技术研究现状 [J]. 电站系统工程，1988. (4)：1-21.

[36] A. Bogot，R. P. Hensel. Combustion in Blending Coals to Meet S02 Emission Requirement [J]. Combustion. 1978，(7)：934-939.

[37] K. Annamalai，etal. A Theory on Transition of Ignition Phase of Coal Particles [J]. Combustionand Flame. 1977，(29)：193-208.

[38] P. A. Libby. Ignition，Combustion and Extinction of Carbon Particles. Combustion and Flame [J]. 1980，(38)：285-300.

[39] L. Tognotti，A. Malotti，et al. Measurement of Ignition Temperature of Coal Particles Using a Thermogravimetric Technique [J]. Combst. Sci. and Tech. 1985，(44)：15-28.

[40] V. Cozzani，L. Perarca，etal. Ignition and Combustion of Single，Levitated Char Particles. Combustion and Flame [J]. 1995，(103)：181-193.

[41] J. C. Chen，etal. Observation of Laser Ignition and Combustion of Pulverized Coals [J]. Fuel. 1995，74 (3)：323-330.

[42] 章明川，徐旭常. 煤粉颗粒着火模式的研究 [J]. 热力发电. 1992，(1)：5-11.

[43] 岑可法. 锅炉燃烧试验研究方法及测量技术 [M]. 水力电力出版社. 1987.

[44] 章明川，高克凌，王春昌. 煤粉着火温度的实验及预报. 热力发电 [J]. 1988，(4)：59-65.

[45] C. A. Gurgel，J. Saaatamoinen，etal. Overlapping of the Devolatilization and Char Combustion-Stages in the Burning of Coal Particles [J]. Combustion and Flame. 1999，116 (4)：567-579.

[46] R. H. Essenhigh，M. K. Misra and D. W. Shaw. Ignition of Coal Particles：A Review [J]. Combustion and Flame. 1989，(77)：3-30.

[47] 曾汉才，姚斌，邱建荣，等. 无烟煤与烟煤的混合煤燃烧特性与结渣特性研究 [J]. 燃烧科学与技术. 1996，2 (2)：181-189.

[48] J. R. Qiu，F. Li and C. G. Zheng. Research on Combustion Behavior and Slagging Characteristics of Coal Blends [C]. International Conf. On Power Engineering-97，Tokyo，Japan. 1997：465-470.

[49] 周光华. 混煤的着火特性分析 [J]. 浙江电力. 1995, (5): 11-15.

[50] 陈冬林, 李立. 石门电厂 HG 1025t/h 锅炉燃用混煤的技术措施 [J]. 华中电力. 1996, 9 (3): 40-45.

[51] 张吉栋. 石门电厂 HG 1025t/h 锅炉混煤燃烧技术特点分析 [J]. 湖南电力. 1996, (1): 3-8.

[52] 黎英. 从石门电厂的锅炉设计看混煤燃烧的对策. 湖北电力 [J]. 1996, (3): 8-10.

[53] 邱建荣, 马毓义. 混煤燃烧特性及污染物形成规律的研究 [J]. 华中理工大学学报. 1993, 21 增刊: 106-117.

[54] H. Maier, H. Splierhoff, A. Kicherer, etc. Effect of Coal Blending and Particle Size on NO_x Emission and Burnout [J]. Fuel. 1994, 73 (9): 1447-1452.

[55] E. B. Richard. Designing Boilers to Avoid Slagging, Fouling [J]. Power. 1990, 134 (2): 41-48.

[56] 张晓杰, 孙绍增, 孙锐, 等; 混煤着火模型研究 [J]. 燃烧科学与技术. 2001, 7 (1), 89-92.

[57] 曾汉才. 劣质煤燃烧与利用 [M]. 武汉: 华中理工大学出版社, 1988.

[58] 王为术, 刘军, 王保文, 等. 超临界锅炉劣质无烟煤燃烧 NO_x 释放特性的数值模拟 [J]. 煤炭学报, 2012, 37 (2): 310-315.

[59] 李帆, 邱建容, 郑楚光. 混煤煤灰中矿物行为对煤灰熔融特性的影响 [J]. 华中理工大学学报, 1997, 25 (9): 41-43.

[60] Zhu. g. m., Duan X. N., Yao B. etc.. Numerical Simulation Research on Optimizing Blended-Anthracites Combustion in W-shaped flame boiler with Direct-Fired Pulverizing System [C]. ASME ICOPE2011.

[61] 曾汉才, 韩才源. 燃烧技术 [M]. 武汉: 华中理工大学出版社. 1990.

[62] 许传凯. 许云松. 我国低挥发分煤燃烧技术的发展 [J]. 热力发电. 2001, (5): 1-6.

[63] 孙超凡, 李乃钊, 杨华, 等. W 火焰锅炉燃用劣质无烟煤的稳燃技术 [J]. 中国动力工程学报, 2005, 25 (2): 201-206.

[64] 朱光明, 焦庆丰, 段学农. 煤质对锅炉运行经济性影响的分析及措施研究 [J]. 湖南电力. 2008, (1): 31-34.

[65] 朱光明, 段学农, 姚斌, 等. W 型火焰锅炉内无烟煤掺烧优化数值模拟 [J]. 动力工程. 2012, 32 (5): 345-350.

[66] S. E. Kuehn. Power for the Industrial Age: A Brief History of Boilers [J]. Power Engineering. 1996, 100 (2): 15-19.

[67] C. Jones. Get More Knowledge about Burning Coal [J]. Power. 1998, 142 (2): 25-29.

[68] 岑可法, 樊建人. 锅炉和热交换器的积灰、结渣、磨损和腐蚀的防止原理与计算 [M]. 科学出版社. 1994.

[69] 陈春元. 褐煤锅炉燃烧技术研究 [J]. 锅炉技术. 136 (2): 1-59.

[70] 梁静珠. 煤中矿物质及炉膛结渣的研究 [J]. 动力工程. 1989, 9 (3): 19.

[71] 许方洁. 国外煤的结清沾污特性研究综述 [J]. 热力发电. 1985, (5): 9-21.

[72] 何佩放, 张忠孝. 我国动力用煤结渣特性的试验研究 [J]. 动力工程. 1987, 7 (2): 31-38.

[73] W. H. Gibb. The Role of Calcium in the Slagging and Fouling Characteristics of Bituminous Coal [J]. J. Inst. Energy. 1986, 59 (12): 206-212.

[74] D. C. Hough, etal. The Development of an Improved Coal Ash Viscosity Temperature Relationship for the Assessment of Slagging Propensity in Coal-fired Boilers [J]. J. Inst. Energy. 1986, 59 (6): 77-81.

[75] H. H. Schobert. Flow Properties of Low-rank Coal Ash Slags [J]. Fuel. 1985, (64): 1611-1617.

[76] 钱垂喜. 我国部分煤灰粘温特性及其与锅炉结渣关系的讨论 [J]. 热力发电. 1984, (6): 14-26.

[77] 沈峰满，董文辉，田清，等. 煤粉灰的熔点及粘度对其结渣性的影响 [J]. 中国有色金属学报. 1997, 7 (3): 210-213.

[78] 邱建荣，马毓义，曾汉才. 混煤的结渣特性及煤质结渣程度评判 [J]. 热能动力工程 1994, 9 (1): 3-8.

[79] 郭嘉，曾汉才. 燃用混煤电站锅炉结渣原因分析及结渣趋势的模糊预测 [J]. 热能动力工程. 1996, 11 (4): 209-212.

[80] A. Bogat, R, P Hensel. Consideration in Blending Coals to Meet SOZ Emission Requirements [J]. Combustion. 1989, 50 (1): 30-41.

[81] 李帆，邱建荣，郑楚光，等. 混煤煤灰熔融特性及矿物质形态的研究 [J]. 工程热物理学报. 1998, 19 (1): 112-115.

[82] 陈冬林，李立，欧阳昌盛. 煤质特性差异对混煤燃烧锅炉结渣特性的影响 [J]. 锅炉技术. 1996, (12): 6-9.

[83] 潘丽华，赵智渊，朱向群. 神木煤调质后的灰熔点及燃烧特性 [J]. 华东电力. 1996, 24 (8): 4-7.

[84] 李永生. 混煤高效低污染燃烧特性研究. 华北电力大学博士学位论文，2000.

[85] 何佩敖，董延平. 日本燃煤技术的试验研究概况 [J]. 电站系统工程，1988. (4): 35-64.

[86] 殷春根. 非线性理论在洁净煤技术研究中的应用. 浙江大学博士学位论文. 1998.

[87] 何佩敖，赵仲虎，秦裕琨. 煤粉燃烧器设计及运行 [M]. 机械工业出版社. 1987.

[88] R. F. Storm. Optimizing Combustion in Boilers with Low-NO_x Burners [J]. Power, 1993, 137 (10): 53-62.

[89] D. Swoboda, K. Largis. SNCR Lance Cuts NO_x [J]. Power Engineering. 1998, 102 (11): 66-74.

[90] V. M. Zamansky, V. V. Lissianski, etc.. Reactions of Sodium Species in the Promoted SNCRProcess [J]. Combustion and Flame. 1999, 117 (4): 821-831.

[91] Rubiera F, Arenillas A, Fuente E, et al. Effect of the grinding behaviour of coal blends on coal utilisation for combustion [J]. Powder Technology, 1999, 105 (1): 351-356.

[92] 邱建荣，马毓义. 混煤特性的综合性试验研究 [J]. 动力工程，1993, 13 (5): 32-36.

[93] 赵毅. 发电企业节能降耗技术 [M]. 中国电力出版社，2010.

[94] 曾令大，周怀春，傅培舫，姚斌. 后石电厂 SCR 脱硝装置的应用 [J]. 洁净煤技术. 2007, 13 (1): 66-69.

[95] 毛健雄，毛健全，赵树民. 煤的清洁燃烧 [M]. 科学出版社. 1998.

[96] J. P. Smart, Tnakamvra. NO_x Emission and Burnout from a Swirl-Stabilised Burner Firing Pulverized Coal: the Effects of Firing Coal Blends [J]. Journal of the Insititute of Energy. 1993 (66): 99-105.

[97] 郭嘉，江睿. 电站混煤氧化氮排放特性的试验研究. 热力发电. 1994, (4): 40-47.

[98] 邱建荣，马疏义，曾汉才. 混煤氮的热解析出特性及燃料 NO_x 的形成规律 [J]. 工程热物理学报. 1995, 16 (1): 115-118.

[99] 岑可法，樊建人. 工程气固多相流的理论及计算 [M]. 浙江大学出版社. 1990.

[100] 段连秀，王生维，张明. 混配煤混配比例的煤岩学检测方法及研究 [J]. 煤炭转化. 1999, 22

(2)：33-35.

[101] 徐君，盛昌栋. 混煤煤质特性及其对电厂运行的影响 [J]. 煤炭工程，2006，(10)：86-88.

[102] 黄新元. 电站锅炉运行与燃烧调整 [M]. 北京：中国电力出版社，2007.

[103] Kuang，M.，Li，Z. Q.. Review of gas/particle flow coal combustion and NO_x emission characteristics within down-fired boilers. Energy [J]. 2014，69 (5)：144-178.

[104] Glarborg P.，Jensen A. D.，Johnsson J E. Fuel nitrogen conversion in solid fuel fired systems [J]. Progress in Energy and Combustion Science. 2003，29 (2)：89-113.

[105] 张晓辉，孙锐，孙绍增，等. 燃尽风与水平浓淡燃烧联用对 NO_x 生成的影响 [J]. 中国电机工程学报. 2007，27 (29)：56-61.

[106] 胡志宏，郝卫东，薛美盛，等. 1000MW 超超临界燃煤锅炉燃烧与 NO_x 排放特性试验研究 [J]. 机械工程学报，2010 (4)：105-110.